U0157249

绿色建筑施工管理与工程造价

张燕梁 高 瑞 刘晓峰 主编

吉林科学技术出版社

图书在版编目（CIP）数据

绿色建筑施工管理与工程造价 / 张燕梁，高瑞，刘
晓峰主编 . -- 长春：吉林科学技术出版社，2022.8
ISBN 978-7-5578-9411-5

Ⅰ . ①绿… Ⅱ . ①张… ②高… ③刘… Ⅲ . ①生态建
筑－施工管理②生态建筑－建筑造价管理 Ⅳ . ① TU18

中国版本图书馆 CIP 数据核字（2022）第 120042 号

绿色建筑施工管理与工程造价

主　　编	张燕梁　高　瑞　刘晓峰
出 版 人	宛　霞
责任编辑	金方建
封面设计	树人教育
制　　版	树人教育
幅面尺寸	185mm×260mm
开　　本	16
字　　数	270 千字
印　　张	12.375
印　　数	1-1500 册
版　　次	2022年8月第1版
印　　次	2022年8月第1次印刷

出　　版	吉林科学技术出版社
发　　行	吉林科学技术出版社
地　　址	长春市南关区福祉大路5788号出版大厦A座
邮　　编	130118
发行部电话/传真	0431-81629529　81629530　81629531
	81629532　81629533　81629534
储运部电话	0431-86059116
编辑部电话	0431-81629510
印　　刷	廊坊市印艺阁数字科技有限公司

书　　号	ISBN 978-7-5578-9411-5
定　　价	50.00 元

前　言

　　绿色施工管理理念是一种以节能环保为核心的新型管理理念，符合现代全民提倡绿色环保的要求，其要求建筑企业管理人员采取科学、有效的管理方法，以保证建筑施工实现节能环保的要求。在建筑施工管理中，秉承绿色施工管理理念，有助于节约资源，降低成本，提高建筑工程质量，最大限度地减少环境污染和能源消耗等。

　　由于经济的繁荣带领着我国的建筑业快速成长，人们对建筑工程质量与施工技术的关注度也持续增加。想要在严格的标准与强竞争下立于不败之地，建筑工程企业就一定得掌握精湛的施工技术与有效的施工管理技术，以此提高施工的质量和企业的声誉。因此，提高建筑工程施工技术管理水平刻不容缓。

　　在可持续发展理念的影响下，绿色建筑项目的数量不断增加且在建筑领域的知名度不断提高。分析绿色建筑项目的特征可知，该项目所需投资较高且难以管理，许多绿色建筑项目的承包商和建筑商通常会陷入成本控制的被动状态。不仅如此，许多建筑公司在管理绿色建筑项目的成本方面存在严重的问题，并且成本控制的结果相对较差。

　　本书就绿色建筑施工管理与工程造价展开详细分析，希望给当前的绿色节能建筑发展带来一定帮助。随着环保意识的不断增强，绿色建筑方面的发展也逐渐盛行起来，本书希望能为绿色建筑施工管理与工程造价提供相关参考。

前言

目　录

第一章 绿色建筑及其发展进程

在建筑的全寿命周期内，最大限度地节约资源（节能、节地、节水、节材）保护环境和减少污染，为人们提供健康、适用和高效的使用空间，与自然和谐共生的建筑。本章主要对绿色建筑的概念以及发展进程进行详细的讲解。

第一节 绿色建筑理念

一、绿色建筑概念

"绿色"是指大自然中植物的颜色，植物把太阳能转化成生物能，是自然界生生不息的生命活动的最基本元素，在中国传统文化中"绿色＝生命"。

从概念上来讲，绿色建筑主要体现三点：一是节能；二是减少对环境的污染（减少二氧化碳排放）；三是满足人们使用的要求。"健康""适用""高效"是绿色建筑的缩影。"健康"说明是以人为本；"适用"，不奢侈浪费，不做豪华建筑；"高效"，是指资源的合理利用。建筑与自然相依相存，注重人的恬静与自然的和谐。

国内外学者、专家虽然对绿色建筑进行了多方面研究，但大多数研究都是对绿色建筑概念的界定、绿色建筑设计、绿色建筑评价标准等方面，从经济角度对绿色建筑的研究较少，特别是从建筑生命周期对绿色建筑的成本分析，还处在起步阶段。对于绿色建筑，各国有不同的定义，日本称为"环境共生建筑"，欧洲和北美国家定义为"生态建筑"或"可持续建筑"。

"可持续"可理解为：在生物区域内，所有的生命都存在于一个共同的基础，未来的建筑发展，必须接受低消耗和被环境管理的概念。

我国仅是对"绿色建筑"进行了界定，并没有对"生态建筑"进行界定，通常称为"绿色生态建筑"。

绿色施工是指在工程建设中，在保证质量、安全等基本要求的前提下，通过科学管理和技术进步，最大限度地节约资源并减少对环境负面影响的施工活动，实现节能、节地、节水、节材和环境保护（"四节一环保"）。

实施绿色施工，应依据因地制宜的原则，贯彻执行国家、行业和地方相关的技术经济政策。绿色施工应是可持续发展理念在工程施工中全面应用的体现，绿色施工并不仅仅是指在工程施工中实施封闭施工，没有尘土飞扬，没有噪声扰民，在工地四周栽花、种草，实施定时洒水等这些内容，它涉及可持续发展的各个方面，如生态与环境保护、资源与能源利用、社会与经济的发展等内容。

绿色建筑施工是为达到绿色建筑的建设目标，通过严格管理，在保证工程质量标准的前提下，利用绿色施工手段，实现绿色建筑的施工过程。

绿色建筑也称生态建筑、生态化建筑、可持续建筑。我国《绿色建筑评价标准》将绿色建筑定义为：在建筑的全寿命周期内，最大限度地节约资源（节能、节地、节水、节材）、保护环境和减少污染，为人们提供健康、适用和高效的使用空间，与自然和谐共生的建筑。

所谓"绿色建筑"的"绿色"，并不是指一般意义上的立体绿化、屋顶花园，而是代表一种概念或象征，指建筑对环境无害，能充分利用环境自然资源，并且在不破坏环境基本生态平衡条件下建造的一种建筑，又可称为可持续发展建筑生态建筑、回归大自然建筑、节能环保建筑等。

绿色建筑的布局十分合理，其尽量减少使用合成材料，充分利用阳光，节省能源，为居住者创造一种接近自然的感觉。其以人、建筑和自然环境的协调发展为目标，在利用天然条件和人工手段创造良好、健康的居住环境的同时，尽可能地控制和减少对自然环境的使用和破坏，充分体现向大自然的索取和回报之间的平衡。

由于地域观念、经济、技术和文化等方面的差异，目前国内外尚没有对绿色建筑的准确定义达成共识。此外，由于绿色建筑所践行的是生态文明和科学发展观，其内涵和外延是极其丰富的，而且是随着人类文明的进程不断发展的，没有穷尽的，因而追寻一个所谓世界公认的绿色建筑概念是没有什么实际意义的。事实上，和其他许多概念一样，人们可以从不同的时空和不同的角度来理解绿色建筑的本质特征。现实也正是如此。当然，有一些基本的内涵是举世公认的。

二、基本内涵

通常为世人认同的绿色建筑至少应当具备如下三个基本内涵。

1. 节约环保

节约环保就是要求人们在构建和使用建筑物的全过程中，最大限度地节约资源（节能、节地、节水、节材）、保护环境、呵护生态和减少污染，将因人类对建筑物的构建和使用活动所造成的对地球资源与环境的负荷和影响降到最低限度和生态的再造能力范围之内。

我们通常把按节能设计标准进行设计和建造、使其在使用过程中降低能耗的建筑叫作节能建筑。这就是说，绿色建筑要求同时是节能建筑，但节能建筑不能简单地等同于绿色建筑。

2. 健康舒适

创造健康和舒适的生活与工作环境是人们构建和使用建筑物的基本要求之一，也就是要为人们提供一个健康、适用和高效的活动空间。对于经受过非典 SARS 肆虐和甲型 H1NI 流感全球蔓延困扰的人们来说，拥有一个健康舒适的生存环境的渴望是不言而喻的。

3. 自然和谐

自然和谐就是要求人们在构建和使用建筑物的全过程中，亲近、关爱与呵护人与建筑物所处的自然生态环境，将认识世界、适应世界、关爱世界和改造世界自然和谐与相安无事统一起来，做到人、建筑与自然和谐共生。只有这样，才能兼顾与协调经济效益、社会效益和环境效益，才能实现国民经济、人类社会和生态环境又好又快地可持续发展。

我们所理解的绿色建筑实际上是人们构建的一种在全生命周期内最大限度地体现资源节约和环境友好供人安居宜用的多元绿色化物性载体。绿色建筑之所以不同于传统建筑，关键在于它强调的是，建筑物不再是孤立的、静止的和单纯的建筑本体自身，而是一个全面、全程、全方位、普遍联系、运动变化和不断发展的多元绿色化物性载体，也就是将一个孤立的、静止的、单纯的和片面的概念变为一个关联的、动态的、多元的和复合的概念。这与传统建筑的内涵和外延都是有本质区别的。这不是定义的文字游戏，而是人类对建筑本质的认识在质上的飞跃。离开了建筑的绿色化本质要求来孤立、静止和片面地讨论建筑本体自身的时代已过去，以牺牲环境、生态和可持续发展为代价的传统建筑和房地产业已经走到了尽头。

学术界对绿色建筑有两个观点是比较一致的：一是要求绿色建筑关注对全球生态环境、地区生态环境及自身室内外环境的影响；二是要求绿色建筑关注建筑本身在整个生命周期内（从材料开采、加工运输、建造、使用维修、更新改造直到最后拆除）各个阶段对生态环境的影响。

绿色建筑遵循可持续发展原则，体现绿色平衡理念，通过科学的整体设计，集成绿化配置、自然通风、自然采光、低能耗围护结构、太阳能利用、地热利用、中水利用、绿色建材和智能控制等高新技术，充分展示人文与建筑、环境及科技的和谐统一。绿色建筑具有选址规划绿色合理、资源利用高效循环、综合措施有效节能、建筑环境健康舒适、废物排放减量无害、建筑功能灵活适宜等六大特点，不仅可满足人们的生理和心理需求，而且能源和资源的消耗最为经济合理，对绿色环境的冲击最小。

三、绿色建筑的基本原理和遵循的原则

从建筑生命周期去理解绿色建筑的基本原理：在整个建筑生命周期内，把对自然资源的消耗（材料和能源）降到最低；在整个建筑生命周期内，把对环境的污染降到最低；保护生态自然环境；建筑动用后，建成一个健康、舒适、无害的空间；建筑的质量、功能与目的统一；环保费用与经济性平衡。

（一）绿色建筑施工的原则

1.清洁生产原则

（1）清洁生产的产生与发展

1）工业活动引发的环境问题

随着工业活动的发展，生态破坏和环境污染的灾难已悄无声息地降临人间。威胁人类生存和发展的气候变化、臭氧层破坏、酸雨资源短缺等全球性问题，无一不是起因于人类贪婪的、疯狂的、无节制地向自然界索取的工业活动。

2）解决工业污染方法的演进

人们解决工业污染的方法是随着人类赖以生存和发展的自然环境的日益恶化和人们对工业污染原因及本质问题认识的加深而不断地向前发展的。为此，我们也按历史发展轨迹和其发展特点，把人们解决工业污染的方法的演进划分为三个阶段："先污染，后治理"阶段、"末端治理"阶段、"污染预防，全程控制"阶段。

3）末端治理与清洁生产的比较

清洁生产是关于产品和产品生产过程的一种新的、持续的、创造性的思维，它是指对产品和生产过程持续运用整体预防的环境保护战略。末端治理是等问题出现了以后再去处理，而清洁生产则是控制好整个生产过程。

由于清洁生产能够实现经济效益、环境效益与社会效益的真正统一，因此推行清洁生产已经成为世界各国发展经济和保护环境所采用的一项基本策略。

（2）清洁生产的基本要素

1）清洁生产的定义

清洁生产是指既满足生产的需要，又可合理地使用自然资源和能源，并保护环境的实用生产方法和措施，它谋求将生产排放的废物减量化、资源化和无害化，以求减少环境负荷。

2）清洁生产的主要内容

清洁生产的内容，可归纳为"三清一控制"，即清洁的原料与能源、清洁的生产过程、清洁的产品以及贯穿于清洁生产的全过程控制。

清洁的原料与能源，是指产品生产中能被充分利用而极少产生废物和污染的原材料与能源。选择清洁的原料与能源，是清洁生产的一个重要条件。目前，在清洁生产原料方面的措施主要有：清洁利用矿物燃料；加速以节能为重点的技术进步和技术改进，提高能源利用率；加速开发水能资源，优先发展水力发电；积极发展核能发电；开发利用太阳能、风能、地热能、海洋能、生物质能等可再生的新能源；选用高纯、无毒原材料。

清洁的生产过程指尽量少用或不用有毒、有害的原料，选用无毒、无害的中间产品，减少生产过程的各种危害性因素，采用少废、无废的工艺和高效的设备，做到物料的再循环，简便、可靠的操作和控制，完善的管理等。清洁的生产过程，要求选用一定的技术工艺，将废物减量化、资源化、无害化，直至将废物消灭在生产过程之中。清洁的产品，就是有利于资源的有效，在生产、使用和处置的全过程中不产生有害影响的产品。

贯穿于清洁生产中的全过程控制包括两方面的内容，即生产原料或物料转化的全过程控制和生产组织的全过程控制。

应该指出，清洁生产是一个相对的、动态的概念，清洁生产的工艺和产品是和现有的工艺相比较而言的。推行清洁生产，本身是一个不断完善的过程，随着社会经济的发展和科学技术的进步，需要适时地提出更新的目标，不断采用新的方法和手段，争取达到更高的水平。

（3）清洁生产与可持续发展

1）可持续发展理论概述

20世纪，飞速发展的工业经济给人类带来了高度发达的物质文明，但也带来了诸多的环境问题，人类生存环境开始陷入危机：生态环境恶化，廉价资源趋于耗竭，全球性环境问题危及人类的生存安全。目前，可持续发展观念已渗透到自然科学和社会科学诸领域。它要求人们珍惜自然环境和资源，在满足当代人的需要的同时，又不对后代人满足其需要的能力构成危害。可持续发展已逐渐成为人们普遍接受的发展模式，并成为人类社会文明的重要标志和共同追求的目标。

可持续发展有两个基本要求：一是资源的永续利用，二是环境容量的承载能力。这两个基本要求是可持续发展的基础，它们支撑着生态环境的良性循环和人类社会的经济增长。

2）清洁生产是可持续发展的必由之路

清洁生产不仅要实现生产过程的无污染或少污染，而且生产出来的产品在使用和最终报废处理过程中，也不会对人类的生存环境造成损害。清洁生产在生产全过程的每一个环节，以最小量的资源和能源消耗，使污染的产生降到最低限度。清洁生产低能耗、高产出，是实现经济效益、社会效益与环境效益相统一的生产方式。

清洁生产能够节能、降耗、减污、降低产品成本和废物处理费用，节约能源和资源，提高资源和能源利用率，使企业的局部利益和当前利益、社会的整体利益和长远利益有机结合起来，达到经济效益、社会效益和环境效益相统一，使可持续发展的目标成为现实。总之，实施清洁生产体现了可持续发展的战略思想，可以实现经济生态（环境）和社会效益的统一，保障经济与资源、环境的协调发展。

2. 减物质化生产原则

减物质化生产原则是循环经济要求的"3R原则"，它是一种物料和能耗最少的人类生产活动的规划和管理，包括"Reduce""Reuse""Recycle"，即"减量化""再使用""循环再生利用"原则。减量化原则要求用较少的原料和能源投入来达到既定的生产目的或消费目的，进而从经济活动的源头就注意节约资源和减少污染；再使用原则是要求制造产品和包装容器能够以初始的形式被反复使用，要求抵制当今世界一次性用品的泛滥，生产者应该将制品及其包装当作一种日常生活器具来设计，使其像餐具和背包一样可以被再三使用，再使用原则还要求制造商应该尽量延长产品的使用期，而不是非常快地更新换代；再循环原则，要求生产出来的物品在完成其使用功能后能重新变成可以利用的资源，而不是不可恢复的垃圾。

同样"3R 原则"也可以与建筑工业相结合，以达到以少排放或零排放的环境保护目标。尽量减少物质能源的利用能够尽量多地重复利用以及循环利用。

（二）绿色施工技术

建筑施工技术是指建筑物形成的方法，就是把施工图纸变成实物的过程所采用的技术，而绿色施工技术则是指在上述传统的各种施工技术中如何贯彻"清洁生产"和"减物质化"等绿色理念，使之体现在传统的施工技术、工艺生产过程的各个环节中。节约资源、能源，减少污染物的排放，保护生态环境。如要从分部工程的施工技术方面来探讨怎样做到绿色，如各分部工程的施工方案的选择比较，既满足工程施工需要又符合绿色施工原则，利用合适的方法来选择最佳的施工方案。总之，在施工的过程中应尽量考虑节约资源、能源，并使我们的环境尽量少地受到侵害，在遵循清洁生产原则和减物质化生产的原则的基础上选择最合适的施工技术，也就是绿色评价程度最高的施工方案。

（三）发展绿色施工的新技术、新设备、新材料与新工艺

施工方案应建立推广、限制、淘汰公布制度和管理办法。发展适合绿色施工的资源利用与环境保护技术，对落后的施工方案进行限制或淘汰，鼓励绿色施工技术的发展，推动绿色施工技术的创新。

大力发展现场监测技术、低噪声的施工技术、现场环境参数检测技术、自密实混凝土施工技术、清水混凝土施工技术、建筑固体废弃物再生产品在墙体材料中的应用技术、新型模板及脚手架技术的研究与应用。

加强信息技术应用，如绿色施工的虚拟现实技术、三维建筑模型的工程量自动统计、绿色施工组织设计数据库的建立与应用系统、数字化工地、基于电子商务的建筑工程材料、设备与物流管理系统等。通过应用信息技术，进行精密规划、设计、精心建造和优化集成，实现与提高绿色施工的各项指标。

第二节　国外绿色建筑的发展进程

一、国外绿色建筑的发展概况

绿色建筑，经历了一个长期演变、发展和成熟的过程。从 20 世纪六七十年代的"生物圈""全球伦理"和"人类社区"到八九十年代的"全球环保"和"可持续发展"，其内涵也从最初的"注重人居环境"向更宏观的层面递进。下面对几个"绿色建筑模板工程"

进行概述。

1. 美国太阳能研究所

坐落在科罗拉多州的半沙漠地带的太阳能研究所是美国国家能源部的一个下属研究机构。其建筑面积约为 1394 平方米，包括一系列办公室、研究室、实验室等，主要用来进行太阳能利用、光合作用等方面的专业研究。

该研究所采用的是退台式体型，其窗户的设计提高了日光的入射深度，最大可以达到 274m，有效地减少了不必要的人工照明的能源消耗。光敏窗户还可根据阳光的强度上升或者下降，调整室内的光照强度。建筑屋顶安装了太阳能光电板，并设置了排风口。太阳能吸热壁能充分吸收半沙漠地带的太阳热辐射，在白昼防止室内温度的升高；夜间则缓缓释放存储的热量，以保持室内的温度。实验室有部分埋入山体，以减少热传导，节约供暖或制冷的能源消耗。建筑内部树状的散气装置，成为室内醒目的装饰元素。南向的窗户封闭，但其上设有高窗供自然通风用。实验室的墙体可以自由移动，网络布线非常灵活，可根据实验室功能的变化重新布置，以减少重新调整的费用并避免材料浪费。投入使用以来，这一建筑每年能够节省大约 20 万美元的能耗支出。

2. 英国诺丁汉大学朱比丽分校

由英国迈克·霍普金斯建筑师事务所设计，英国诺丁汉大学朱比丽分校新校园项目是英国较具代表性的应用可持续发展和生态设计概念的建筑实例。霍普金斯的设计将一废旧的工业用地最终转变成了一个充满自然生机的公园式校园。

13000 平方米的线性人工湖是该项目的亮点，将新建筑与郊区住宅连接起来，对于整个城市则成为一个新的"绿肺"。在这一水体的设计上，尽量避免人工化，试图营造一种人工的自然平衡：通过建筑边缘的水渠对雨水进行自然的回收利用，通过培养水生动植物去带动水体的生态循环，从而减少人工保养费用等。为了避免日照直射形成室内眩光，主要教学建筑的外立面窗口，上部被安装了水平的木百叶，而且每片百叶的上部被漆成白色以增强光线的反射。这些外百叶与窗内百叶共同起到光栅的作用，将光线充分、均匀地导入室内深处。此外，在朝向西南夏季主日照面的窗口上被装置了可拆卸的时性遮阳帆布，用以防止夏季时因过多获得直接日照所产生的室内过热，从而避免不必要的制冷能耗。

校园的主要教学建筑的内部安置了被动式红外线移动探测器和日照传感器，并由智能照明中央系统统一控制：当教室有人使用时就会自动判断是否使用人工照明，代替了人工开关；如果室内有足够的自然光线，人工照明就会自动关闭。

朱比丽校园设计所采用的通风策略可以称作热回收低压机械式自然通风，它是一种混合系统，即在充分利用自然通风的基础上辅以有效的机械通风装置。

在保温隔热的处理上，使用了暴露的强化混凝土柱和梁腹，以充分利用其良好的蓄热性；同时在建筑屋顶处使用了人工覆土，以减小屋顶的热损失。另外，建筑的外墙被覆以红杉木板条，除了具有良好的蓄热性外，在中庭内部还起到了吸声作用。

基于校园使用后的监测，建筑的能耗被估算为 85 千瓦时每平方米每年，这一数字低于英国建筑能耗指标 ECON19 的自然通风办公建筑的良好标准：112 千瓦时每平方米每年。并且校方认为，与主校园相比这一新校园达到了 60% 的节能效果。

3. 英国 BRE 环境大楼

英国 BRE 环境大楼为 21 世纪的办公建筑提供了一个绿色建筑样板。该大楼为三层框架结构，设计新颖，环境健康舒适，不仅提供了低能耗舒适健康的办公场所，而且用作评定各种新颖绿色建筑技术的大规模实验设施。它的每年能耗和 CO_2 排放性能指标定为燃气 $47kWh/m^2$、用电 $36kWh/m^2$、CO_2 排放量 $34kg/m^2$，该大楼最大限度地利用日光，南面采用活动式外百叶窗，减少阳光直接射入，既控制眩光又让日光进入，并可呈现外视景观。采用自然通风，尽量减少使用风机。采用新颖的空腔楼板使建筑物空间布局灵活，又不会阻挡天然通风的通路。顶层屋面板外露，避免使用空调。白天屋面板吸热，夜晚通风冷却。埋置在地板下的管道利用地下水进一步帮助冷却。安装综合有效的智能照明系统，可自动补偿到日光水准，各灯分开控制。建筑物各系统运作均采用计算机最新集成技术自动控制。用户可对灯、百叶窗、窗和加热系统的自控装置进行摇控，从而对局部环境拥有较高程度的控制。环境建筑配备 $47m^2$ 建筑用太阳能薄膜非晶硅电池，为建筑物提供无污染电力。

此外，该建筑还使用了 8 万块再生砖，再生红木拼花地板。90% 的现浇混凝土使用再循环利用骨料，水泥拌和料中使用磨细粒状高炉矿渣，取自可持续发展资源的木材，使用了低水量冲洗的便器以及对环境无害的涂料和清漆等等。

二、国外绿色建筑评价体系

绿色建筑的研究已成为国际关注的课题，寻求可以降低环境负荷，又有利于使用者的建筑，并相继开发了适应各自国情的绿色建筑评价体系。绿色建筑评价体系的制定和应用，为推动全球绿色建筑的发展发挥了重要作用。

1. 英国《建筑研究组织环境评价法》（BREEAM）

英国《建筑研究组织环境评价法》，是由英国建筑研究组织（BRE）和一些私人部门的研究者在共同制定的，它是一个开发得最早的建筑环境影响评价系统，目的是为绿色建筑实践提供权威性的指导，期望减少建筑对全球和地区环境的负面影响。BREEAM 根据建筑项目所处的阶段不同，评价的内容相应也不同。评估的内容包括三个方面，即建筑性能、设计建造和运行管理。BREEAM 最显著的优势在于对建筑全生命周期环境的深入考察。条款式的评价系统，评估架构透明、开放和简单，易于被理解和接受。

BREEAM 适用于办公、商场、工业、教育、医疗、卫生、公共宿舍等多类建筑，基本涵盖了除住宅以外的所有建筑类型，对不同建筑的类型分值也不同，体现了不同建筑的评价特色。如"施工废弃物管理"，设置建筑垃圾质量和体积两个指标比值的下限，鼓励减少施工废弃物对环境的影响。

2. 美国《能源及环境设计先导计划》（LEED）

美国《能源及环境设计先导计划》（LEED）评价系统涵盖了新建和改建项目、已有的建筑、商业建筑室内、建筑主体和外壳、建筑运营维护、商业建筑室内装饰等。LEED 有着一整套完整的体系，整个体系包括专业人员认证，提供服务支持、培训，第三方建筑认证等。LEED 从五个方面及一系列子项目对建筑项目进行了绿色评定。如：可持续场地选择，水源保护和有效利用水资源，高效用能，可再生能源的利用及保护环境，材料和资源，室内环境质量等。与其他评估体系相比，美国 LEED 体系的最为成功之处就是受到了市场的广泛认同，已成为一个非常具有影响力的商标。评定标准专业化，评估体系非常简洁，便于理解、把握和实施。

LEED 是自愿采用的评估体系标准，其主要目的是规范一个完整、准确的绿色建筑概念，防止建筑的滥绿色化，推动建筑的绿色集成技术发展，为建造绿色建筑提供一套可实施的技术路线。LEED 是性能性标准，主要强调建筑在整体综合性能方面达到"绿化"要求。该标准很少设置硬性指标，各指标间可通过相关调整形成相互补充，以方便使用者根据本地区的技术经济条件建造绿色建筑。

LEED 评估体系及其技术框架由五大方面及若干指标构成，主要从可持续建筑场址、水资源利用、建筑节能与大气、资源与材料、室内空气质量等方面对建筑进行综合考察，评判其对环境的影响，并根据各方面的指标综合打分，通过评估的建筑，按分数高低分为白金、金、银、铜 4 个认证级别，以反映建筑的绿色水平。

虽然 LEED 为自愿采用的标准，但自从其发布以来，已被美国 48 个州和国际上 7 个国家所采用，美国俄勒冈州、加利福尼亚州、西雅图市已将该标准列为法定强制标准加以实行。国际方面，加拿大政府正在讨论将 LEED 作为政府建筑的法定标准。中国、澳大利亚、日本、西班牙、法国、印度等国都在对 LEED 进行深入研究，并在此基础上制定本国绿色建筑的相关标准。

国外绿色建筑评价体系的完善和发展，具有以下特征：

（1）注重与本国的实际情况（国情和气候特点），构建绿色评价体系，并适时更新，以适应绿色建筑的发展需求。

（2）评价由早期的定性评价转向定量评价。

（3）从早期单一的性能指标评定转向了综合环境、技术性能的指标评定。

（4）绿色社区逐步成为发展的重点，从建筑的绿色到社区的绿色，现成区域的不同空间尺度、不同类型的绿色社区。

在评价建筑的绿色性能的同时，又能综合进行建筑的经济性能的评价系统研究，是当前绿色建筑评价工作的一个非常有意义的课题。我国在这方面与发达国家绿色建筑的实践与理论相比还有差距，希望在借鉴国外先进经验的同时，结合我国的实际情况，形成有中国特色的简单可操作的评价体系，促进我国绿色建筑的全面健康发展。

第三节　国内绿色建筑的发展进程

一、国内绿色建筑发展概况

1.21 世纪前

（1）20 世纪 60 年代，国外提出了"生态建筑"新概念，我国的绿色建筑进入了快速发展时期。

（2）1994 年，我国颁布了《中国 21 世纪议程——中国 21 世纪人口、环境与发展白皮书》，首次提出"促进建筑可持续发展，建筑节能与提高居住区能源利用效率，"同时启动了"国家重大科技产业工程——2000 年小康型城乡住宅科技产业工程"。

（3）1996 年，我国发布"中华人民共和国人类居住区发展报告"，为进一步提高居住环境质量提出了更高要求和保证措施。

2.21 世纪后

（1）2001 年，原建设部住宅产业化促进中心承担研究和编制的《绿色生态住宅小区建设要点与技术导则》，以科技为先导，以推进住宅生态环境建设及提高住宅产业化水平为目标，全面提高住宅小区节能、节水、节地、治污水平，带动相关产业发展，实现社会、经济、环境效益的统一。多家科研机构、设计单位的专家合作，在全面研究世界各国绿色建筑评价体系的基础上结合我国特点，制定了"中国生态住宅技术评价体系"，出版了《中国生态住宅技术评价手册》《商品住宅性能评定方法和指标体系》。

（2）2003 年，上海市人民政府制定了《上海市生态型住宅小区建设管理办法》和《上海市生态型住宅小区技术实施细则》。

（3）2004 年，原建设部副部长在新闻办的发布会上表示，中国将全面推广节能与绿色建筑。目标是争取到 2020 年，大部分既有建筑实现节能改造，新建建筑完全实现建筑节能 65% 的总目标，资源节约水平接近或达到现阶段中等发达国家的水平。东部地区要实现更高的节能水平，基本实现新增建筑占地与整体节约用地的动态平衡，实现建筑建造和使用过程中节水率在现有基础上提高 30% 以上，新建建筑对不可再生资源的总消耗比现在下降 30% 以上。

（4）2006 年，颁布《国家中长期科学和技术发展规划纲要》，首次将"城镇化与城市发展"作为 11 个重点领域之一；在"城镇化与城市发展"领域中"建筑节能与绿色建筑"是其中的一个优先发展主题；《住宅性能评定标准》开始实施，倡导一次性装修，引导住宅开发和住房理性消费，鼓励开发商提高住宅性能等；原建设部与国家市场监督管理总局联合发布了工程建设国家标准《绿色建筑评价标准》，这是我国第一部从住宅和公共建筑全寿命周期出发，多目标、多层次对绿色建筑进行综合性评价的国家标准。

（5）2007年，原建设部发布了《绿色建筑评价技术细则》《绿色建筑评价标识管理办法》，规定了绿色建筑等级由低至高分为一星、二星和三星三个星级；原建设部颁布《绿色施工导则》；原建设部科技发展促进中心印发了《绿色建筑评价标识实施细则》。

（6）2008年，绿色建筑评价标识管理办公室正式设立；住房和城乡建设部发布《绿色建筑评价技术细则补充说明（规划设计部分）》；由住房和城乡建设部科技发展促进中心绿色建筑评价标识管理办公室筹备组建的绿色建筑评价标识专家委员会正式成立。

（7）2011年，财政部与住房和城乡建设部联合印发《关于进一步深入开展北方采暖地区既有居住建筑供热计量及节能改造工作的通知》；中国城市科学研究会绿色建筑委员会在北京召开"绿色商场建筑评价标准"课题启动会；财政部、住房和城乡建设部联合印发《关于进一步推进公共建筑节能工作的通知》；住房和城乡建设部科技发展促进中心主编的国家标准《绿色办公建筑评价标准》开始在全国范围内广泛征求意见；住房和城乡建设部印发《住房和城乡建设部低碳生态试点城（镇）申报管理暂行办法》；中国城市科学研究会绿色建筑委员会发布由中国城科会绿色建筑委员会、中国医院协会联合主编的《绿色医院建筑评价标准》；住房和城乡建设部、财政部、国家发展改革委联合印发《绿色低碳重点小城镇建设评价指标（试行）》和《绿色低碳重点小城镇建设评价指标试行（解释说明）》。

（8）2012年，住房和城乡建设部公告发布《被动式太阳能建筑技术规范》；财政部和住建部联合发布《关于加快推动我国绿色建筑发展的实施意见》，意见中明确将通过多种手段，全面加快推动我国绿色建筑发展；住房和城乡建设部印发《绿色超高层建筑评价技术细则》；中国城科会绿色建筑研究中心在北京召开了绿色工业建筑评审研讨会暨国家首批"绿色工业建筑设计标识"评审会，实现了我国绿色工业建筑标识评价的零的突破；"中国绿色校园与绿色建筑知识普及教材编写研讨工作会议"在同济大学召开，本次会议确定将组织编写初小、高小、初中、高中和大学共五本教材；住房和城乡建设部办公厅发布《关于加强绿色建筑评价标识管理和备案工作》的通知，指出各地应本着因地制宜的原则发展绿色建筑，并鼓励业主、房地产开发、设计、施工和物业管理等相关单位开发绿色建筑。

（9）2013年，国家发布《关于加快节能环保产业的意见》，明确提出开展绿色建筑行动，到2015年，新增绿色建筑面积10亿 m² 以上，城镇新建筑中二星级以上绿色建筑比例超过20%，建设绿色生态城（区），提高建筑节能标准。完成办公建筑节能改造6000万 m²，带动绿色建筑建设改造投资和相关产业发展。大力发展绿色建材，推广应用散装水泥、预拌混凝土、预拌砂浆，推动建筑工业化。我国既有建筑面积达460多亿 m²，每年新建建筑面积为16亿~20亿 m²。

绿色建筑重点工作：抓好绿色规划，严格执行建筑节能强制性标准，政府投资的公共机构建筑、保障性住房以及各类大型公共建筑率先执行绿色建筑标准，引导市场房地产项目执行绿色建筑标准；推进既有建筑节能改造，发展围护结构保温体系；推进可再生能源建筑规模化应用；大力发展绿色建筑材料，发展防火隔热性能好的保温材料，引导高性能混凝土、高强钢应用;严格建筑拆除管理,维护城镇规划的严肃性、稳定性;推进建筑废弃物资源化利用。

发展绿色建筑任重道远,空间巨大。

(10)2014年修订的《绿色建筑评价标准》中,将绿色建筑定义为,在全寿命期内,最大限度地节约资源、保护环境、减少污染,为人们提供健康、适用和高效的使用空间,与自然和谐共生的建筑。全生命周期是指从原材料的开采、材料与构件生产、规划与设计、建造与运输、运行与维护及拆除与处理(废弃、再循环和再利用等)的全循环过程。

由概念可知,绿色建筑中的"绿色"并非简单的建筑绿化程度,而是强调建筑的经济效益性和环境友好性,如利用自然资源的水平及节能水平;同时指出建筑对环境效益,如是否减少环境污染、减少二氧化碳的排放;此外也兼顾了建筑的社会效益,如"健康""适用"和"高效"。之所以强调建筑的"四节一环保"性能,是因为随着房屋建筑需求增加、城镇化进程加快、采暖区向南扩展及家用电器品种数量增加,建筑能耗已成为与工业、交通能耗并列的三大能耗之一,其中建筑的能耗约占三成到四成,同时也是碳排放大户。绿色建筑一定为节能建筑,且在节能建筑的基础上考虑可再生能源的利用、节水、节材、节地、室内环境质量和智能控制的内容,更加强调可持续性,因此节能建筑不一定是绿色建筑。

(11)2019年,发改委印发《绿色生活创建行动总体方案》(以下简称《方案》),《方案》通过开展节约型机关、绿色家庭、绿色学校、绿色社区、绿色出行、绿色商场、绿色建筑等创建行动,建立完善绿色生活的相关政策和管理制度,推动绿色消费,促进绿色发展。《方案》指出,绿色建筑创建行动以城镇建筑作为创建对象,引导新建建筑和改扩建建筑按照绿色建筑标准设计、建设和运营,提高政府投资公益性建筑和大型公共建筑的绿色建筑星级标准要求。因地制宜实施既有居住建筑节能改造,推动既有公共建筑开展绿色改造。

(12)2020年,住建部、发改委等多部门颁发《绿色建筑创建行动方案》,到2022年,当年城镇新建建筑中绿色建筑面积占比达到70%,星级绿色建筑持续增加,既有建筑能效水平不断提高,住宅健康性能不断完善,装配化建造方式占比稳步提升,绿色建材应用进一步扩大,绿色住宅使用者监督全面推广,人民群众积极参与绿色建筑创建活动,形成崇尚绿色生活的社会氛围。

(13)2021年住房和城乡建设部印发《绿色建筑标识管理办法》,规范了绿色建筑标识管理,推动绿色建筑高质量发展。

二、国内绿色建筑评价体系

1.《绿色建筑评价标准》

《绿色建筑评价标准》(以下简称《标准》),是我国第一部从建筑全寿命周期出发,多目标、多层次地对绿色建筑进行整合评价的国家标准。该标准用于评价住宅建筑和办公、商场、宾馆等公共建筑。由节地与室外环境、节能与能源利用、节水与水资源利用、节材和材料资源利用、室内环境质量和运营管理六类指标组成，各大指标中的具体指标又分为控制项、一般项、优选项。控制项为绿色建筑的必备条款，优选项主要指实现难度较大、指标要求较高的项目。按满足一般项、优选项的要求，把绿色建筑划分为一、二、三星级。

（1）《标准》的定位原则

考虑到我国建筑市场的实际，《标准》侧重于评价总量大的住宅建筑和公共建筑中能源消耗较大的办公楼、商场、宾馆等建筑，绿色建筑的外延不断扩大，提出了各类别践行绿色理念的需求。《标准》将适用范围扩展到民用建筑各专业主要类型，同时考虑到具有通用性和可操作性。

《标准》根据我国绿色建筑发展的实际需要，将绿色评价分为设计评价、运行评价。设计评价重在"绿色"措施和预期效果，运行评价重在"绿色"措施的实际效果。同时其还关注施工留下来的"绿色足迹"，达到设计评价和运行评价相辅相成。

（2）评价方法

《标准》的一大特色为"量化评价"。除少数必须达控制项外，评价条文都赋予了分值，对各类一级指标，分别都有权重值。

《标准》还增设创新项，创新项得分直接加在总得分率之上，鼓励绿色建筑在技术、管理上的创新和提高。

（3）篇章结构

《标准》设11章，分别为总则、术语、基本规定、节地与室外环境、节能与能源利用、节水与水资源利用、节材与材料资源利用、室内环境质量、施工管理、运行管理、创新项评价。

"施工管理"一项的增加，基本实现了对建筑全寿命期内各环节各阶段的覆盖。

（4）评价指标

各评价技术章均设"控制项"和"评分项"。如评分项方面，"节地与室外环境"下包括土地利用、室外环境、交通设施与公共服务、场地设计与场地生态等四个次分组单元。"施工管理"下包括资源节约、过程管理两个次分组单元。

2.《绿色办公建筑评价标准》

（1）编制背景

《绿色办公建筑评价标准》对办公建筑进行评价，有三种情况：一是有些评价指标难度过高，二是有些指标难度过低，三是还有个别指标设置不尽合理。编制符合我国国情的绿色办公建筑评价标准势在必行。这对加强办公建筑节能减排，提高办公建筑历史品质，完善我国绿色建筑评价体系具有重要意义。

办公建筑作为公共建筑的重要组成部分，属于高能耗建筑，能耗水平差别又大（高与低相差达32倍）。编制绿色办公建筑评价标准规范我国办公类建筑，有利于节能减排。大型政府办公建筑社会影响大，如有些地方白宫式办公楼，大面积的前广场，浪费了土地资源和材料，对社会有负面影响。

（2）重点评价指标

1）节地与室外环境：对容积率、热岛强度、场地风速等相关项目有了定量评价。没有（国外有）对场地防盗、防止臭气、场地温湿环境（如夏季遮阴）等评价项目。

2）节能与能源利用：条文充分考虑地域性、气候性差异，并兼顾了设计阶段、运行阶段的评价操作。

3）节水与水资源利用：评价的内容有绿色办公建筑的整体水环境规划、系统设置、节水器具和设备的选择、节水技术的采纳、再生水和雨水等非传统水的利用等。

4）节材与材料资源利用：从建材选用、材料的使用效率、全寿命周期节材等角度制定了相关评价条文。

5）室内环境质量：借鉴了采光和视野方面的成功经验，吸收了《民用建筑声学设计标准》的最新成果，评价的具体要求比国外标准更加合理。

6）运营管理：对尚无条件定量化的评价指标，具有机动灵活性。对管理制度提出了明确要求，体现了制度是保障的特点。

《绿色办公建筑评价标准》，在总结我国《标准》研究成果的基础上，借鉴国际先进经验，以我国绿色建筑标准体系为基础，在评价内容、评价方法、科学性、合理性等方面比《标准》有了很大提高。

3.《绿色商店建筑评价标准》

（1）编制背景

随着我国城镇化进程的加快，各种大中小型商场大量涌现。商店建筑在繁荣市场经济的同时，给我国的能源、环境、交通带来了很大压力。我国商店建筑全年平均能耗 240kWh/（m²a），是日本等发达国家同类建筑的 1.5~2.0 倍，是普通住宅的 10~20 倍，是宾馆、办公建筑的 2 倍。商店建筑是公共建筑中能耗最大的建筑类型之一，国外很早就重视商店建筑可持续发展，制定了有关评价标准。

（2）评价范围

《绿色商店建筑评价标准》适用于新建、扩建与改建的不同类型的商店建筑，包括商店建筑群、单体商店建筑、综合建筑中的商店区域。

（3）篇章结构

《绿色商店建筑评价标准》包括总则、术语、基本规定、节地与室外环境、节能与能源利用、节水与水资源利用、节材和材料资源利用、室内环境质量、施工管理、运营管理、创新项等 11 部分内容。

（4）评价指标与星级

评价指标由七大类评价指标组成。各类指标分控制项和评分项。为鼓励绿色商店建筑技术创新，七大类评价指标体系统一设置创新项。

星级：分为一、二、三星级。

（5）评价重点

1）节地与室外环境

控制项：建筑选址、交通规划、对周边环境影响等，突出对商店建筑的合理选址、场地生态保护、污染控制。

评分项：侧重绿色出行、基础设施完善、良好周边环境。

2）节能与能源利用

控制项：围护结构、机组效率、照明等。

评分项：围护结构的合理设计，建筑采暖空调和照明部分节能措施的科学评估。

3）节水与水资源利用

控制项：用水规划、水系统设置、节水器具等内容做出了明确规定。

评分项：商店节水措施和非传统水资源利用等。

4）节材和材料资源利用

评分项：商店建筑材料可循环利用。

5）室内环境质量

评分项：建筑室内声、光、热的合理设计与控制，气流组织的合理性设计、室内粉尘含量控制等。

6）施工管理

控制项：对"四节一环保"的具体施工管理做了强制规定。

评分项：对施工管理和技术分别做了规定，引导绿色施工，减轻施工过程中对环境的影响。

7）运营管理

控制项：运营管理制度和技术规范有明确要求。

评分项：注重商店建筑系统的高效运营评估。

8）创新项

创新项指保护自然资源和生态环境、"四节一环保"、智能化系统建设方面较突出，能产生良好的经济、社会、环境效益等。

4.《绿色生态城区评价标准》

（1）编制背景

当代生态环境恶化，资源能源枯竭，探索生态、低碳、绿色已成为世界各国的共识。财政部与住房和城乡建设部《关于加快推动我国绿色建筑发展的实施意见》，明确提出推进绿色生态城区建设，鼓励城市新区按照绿色、生态、低碳理念规划设计，集中连片发展绿色建筑。到目前为止，全国已有100多个不同规模的新建的绿色生态区项目。

为促进绿色生态城区的发展，规范绿色生态城区的评价，中国绿色建筑委员会会同有关单位编制《绿色生态城区评价标准》，目前已完成送审稿。

（2）标准特点

1）完整性、科学性

《绿色生态城区评价标准》评价的内容为绿色建筑，更多地考虑了社会和人文的因素，把评价指标体系分为规划、绿色建筑、生态环境、交通、能源、水资源、信息化、碳排放、人文等九类，注重于人—环境—社会之间的和谐，引导绿色生态城区向人性化、社会化特征发展。

2）因地制宜

生态城区因区域的不同，气候条件、自然资源、经济发展、民俗文化等有差异，评价为了体现因地制宜的原则，加强了城区整体性评价，鼓励绿色生态城区建设提出当地特色。

3）突出节能减排

评价的内容有：开源，指可再生能源利用；节流，从能耗较大的建筑节能和交通节能两方面考虑；能源共享，通过规划对区域内资源进行整合，达到最优化利用。

4）体现以人为本的和谐发展理念

评价充分考虑到城镇居民和周围农民的生产生活需求，优化城镇的生态环境和景观效应，以利于城镇居民的生活水平提高和当地的经济繁荣。

5.《绿色超高层建筑评价技术细则》

（1）《细则》特点

《绿色超高层建筑评价技术细则》根据超高层建筑的特点和国内的实际情况，对照《标准》，对节地与室外环境、节能与能源利用、节水与水资源利用、节材与材料资源利用、室内环境质量、运行管理等六部分评价条文进行了分析，对"合理调整要求的内容""适当提高要求的内容""新增的要求""删除的要求"进行了标准。

（2）《细则》的主要内容

绿色超高层建筑是未来的发展方向，现把施工方应该掌握的或了解的，选择性地介绍如下：

《细则》适用于高度100m以上的绿色超高层公共建筑的评价，主要面向新建超高层建筑（改扩建超高层建筑可参照使用）；评价绿色超高层建筑时，应在确保安全和功能的前提下，依据因地制宜原则，结合建筑所在地域的气候、资源、环境、经济、文化等特点进行。

1）节地与室外环境

①控制项

场地建设不破坏当地文物古迹、自然水系和其他保护区。

在建设过程中应符合各级历史文化保护区、风景名胜区、自然保护区与水源保护区的建设要求，并且尽可能地维持原有场地的自然水系和地形地貌。这样既可以避免因场地建设造成对原有生态环境、景观与历史遗迹的破坏，还可以减少用于场地平整所带来的建设投资的增加，减少施工的工程量。场地内有价值的树木、水塘、水系不但具有较高的生态价值，而且是传承场地所在区域历史文脉的重要载体，是该区域重要的景观标志。因此，应根据《城市绿化条例》等国家相关规定予以保护。对于因建设开发确需改造的场地内现有地形、地貌、水系、植被等环境状况，在工程结束后，鼓励建设方采取相应的场地环境恢复措施，减少对原有场地环境的改变，避免因土地过度开发而造成对城市整体环境的破坏。

建筑不对周边居住建筑物和道路造成光污染。

建筑使用高反射外立面构件和材料后，当直射日光照射其上时反射光更易对周围建筑群（尤其是居住建筑）产生光污染影响。同时考虑到超高层建筑外立面镜面材料应用面积大，且因高度较高造成影响范围广，应从立面玻璃的可见光反射比等光学参数加以限制，同时通过专业光污染模拟分析验证等方式加以控制，使其不对周边居住建筑和道路造成光污染。

施工过程中制定并实施保护环境的具体措施，控制由于施工引起的各种污染以及对场地周边区域的影响。

施工过程应按照《绿色施工评价标准》的要求进行。施工单位向建设单位（监理单位）提交的施工组织设计中，必须提出行之有效的控制扬尘的技术路线和方案，并积极履行，以减少施工活动对大气环境的污染。为减少施工过程对土壤环境的破坏，应根据建设项目的特征和施工场地土壤环境条件，识别各污染和破坏因素对土壤可能产生的影响，提出避免、消除、减轻土壤侵蚀和污染的对策与措施。施工工地污水一般含沙量和酸碱值较高，如未经妥善处理，将对公共排污系统及水生态系统造成不良影响。因此，必须严格执行《污水综合排放标准》的要求。

建筑施工噪声，是指在建筑施工过程中产生的干扰周围生活环境的声音。施工现场应制定降噪措施，使噪声排放达到或优于《建筑施工场界环境噪声排放标准》的限值要求。建筑在施工过程中的场界噪声应加以控制。施工场地电焊操作以及夜间作业时所使用的强照明灯光等所产生的眩光，是施工过程光污染的主要来源。施工单位应选择适当的照明方式和技术，尽量减少夜间对非照明区、周边区域环境的光污染。施工现场设置围挡，其高度、用材必须达到地方有关规定的要求。此外，应采取措施保障施工场地周边人群、设施的安全。

②一般项

合理采用立体绿化方式。

绿化是城市环境建设的重要内容，是改善生态环境和提高生活质量的重要内容。为了大力改善城市生态质量，提高城市绿化景观环境质量，缓解雨水径流对城市管网的压力，建设用地内的绿化应避免大面积的纯草地，鼓励进行墙面绿化等立体绿化方式。这样既能切实地增加绿化面积，提高绿化在二氧化碳固定方面的作用，改善屋顶和墙壁的保温隔热效果，又可以节约土地。超高层建筑的特点决定其本身难以实现垂直绿化等，但附带裙房存在屋顶绿化和墙面绿化等立体绿化方式的可能。

③优选项

室外透水地面面积比大于等于30%且透水铺装率大于等于70%，下凹式绿地面积大于等于50%的总绿地面积。

为缓解城市及住区气温逐渐升高和气候干燥状况，降低热岛效应，调节微气候；增加场地雨水与地下水涵养，改善生态环境及强化天然降水的地下渗透能力，补充地下水量，减少因地下水位下降造成的地面下陷；减轻排水系统负荷，以及减少雨水的尖峰径流量，改善排水状况，本条提出了透水面积的相关规定。

2）节能与能源利用

①控制项

围护结构热工性能指标符合现行国家批准或备案的相关建筑节能标准的规定。围护结构热工性能指标应符合现行国家批准或备案的建筑节能标准对应的规定值，当所设计的建筑不能同时满足建筑节能设计标准中关于围护结构热工性能的所有规定性指标时，可通过调整设计参数并计算，最终实现所设计建筑全年的空气调节和采暖能耗不大于参照建筑能耗的目的。其中参照建筑的体形系数应与实际建筑完全相同，热工性能要求（包括围护结构热工要求、各朝向窗墙比设定等）按照建筑节能设计标准中的规定设定。

②一般项

建筑窗墙比南向不大于 0.7，其他朝向均不大于 0.5。

窗墙面积比对建筑负荷和室内热舒适环境影响非常明显，而超高层建筑以玻璃幕墙为主要立面形式，考虑到透明幕墙的热工性能相对较差，不提倡在建筑立面上大面积地应用透明幕墙，目的是鼓励超高层建筑在满足室内环境需求的前提下采用小窗墙比的建筑设计，降低建筑能耗。考虑到建筑各朝向太阳能量分布的不均衡性，南向窗墙比适当放大主要有两大好处，一是可增加冬季室内太阳辐射的热，二是对过渡季及夏季通风有一定帮助。其他朝向窗墙比的增加会同时增加冬季和夏季的空调能耗。

③优选项

严寒地区建筑通过优化建筑围护结构热工性能实现全年采暖和空调负荷比现行国家批准或备案的相关建筑节能设计标准参照值低 5% 以上，其他地区低 3% 以上。鼓励绿色建筑通过围护结构优化设计，如采用新型节能幕墙、新型保温隔热技术、有效的遮阳措施等降低建筑采暖空调负荷，同时提高非空调采暖季节的室内热环境质量。

3）节水与水资源利用

①控制项

制订水资源规划方案，统筹、综合利用各种水资源。

根据当地政府规定的节水要求、地区水资源状况、气象资料、地质条件及市政设施情况等，选择可资利用的水资源。当项目含多种使用功能，如办公、商场、餐饮、会展、旅馆等时，应统筹考虑项目内水资源的情况，合理确定综合利用方案。水资源规划方案应合理确定用水定额、编制用水量估算（水量计算表）及水量平衡表，并进行技术经济可行性分析。用水定额按照《民用建筑节水设计标准》的规定确定。

设置合理、完善的供水、排水系统。

建筑给排水系统的设计首先要符合现行国家标准规范的相关规定。选用管材、管道附件及设备等供水设施时要考虑在运行中不会对供水造成二次污染，鼓励选用高效低耗的设备，如变频供水设备、高效水泵等。根据用水要求的不同，给水水质应达到国家、地方或行业规定的相应标准。管材、管道附件及设备等供水设施的选取和运行不对供水造成二次污染。有直饮水时，直饮水应采用独立的循环管网供水，并设置安全报警装置。各供水系统应保证以足够的水量和水压向所有用户不间断地供应符合卫生要求的用水。

②一般项

给水管道系统不出现超压出流现象。

超压出流是指卫生器具配水点的出流量大于额定流量的现象。超压出流量并不产生正常的使用效益，是浪费的水量。由于这部分水量是在使用过程中流失的，不易被人们察觉和认识，属"隐形"水量浪费。超高层建筑给水系统超压出流的现象是普遍存在而且是比较严重的。建筑给水系统超压出流的防治应从给水系统的设计、合理进行压力分区、采取减压措施等多方面采取对策。超高层建筑给水、中水、热水系统应竖向分区，各分区最低卫生器具配水点处的静水压力不宜大于 0.45MPa，且分区内低层部分应设减压限流措施，保证各用水点处供水压力不大于 0.2MPa。

③优选项

项目周边有市政再生水利用条件时，非传统水源利用率不低于 30%；项目周边无市政再生水利用条件时，非传统水源利用率不低于 15%。

4）节材与材料资源利用

①控制项

建筑造型要素简约，无大量装饰性构件。

建筑是艺术和技术的综合体，但为了片面追求美观而以巨大的资源消耗为代价，不符合绿色建筑的基本理念。鼓励设计师利用功能性构件作为建筑造型的语言，通过使用功能装饰一体化构件，在满足建筑功能的前提下表达丰富的美学效果，并节约材料资源。在设计中须控制造型要素中没有功能作用的装饰构件的大量应用，当装饰性构件较多时，需进行造价核算，控制装饰性构件的造价不高于工程总造价的 5%。

现浇混凝土采用预拌混凝土。

预拌混凝土性能稳定性比现场搅拌好得多，对于保证混凝土工程质量十分重要。与现场搅拌混凝土相比，采用预拌混凝土还能够减少施工现场噪声和粉尘污染，并节约能源、资源，减少材料损耗。因此，我国现阶段应大力提倡和推广使用预拌混凝土，预拌混凝土的应用技术已较为成熟。

②一般项

施工现场 500km 以内生产的建筑材料质量占建筑材料总质量的 60% 以上，建材本地化是减少材料运输过程中资源和能源消耗、降低环境污染的重要手段之一，提高本地材料使用率还可促进当地经济发展。本条鼓励使用本地生产的建筑材料，提高就地取材制成的建筑材料所占的比例。本条主要审查工程决算材料清单，其中清单中要标明材料生产厂家的名称、地址，并据此计算施工现场 500 km 内生产的建筑材料质量占建筑材料总质量的比例。

建筑砂浆采用商品砂浆。使用商品砂浆可明显减少砂浆用量，推广应用商品砂浆，节约的砂浆量相当可观。使用商品砂浆不仅可节省材料，而且性能也比现场搅拌砂浆更稳定、质量更好，更有利于保证建筑工程质量。

合理地选用高性能建筑材料。使用高性能建筑材料是建筑节材的重要措施之一。高性能包括高强、高耐久等。其中的强度指标最为重要且便于评价。使用高强度混凝土、高强度钢可以解决材料用量较大的问题，增加建筑使用面积。钢筋混凝土或钢骨混凝土竖向承重结构中要求 HRB400 级钢筋占竖向承重结构中全部钢筋（分布筋、拉筋及箍筋可以除外）的 80% 以上（当采用更高强度钢筋时，可以按强度设计值相等的原则折合成 HRB400 级钢筋）。钢筋混凝土、钢骨混凝土或钢管混凝土竖向承重结构中要求 C50 级混凝土占竖向承重结构中全部混凝土的 80% 以上（顶部 15 层可以除外。当采用更高强度的混凝土时，可以按强度的设计值相等的原则折合成 C50 级混凝土）。钢、钢骨混凝土或钢管混凝土竖向承重结构中要求 Q345 级钢材占竖向承重结构中全部钢材的 80% 以上（顶部 15 层可以除外。当采用更高强度的钢材时，可以按强度设计值相等的原则折合成 Q345 级钢材。强度设计值低于 295MPa 的 Q345 钢材不作为高强材料）。

在保证安全和不污染环境的情况下，使用可再利用建筑材料和可再循环建筑材料，其质量之和不低于建筑材料总质量的 10%。

本条旨在整体考量建筑材料的循环利用对节材和材料资源利用的贡献。鼓励在绿色建筑中尽可能多地使用可再利用建筑材料和可再循环建筑材料。可再利用建筑材料是指基本不改变旧建筑材料或制品的原貌，仅对其进行适当清洁或修整等简单工序后经过性能检测合格，直接回用于建筑工程的建筑材料。一般是指制品、部品或型材形式的建筑材料。合理使用可再利用建筑材料，可延长仍具有使用价值的建筑材料的使用周期，减少新建材的使用量。

如果原貌形态的建筑材料或制品不能直接回用在建筑工程中，但可经过破碎、回炉等专门工艺加工形成再生原材料，用于替代传统形式的原生原材料生产出新的建筑材料，此类建材可视为可再循环建筑材料，如钢筋、钢材、铜、铝合金型材、玻璃等。充分使用可再利用和可再循环的建筑材料可以减少生产加工新材料带来的资源、能源消耗和环境污染，充分发挥建筑材料的循环利用价值，对于建筑的可持续性具有非常重要的意义，具有良好的经济和社会效益。

在保证性能和安全的前提下，使用以废弃物为原料生产的建筑材料，其用量占同类建筑材料的比例均不低于 30%。

"以废弃物为原料生产的建筑材料"是指在满足安全和使用性能的前提下，使用废弃物等作为原材料生产出的建筑材料，其中废弃物主要包括建筑废弃物、工业废弃物和生活废弃物。在满足使用性能的前提下，鼓励使用以建筑废弃混凝土生产出的再生骨料制作成的混凝土砌块、配制的再生混凝土等建筑材料；鼓励使用以工业废弃物、农作物秸秆、建筑垃圾、淤泥为原料制作的墙体材料、保温材料等建筑材料；鼓励使用以工业副产品石膏为原料制作的石膏制品；鼓励使用以生活废弃物经处理后制成的建筑材料。为保证废弃物使用量达到一定要求，本条规定以废弃物为原料生产的建筑材料用量占同类建筑材料的比例需超过 30%，废弃物的掺量至少达到 20% 方可计入。

采取有效措施，减少土建装修过程中对已有建筑构件及设施的破坏和拆改。

减少对已有建筑构件及设施的破坏和拆改的有效措施包括：各专业图纸表达清楚，深度满足国家规定；所有图纸签章齐全；设计无用项；事先统一进行建筑构件上的孔洞预留和装修面层固定件的预埋，避免在装修施工阶段对已有建筑构件的打凿、穿孔等。减少土建装修过程中对已有建筑构件及设施的破坏和拆改，既有利于保证结构安全，又可减少建筑垃圾。

施工组织计划中设置专门的节材方案，并落实施工固废分类回收等节材措施。

鼓励施工单位在施工组织设计中制订节材方案，并在施工组织设计中独立成章。在保证工程安全与质量的前提下，根据工程的实际情况制定针对性的节材措施，进行施工方案的节材优化。施工所产生的垃圾、废弃物，应在现场进行分类处理，这是回收利用废弃物的关键和前提，也是建筑施工过程中节材的重要措施。绿色建筑在施工过程中应最大限度地利用建设用地内拆除的或其他渠道收集得到的旧建筑材料，以及建筑施工和场地清理时产生的废弃物等，达到节约原材料、减少废物、降低环境影响的目的。施工单位需制定专门的建筑施工废弃物管理计划，指导及规范施工中固体废弃物的回收利用。

③优选项

在保证安全的前提下，对建筑方案和结构体系进行节材优化。

超高层项目的建筑方案不同，材料用量会相差很多。另外，超高层建筑中超过一半的材料用于结构构件，因此，在设计过程中对建筑方案、结构体系和结构构件进行合理优化，能够有效地节约材料。现行国标只针对建筑结构体系，实际关注的是结构主体的材料和施工，而非建筑结构方案。超高层的建筑结构方案优化具有很大的节材潜力。结构方案相同而建筑布置不同的建筑，用材量水平会有很大的差异，资源消耗水平、对环境的冲击也会有很大的差异。因此，除了关注结构方案外，还需关注建筑布置的优劣。

5）室内环境质量

①控制项

建筑采用的室内装饰装修材料有害物质含量符合国家相关标准的规定。

所用建筑材料不会对室内环境产生有害影响是绿色建筑对建筑材料的基本要求。选用有害物质限量达标、环保效果好的建筑材料，可以防止由于选材不当造成室内环境污染。根据生产及使用技术特点，可能对室内环境造成危害的装饰装修材料主要包括人造板及其制品、木器涂料、内墙涂料、胶黏剂、木家具、壁纸、卷材地板、地毯、地毯衬垫和地毯用胶黏剂等。这些装饰装修材料中可能含有的有害物质包括甲醛、挥发性有机物（VOC）、苯、甲苯、二甲苯以及游离甲苯二异氰酸酯等。因此，对上述各类室内装饰装修材料中的有害物质含量应进行严格控制。我国制定了有关室内装饰装修材料的多项国家标准。

建筑围护结构结露、发霉将会直接影响建筑室内的空气质量。为防止冬季或寒冷季节建筑围护结构内部和表面出现结露，应采取合理的保温措施，防止其内表面温度过低。为防止辐射型空调末端，如辐射吊顶产生结露，应通过合理的运行控制策略保证其表面温度高于室内空气露点温度。

②一般项

建筑内部功能空间布局合理，减少相邻空间的噪声干扰以及外界噪声对室内的影响，并采取合理措施控制设备的噪声和振动。

建筑空间在布局上要同时考虑噪声的水平传递和垂向传播。

对于超高层建筑来说，通常会有垂直跨度较大的中庭设计。这样，噪声在建筑内部不仅存在水平传播而同时存在垂直纵向传递，建筑功能空间的设计上也应做相应的考虑。餐饮、文化娱乐和商场类等相对喧闹的功能空间楼层应与酒店住宿、文教、疗养和办公等声环境要求较高的楼层尽量分开，当不可避免时应考虑必要的隔声设计。

在设备系统设计、安装时就考虑其引起的噪声与振动控制手段和措施，使噪声敏感的房间远离噪声源往往是最有效和经济的方法。常用方法有：采用低噪声型送风口与回风口，对风口位置、风井、风速等进行优化以避免送风口与回风口产生的噪声，或使用低噪声空调室内机、风机盘管、排气扇等；给有转动部件的室内暖通空调和给排水设备，如风机、水泵、冷水机组、风机盘管、空调机组等设置有效的隔振措施；采用消声器、消声弯头、消声软管，或优化管道位置等措施，消除通过风道传播的噪声；采用隔振吊架、隔振支撑、软接头、连接部位的隔振施工等措施，防止通过风道和水管传播的固体噪声；对空调机房采取吸声与隔声措施，安装设备隔声罩，优化设备位置以降低空调机房内的噪声水平；采用遮蔽物、隔振支撑、调整位置等措施，防止冷却塔发出的噪声；为空调室外机设置隔振橡胶、隔震垫，或采用低噪声空调室外机；采用消声管道，或优化管道位置（包括采用同层排水设计），对PVC下水管进行隔声包覆等，防止厕所、浴室等的给排水噪声；合理控制上水管水压，使用隔振橡胶等弹性方式固定，采用防水锤设施等，防止给排水系统出现水锤噪声，等等。

超高层建筑采用玻璃幕墙形式，靠近建筑外侧的房间容易满足要求，但由于其平面进深相对较大，如果室内设计与布局不合理，也会造成大量区域天然采光效果不好，增加照明能耗。在大进深室内，宜通过采用与采光相关联的照明控制系统的方式强化照明控制。

室内采用调节方便、可提高人员舒适性的空调末端。

建筑内主要功能房间应设有空调末端，空调末端应设有独立开启装置与温度和风速的调节开关。

会议室、多功能厅等设计需保证观众厅内任何位置都应避免多重回声、颤动回声、声聚焦和共振等缺陷，同时根据用途的差异各有所不同，会堂、报告厅和多用途厅堂等语音演出的厅堂需重点考虑语言清晰度，而剧场和音乐厅等声乐演出的厅堂则注重早期声场强度和丰满度，其主要通过在观众厅内布置适当的吸声装饰材料以控制混响时间来实现。

③优选项

采用合理措施改善地下空间的天然采光效果。

地下空间的天然采光不仅有利于照明节能，而且充足的天然光还有利于改善地下空间的卫生环境。由于地下空间的封闭性，天然采光可以增加室内外的自然信息交流，减少人们的压抑心理等；同时，天然采光也可以作为日间地下空间应急照明的可靠光源。地下空间的天然采光方法很多，可以是简单的天窗、采光通道。

建筑功能空间围护结构侧向隔声能力满足设计要求。

超高层建筑在设计上一般为多元化大跨度结构，其侧向传声能力应得到一定的控制。

建筑入口和主要活动空间设有无障碍设施。

为了不断提高建筑的质量和功能性，保证残疾人、老年人和儿童进出的方便性，体现建筑整体环境的人性化，除满足国家强制要求外，应鼓励在建筑入口、电梯、卫生间等主要活动空间有更便捷的无障碍设施。

建筑室内采取有效的控烟措施。

吸烟危害健康并会对室内空气带来污染，因此应在建筑中采取有效的控烟措施，公共场所严禁吸烟，并有显著的宣传和警示标识。非公共场所内设置独立的可实现快速换气的吸烟区域，或者全楼禁止吸烟等。在机房、仓库等严格控制烟火的区域，必须设置监控装置或其他有效的控制措施，避免发生火灾。

6.《绿色工业建筑评价标准》

由中国建筑科学研究院、机械工业第六设计研究院等单位主编，国内十几家设计院、高校和科研机构参编了《绿色工业建筑评价标准》。该标准突出了工业建筑的特点和绿色发展要求，是国际上首部专门针对工业建筑的绿色评价标准，填补了国内外针对工业建筑的绿色建筑评价标准空白，具有科学性、先进性和可操作性，达到了国际领先水平。

《绿色工业建筑评价标准》分别是：总则、术语、节地与可持续发展场地、节能与能源利用、节水与水资源利用、节材与材料资源利用、室外环境与污染物控制、室内环境与职业健康、运行管理、技术创新和进步。《绿色工业建筑评价标准》在考虑与现行国家政策、国家和行业标准衔接的同时，注重"绿色发展、低碳经济"新理念的应用，其核心内容是节地、节能、节水、节材、环境保护、职业健康和运行管理。《绿色工业建筑评价标准》是各工业行业进行绿色工业建筑评价共同遵守的依据，体现了量化指标和技术要求并重的指导思想，采用权重计分法进行绿色工业建筑的评级，与国际上绿色建筑评价方法保持一致；规定了各行业工业建筑的能耗、水资源利用指标的范围、计算和统计方法。

《绿色工业建筑评价标准》是指导我国工业建筑"绿色"规划设计、施工验收、运行管理，规范绿色工业建筑评价的重要技术依据。《绿色工业建筑评价标准》的颁布将有利于我国工业建筑规划、设计、建造、产品、管理一系列环节引入可持续发展的绿色理念，引导工业建筑逐步走向绿色。

绿色建筑是在全寿命周期内兼顾资源节约与环境保护的建筑。我国的绿色标识制度主要以《绿色建筑评价标识管理办法》及《绿色建筑评价技术细则》为设计和评判依据，经专家和测评机构（中国绿色建筑与节能委员会）评审通过后，颁发"绿色建筑评价标识"。"绿色建筑评价标识"分为一、二、三星级，三星级为最高级别。我国香港地区主要施行《香港建筑环境评估标准》。它是一套主要针对新建和已使用的办公、住宅建筑的评估体系。该体系旨在评估建筑的整体环境性能表现。其中对建筑环境性能的评价归纳为对场地、材料、能源、水资源、室内环境质量、创新与性能改进六个方面的评价。

在建筑节能和绿色建筑评价体系方面，试行《建筑能效测评与标识技术导则》制度，建筑能效标识制度作为建筑节能的推进器，对于提高建筑用能系统的实际运行能效，促进新型节能技术在建筑中的合理应用，有效降低建筑的实际运行能耗具有重要的作用。《建筑能效测评与标识技术导则》引用吸收了国际上建筑能效标识的成果和经验，以我国现行建筑节能设计标准为依据，结合我国建筑节能工作的现状和特点，适用于新建居住和公共建筑以及实施节能改造后的既有建筑能效测评标识方法。《建筑能效测评与标识技术导则》的特点是强调建筑节能实际能耗和能效结果控制的测评制度。

在总结绿色建筑的实践经验，并借鉴国际绿色建筑评价体系的基础上，我国颁布了第一部《绿色建筑评价标准》。该标准是一部多目标、多层次的绿色建筑综合评价体系，该体系从选址、材料、节能、节水、运行管理等多方面，对建筑进行综合评价，其特点是强调设计过程中的节能控制。

为了支撑现行的测评体系和设计标准，国家有关部门正在组织编写和即将颁布的标准有《公共建筑节能检验标准》《节能建筑评价标准》《公共建筑节能改造技术规程》《集中供暖系统温控与热计量技术规程》等。这些都为我国新建建筑节能和既有建筑节能改造的规范化管理和实施奠定了很好的基础。

第二章 绿色建筑的规划设计

在现代建筑设计中，绿色建筑是指在全寿命周期内，节约资源、保护环境、减少污染，为人们提供健康、适用、高效的使用空间，最大限度地实现人与自然和谐共生的高质量建筑，其中包括节地、节能、节材、节水等，从而减少对城市环境的污染，促使人与自然和谐发展，为人们提供一个舒适良好的生活空间。本章主要对绿色建筑的规划设计进行详细的讲解。

第一节　中国传统建筑的绿色经验

中国的传统建筑历史悠久，独树一帜，以其独特的魅力屹立于东方大地之上。传统建筑作为中国文化的物质载体，反映出中国古人所追求的审美境界、伦理规范以及对于自身的终极关怀。中国传统建筑在其演化过程中，不断地丰富着建筑形态与营造经验，利用并改进建筑材料，形成稳定的构造方式和匠艺传承模式。这是人们在掌握当时当地自然条件特点的基础上，在长期的实践中依据自然规律和基本原理总结出来的，有其合理的生态经验、设计理念与技术特点。

一、中国传统建筑中体现的绿色观念

中国传统建筑在建造过程中遵循"人不能离开自然"的原则，从皇宫、园林等重大建筑到城乡中的田园宅舍，无论是聚落选址、布局、单体构造、空间布置、材料利用等方面，都受到自然环境的影响。

中国传统营造技术的特点是基本符合生态建筑标准的，通过对"被动式"环境控制措施的运用，在没有现代采暖空调技术几乎不需要运行能耗的条件下，创造出了健康、相对适宜的室内外物理环境。因此，相对于现代建筑，中国的传统建筑特别是民居建筑，具有的生态特性或绿色特性很多方面是我们值得借鉴的经验。

（一）"天人合一"的思想

"天人关系"，即人与自然的关系；"天"是指大自然；"天道"就是自然规律；"人"是指人类；"人道"就是人类的运行规律。"天人合一"是中国古代的一种政治哲学思想，指的是人与自然之间的和谐统一，体现在人与自然的关系上，就是既不存在人对自然的征服，

也不存在自然对人的主宰，人和自然是和谐的整体。"天人合一"的思想最早起源于春秋战国时期，经过董仲舒等学者的阐述，由宋明理学总结并明确提出，其基本思想是人类的政治、伦理等社会现象是自然的直接反映。

中国传统的建筑文化也崇尚"天人合一"的哲学观，这是一种整体的关于人、建筑与环境的和谐观念。建筑与自然的关系是一种崇尚自然、因地制宜的关系，从而达到一种共生共存的状态。中国传统聚落建设、中国传统民居的风水理论，同样寻求天、地、人之间最完美和谐的环境组合，表现为重视自然、顺应自然、与自然相协调的态度，力求因地制宜、与自然融合的环境意识。中国传统民居的核心是居住空间与环境之间的关系，体现了原始的绿色生态思想和原始的生态观，其合理之处与现代住宅环境设计的理念不谋而合。

下面以徽州古民居的规划及设计营造思想为例，探讨现代建筑特别是居住建筑可以借鉴的绿色经验。

1. 徽州古村落的绿色设计理念

（1）规划选址的原则和格局体现的风水思想徽州古村落的规划选址、设计营造均无一例外地要求与地形地貌、朝向风向、防灾避灾等要求符合，无论是城镇，还是单座民居，选址模式和意象都非常讲究寻求理想的生态环境和独特的自然景观。"后高前低""狭长天井""封火马头墙"等是其共有的特点。美国生态建筑学家吉戈兰尼指出："中国的住宅、村庄和城市设计，具有与自然和谐并随大自然的演变而演变的独特风格。"从风水理论看来，居所的选择，无论其方位、规模、内外空间的界定和流通，都要与自然环境相融合，通过对"生气"的迎、纳、聚、藏等处理手法来感受自然，使居所与自然环境有机地融为一体。

"藏风聚气"是中国传统风水理论中理想的居住环境。徽州古村落中典型的模式为"负阴抱阳，背山面水"，即所谓"枕山、环水、面屏""依山造屋，傍水结村"。"背山"可以挡住冬季北方袭来的寒流；"面水"可以接受夏季东南的凉风；"向阳"可获得良好的日照；"近水"可提供足够的饮用水及农田用水，既便于交通，又利于排除雨雪积水，防止洪涝淹没房屋，同时还改善了视觉的封闭感，使建筑层次优美，利于形成良性的生态循环。徽州古村落的规划注重体现生态效应，最典型的为黟县宏村牛形村、歙县唐模的小西湖等，这些实例都为今人留下了启迪。

（2）古村落"水口园林"体现的生态观

美国生态设计学专家托德认为，中国风水中具有鲜明的生态实用性。"水口"是徽州民居的又一大特色，"水口"园林大都建于村落入口，"水口者，一方众水所总出处也"。水口处，多广植乔木，以银杏树为多，还点缀凉亭水榭，风景优美。

村落水口的林木能使村落居民冬季屏蔽寒风，夏季遮挡骄阳，又能涵养水源、吸附尘沙和净化空气。此外，村落水系既汲取充沛水源，又可防止洪涝，建立排灌水渠以利耕作。村落给水体系与排水体系分流设计形成网络，尤其是对生活污水，采用生物净化处理方法，通过污水道排入村外水圳或农田，既提高水的重复利用，又减少环境污染。此外，设置室外污水发酵池和净化池，利用莲藕吸附污泥和乌龟吃掉浮游微生物，来净化水质、降低污水排放。这种体现生态平衡思想的园林规划，使村落聚居环境和自然生态相结合，符合现代人类可持续的生态建筑观。

（3）民居的平面布局以"天井"为特色，体现被动式节能思想

中国的传统建筑和绿色理念有很深的渊源，在很多传统住宅中，虽然形式各样，但很重要的特点是都有天井。如北京的四合院，云南、贵州的"四合五天井"，福建的"土楼"；广东的"碉楼"，还有少数民族的吊脚楼、筒子楼等。

徽州民居以天井为特点，屋内的采光、通风、排水全依赖于天井。其四合院的平面布局，实现了建筑与自然环境的有机结合和天然的生态节能思想。因为所有的屋顶都是向院内倾斜的，下雨的时候，雨水会从"四角的天空"飞流而下，这就是有名的徽州民居的"四水归堂"。

徽州民居朝向以东或东南向为主，充分利用自然采光，并顺应当地主导风向，有利于形成室内自然通风。通过天井合理组织室内自然通风、汇集雨水、夏季遮阳；院内设水池盆景绿化调节室内湿度，冬暖夏凉，可谓古代的天然空调。中国的这种传统建筑的形态造就了良好的居住环境，体现了古人非凡的智慧。

徽州民居从俯视的角度看，以天井为中心，向四周扩展，形成院落相套的格局，这也是徽州人"聚族而居"的显著特点。随着时间的推移和人口的增长，各院落单元还可以拆分、扩展和完善，体现了徽人崇尚几代同堂、几房同堂的习俗。

徽州民居平面形状大都为矩形，柱网尺寸接近现代模数，开间不大，进深较大，使住宅的传热耗热值较低，能耗较少。房屋利用天井采光，光线通过二次折射，少眩光而具有柔和感。一般正屋面阔三间，中间堂屋面临天井敞开，是一家生活起居活动的中心。两边厢房，堂屋两边的次间是卧室，卧室一般向外墙都不开窗，但均有开向天井一面的花窗，既满足防盗安全的需要，又能减少通过窗散失热量，也符合聚财的思想。

2.徽州民居的绿色经验对现代居住建筑规划设计的借鉴意义

（1）借鉴其自然环境观的思想

现代居住建筑的规划布局可以借鉴这种利用自然条件，重视自然生态气候因素的设计方式。城市的地貌条件、自然通风、防风、植物的覆盖率（有供氧、遮阴、挡风、平衡温度作用）等都间接地影响着城市中建筑的能源消耗。在居住建筑的布局结构中，人工环境应与总体平衡的自然环境紧密结合；建筑和街道应尽可能地面向太阳，街道的走向应利于通风和防风；街道及建筑间距要利于居住建筑的防火安全；重视植被在遮阴、防风、供氧、吸尘、平衡温度等方面的功能；尽可能地利用天然水源或中水系统，以点状水（如湖、塘、池）或带状水流的形式形成循环水系，改善环境景观，提高环境质量。另外，现代居住环境还应从功能和社会角度考虑，使居住、生产、服务、文化、休闲等城市功能相互协调。

（2）借鉴其被动式节能的设计手法

日照和通风是影响室内环境质量最主要的因素。现代生态节能住宅建筑设计首先应尽量结合气候特点，采用自然通风、自然采光的方法，减少住宅对能源的依赖。生态节能住

宅朝向宜朝南布置；住宅东、西向外窗应进行遮阳处理，减少夏季太阳辐射进入室内；选择合适的建筑间距，既考虑到节地的需要，又可利用合适的自然通风降低周围环境温度、改善住宅内的空气品质；进风口要面向夏季主导风向，设置导风板或立面构架，把当地主导风导入朝向位置不很好的房间；平面尺寸应选择相对较大的进深，使住宅传热耗热值较低，能耗较少。但建筑的总进深不应大于15米，以利于自然通风。

（3）借鉴其改善环境和调节微气候的方式

1）充分利用太阳能和可再生能源。徽州民居南向的院子冬天几乎处于"全天候"的日照，直接利用太阳能，并结合种植绿色植物，具有改善环境和调节微气候的功能。现代住宅设计应积极利用主动式太阳能集热器取得生活热水并利用太阳能采暖。此外，发展风能发电、地热采暖和沼气等都是利用生态持续性能源的有效措施。

2）充分利用建筑绿化。结合建筑绿化，即利用庭院、屋顶、阳台、内外廊、墙面、架空层、中间层、圈梁出跳槽及室内绿化等措施，利用植物的光合作用和蒸腾作用，在夏季使住宅的遮挡面的温度降低；冬季植物的落叶残茎又能起到构件保温的作用。此外，利用建筑物周围合理布置树木，不但可以冷却空气，而且可导引风向。墙面栽植爬山虎也不失为一种简单有效的方法。据实测，攀有爬山虎的外墙面夏季可降温7℃，提高湿度10%，并有利于吸尘和消音，又增加了垂直绿化面积。

（二）"师法自然"与"中庸适度"

1."师法自然"

"师法自然"原文来自《老子》，"人法地，地法天，天法道，道法自然"。"师法自然"是以大自然为师加以效法的意思，即一切都自然而然，由自然而始，是一种学习、总结并利用自然规律的营造思想。归根到底，人要以自然为师，就是要遵循自然规律，即所谓的"自然无为"。

英国学者李约瑟曾评价说"再没有其他地方表现得像中国人那样热心体现他们伟大的设想人不能离开自然"的原则，皇宫、庙宇等重大建筑当然不在话下，城乡中无论集中的，或是散布在田园中的房舍，也都经常地呈现一种对"宇宙图案"的感觉，以及作为方向、节令、风向和星宿的象征主义。如汉代的长安城，史称"斗城"，因其象征北斗之形，从秦咸阳、汉长安到唐长安，其城市选址和环境建设，都在实践中不断汲取前代的宝贵经验，至今仍有借鉴学习之处。

2."中庸适度"

（1）"中庸适度"的概念。《中庸》出自《易经》，摘于《礼记》，是由孔子的孙子子思整理编定。《中庸》是"四书"中的"一书"，全书三十三章，分四部分，所论皆为天道、人道、讲求中庸之道，即把心放在平坦的地方来接受命运的安排。中庸，体现出一定的唯物主义因素和朴素的哲学辩证法。适度，是中庸的得体解析，对中国文化及文明传播具有久远的影响。其不偏不倚，过犹不及的审美意识，对中国传统建筑的发展影响颇深。"中庸适度"即一种对资源利用持可持续发展的理念，在中国人看来，只有对事物的发展变化进行节制和约束，使之"得中"，才是事物处于平衡状态长久不衰而达到"天人合一"的理想境界的根本方法。

（2）"中庸适度"的建筑空间尺度。"中庸适度"的原则表现在中国古代建筑中的很多方面，"节制奢华"的建筑思想尤其突出，如传统建筑一般不追求房屋过大。《吕氏春秋》中记载"室大则多阴，台高则多阳，多阴则蹶，多阳则痿，此阴阳不识之患也；是故先王不处大室，不为高台"，还有"宫室得其度""便于生""适中""适形"等，实际上都是指要有宜人的尺度控制。《论衡·别通篇》中也有这样的论述："宅以一丈之地以为内"，内即内室或内间，是以"人形一丈，正形也"为标准而权衡的。这样的室或间又有丈室、方丈之称。这样的室或间构成多开间的建筑，进而组成宅院或更大规模的建筑群，遂有了"百尺""千尺"这个重要的外部空间尺度概念，而后世风水形势说则以"千尺为势，百尺为形"作为外部空间设计的基准。

二、中国传统建筑中体现的绿色特征

（一）自然因素对建筑形态与构成的影响

自然因素在中国传统建筑的形态生成和发展过程中所起的作用和影响不尽相同，但总体上呈现出以下特征，即"被动地适应自然→主动地适应和利用自然→巧妙地与自然有机相融"的过程。

1. 自然气候、生活习俗对建筑空间形态的影响

对传统建筑形态的影响可分为两个主要因素，即自然因素和社会文化因素，人的需求和建造的可能性决定了传统建筑形态的形成和发展。在古代技术条件落后的条件下，建筑形态对自然条件有着很强的适应性，这种适应性是环境的限定结果，而不由人们的主观意志所决定。不论东方和西方、远古和现代，自然中的气候因素、地形地貌、建筑材料条件均对建筑的源起、构成及发展产生最基本和直接的影响。

（1）气候因素的影响。自然因素中最主要的是气候因素。我国从南到北跨越了五个气候区，热带、亚热带、暖温带、中温带和亚温带。其东南多雨，夏秋之间常有台风来袭；而北方冬春二季为强烈的西北风所控制，较干旱。由于地理、气候的不同，我国各地建筑材料资源也有很大差别。中原及西北地区多黄土，丘陵山区多产木材和石材，南方则盛产竹材。各地建筑因而也就地取材，形成了鲜明的地方特色。

（2）生活习俗因素的影响。传统民局的空间形态受地方生活习惯、民族心理、宗教习俗和区域气候特征的影响，其中气候特征对前几方面都产生一定的影响，同时也是现代建筑设计中最基本的影响因素，具有超越其他因素的区域共性。天气的变化直接影响了人们的行为模式和生活习惯，反映到建筑上，相应地形成了开放或封闭的不同的建筑空间形态。

（3）受自然因素影响的不同地域建筑的空间表现形态。巨大的自然因素差异导致不同

地域建筑的独特时空联系方式、组织次序和表现形式，从而形成了我国丰富多彩的传统建筑空间表现形态。

1）高纬度严寒地区的民居。其建筑形态往往表现为严实敦厚、立面平整、封闭低矮，这些有利于保温御寒、避风沙的措施，是为了适应当地不利的气候条件。

2）干热荒漠地区的居住建筑。形态表现为内向封闭、绿荫遮阳、实多虚少，通过遮阳、隔热和调节内部小气候的手法来减少高温天气对居住环境的不利影响。

3）气温宜人地区的居住建筑。此地区的人们的室外活动较多，建筑在室内外之间常常安排有过渡的灰空间，如南方的"厅井式民居"就具备这种性质。灰空间除了具有遮阳的功效，也是人们休闲、纳凉、交往的场所。

4）黄土高原地区的窑居建筑。除了利用地面以上的空间，传统建筑还发展地下空间以适应恶劣气候，尤其在地质条件得天独厚的黄土高原地区，如陕北地区的窑居建筑。

5）低纬度湿热地区的民居建筑。其建筑形态往往表现为峻峭的斜屋面和通透轻巧、可拆卸的围护结构，以及底部架空的建筑形式，如云南、广西的傣、侗族民居和吊脚楼民居，它们能很好地适应多雨、潮湿、炎热的气候特点。

（4）不同地区四合院的空间布局及院落特征。传统建筑常常通过建筑的围合形成一定的外部院落空间，即四合院，来解决自然采光、通风、避雨和防晒问题，但是南、北方的四合院在空间布局及院落特征上略有不同。

1）南方四合院。其四面房屋多为楼房，而且在庭院的四个拐角处房屋是相连的，东、西、南、北四面的房屋并不独立存在。常见的江南庭院有如一"井"，所以南方常将庭院称为"天井"。

2）北方四合院。以北京四合院为代表，其中心庭院从平面上看基本为正方形，东、西、南、北四个方向的房屋各自独立，东西厢房与正房、倒座的建筑本身本不相连，而且正房、厢房、倒座等所有房屋都为一层，没有楼房，连接这些房屋的只是转角处的游廊。

这样北京四合院从空中鸟瞰，就像是四座小盒子围合成的一个院落。

3）其他地区的四合院。山西、陕西一带的四合院民居院落，是一个南北长而东西窄的纵长方形；四川等地的四合院的庭院又多为东西长而南北窄的横长方形。

这些不同地区的民居建筑都是对当地气候条件因素及生活习俗因素的形态反映和空间表现。因此，对地域传统建筑模式的学习，首先是学习传统建筑空间模式对地域性特色的回应，以及不同地域建筑中符合"绿色"精神的建筑空间表达和传递的绿色思想和理念。

2. 自然资源、地理环境对建筑构筑方式的影响

建筑构筑形态强调的是建造技术方面，它是通过建筑的实体部分，即屋顶、墙体、构架、门窗等建筑构件来表现的。建筑的构筑形态包括建筑材料的选择和构筑方式。

（1）建筑材料的选择。建筑构筑技术首先表现在建筑材料的选择上。古人由最初直接选用天然材料（如黏土、木材、石材、竹等），后来增加了人工材料（如瓦、石灰、金属等）的利用。传统民居根据一定的经济条件，因尽量选用各种地方材料而创造出了丰富多彩的

构筑形态。

（2）建筑的构筑方式。木构架承重体系，是中国传统建筑构筑形态的一个重要特征，民居的木构架有抬梁式、穿斗式和混合式等几种基本形式，可根据基地特点进行灵活的调节，对于复杂的地形地貌具有很大的灵活性和适应性。因此，在当时的社会经济技术下，木构架体系具有很大的优越性。

1）穿斗式木构架。它是中国古代建筑木构架的一种形式，这种构架以柱直接承檩，没有梁，原称作"穿兜架"，后简化为"穿逗架"和"穿斗架"。穿斗式构架以柱承檩的做法，已有悠久的历史，在汉代画像石中就可以看到。穿斗式构架是一种轻型构架，屋顶重量较轻，防震性能优良。其用料较少，建造时先在地面上拼装成整榀屋架，然后竖立起来，具有省工、省料，便于施工和比较经济的优点。

2）抬梁式木构架。它是在立柱上架梁，梁上又抬梁，也称叠梁式，是中国古代建筑木构架的主要形式，至少在春秋时已经有了。这种构架的特点是在柱顶或柱网上的水平铺作层上，沿房屋进深方向架数层叠架的梁，梁逐层缩短，层间垫短柱或木块，最上层梁中间立小柱或三角撑，形成三角形屋架。相邻屋架间，在各层梁的两端和最上层梁中间小柱上架檩，檩间架椽，构成双坡顶房屋的空间骨架。房屋的屋面重量通过椽、檩、梁、柱传到基础（有铺作时，通过它传到柱上）。抬梁式使用范围广，在宫殿、庙宇、寺院等大型建筑中普遍采用，更为皇家建筑群所选，是我国木构架建筑的代表。抬梁式构架所形成的结构体系，对中国古代禾构建筑的发展起着决定性的作用，也为现代建筑的发展提供了可借鉴的经验。

（二）环境意象、视觉形态、审美心理与对建筑形态与构成的影响

建筑是一种文化现象，它受人的感情和心态方面的影响，而人的感情和心态又来源于特定的自然环境和人际关系。对建筑的审美心理属于意识形态领域的艺术范畴的欣赏。对建筑美的欣赏可以分为从"知觉欣赏"到"情感欣赏"再上升到"理性欣赏"的三部曲，这是从感性认识到理性认识的过程，也是从简单的感官享受到精神享受的过程。即人们对于建筑环境的整体"意象"的知觉感受，如果符合人们最初的基本审美标准，就会认为建筑符合这个场所"永恒的环境秩序"，人们会感受到身心的愉悦与认同，进而上升到思维联想的过程。此外，建筑的视觉形态还会从心理上影响人们的舒适感觉，如南方民居建筑的用色比较偏好冷色，如灰白色系，冷色能够给人心理上的凉爽感，这是南方炎热地区多用冷色而少用暖色的根本原因之一。

第二节　绿色建筑的规划设计

伴随着经济发展和城市化进程的加快，城市人口及规模也日益增长，城市出现了普遍

的粗放型扩张，城市的规划和管理问题逐渐凸显。绿色城市规划是在保护自然资源的基础上，以人为本的建设适宜人居的生态型城市。绿色城市规划的重点在于以自然为源、创新为魂、保护为本，而不是简单的绿化所能替代的。

首先，我们来界定一下建筑设计领域中各种设计概念的区别及相互关系。

一、建筑领域内常见的几个概念

1. 建筑设计

广义的建筑设计是指设计一个建筑物或建筑群所要做的全部工作。由于科学技术的发展，建筑设计工作常涉及建筑学、结构学以及给水、排水，供暖、空气调节、电气、燃气、消防、防火、自动化控制管理、建筑声学、建筑光学、建筑热工学、工程估算，园林绿化等方面的知识，需要各种专业技术人员的密切协作。

通常所说的建筑设计，是指"建筑学专业"范围内的工作，它所要解决的问题包括：建筑物内部各种使用功能和使用空间的合理安排；建筑物与周围环境、与各种外部条件的协调配合；建筑内部和外观的空间及艺术效果设计；建筑细部的构造方式；建筑与结构及各种设备工程的综合协调等。因此，建筑设计的主要目标主要是对建筑整体功能关系的把握，创造良好的建筑外部形象和内部空间组合关系。建筑设计的参与者主要为建筑师、结构工程师、设备工程师等。

2. 城市规划

城市规划是为了实现一定时期内城市的经济和社会发展目标，确定城市性质、规模和发展方向，合理利用城市土地，协调城市空间布局和各项建设所做的综合部署和具体安排。城市规划是建设城市和管理城市的基本依据，在确保城市空间资源的有效配置和土地合理利用的基础上，是实现城市经济和社会发展目标的重要手段之一。

城市规划建设，主要包含两方面的含义，即城市规划和城市建设。

（1）城市规划。城市规划是指根据城市的地理环境、人文条件、经济发展状况等客观条件制定适宜的城市整体发展计划，从而协调城市各方面的发展，并进一步对城市的空间布局、土地利用、基础设施建设等进行综合部署和统筹安排的一项具有战略性和综合性的工作。城市规划主要是政府控制制定一些相应的指标，为城市建设指明方向、做出限定。其具有抽象性和数据化的特点。城市规划的参与者主要为政府、规划师、社会学家等。

（2）城市建设。城市建设是指政府主体根据规划的内容，有计划地实现能源、交通、通信、信息网络、园林绿化以及环境保护等基础设施建设，是将城市规划的相关部署切实实现的过程。

3. 景观设计

景观设计与规划、生态、园林、地理等多种学科交叉融合，在不同的学科中具有不同的意义。景观设计更注重协调生态、人居地、地标及风景之间的关系。

景观建筑学是介于传统建筑学和城市规划的交叉学科，也是一门综合学科，其研究的范围非常广泛，已经延伸到传统建筑学和城市规划的许多研究领域，如城市规划中的风景与园林规划设计、城市绿地规划；建筑学中的环境景观设计等。

景观建筑学的理论研究范围，在人居环境设计方面，侧重从生态、社会、心理和美学方面研究建筑与环境的关系；其实践工作范围，包括区域生态环境中的景观环境规划、城市规划中的景观规划、风景区规划、园林绿地规划、城市设计，以及建筑学和环境艺术中的园林植物设计、景观环境艺术等不同工作层次。它涉及的工作对象可以从城市总体形态到公园、街道、广场、绿地和单体建筑，以及雕塑、小品、指示牌、街道家具等从宏观到微观的层次。景观设计和建筑设计都从属于城市设计中。

4. 城市设计

城市设计，又称都市设计，是以城市作为研究对象，介于城市规划景观建筑与建筑设计之间的一种设计。现在普遍接受的定义是"城市设计是一种关注城市规划布局，城市面貌、城镇功能，并且尤其关注城市公共空间的一门学科"。

城市设计与具体的景观设计或建筑设计又有所区别，城市设计处理的空间与时间尺度远较建筑设计为大，主要针对一个地区的景观及建筑形态、色彩等要素进行指导；比起城市规划设计又要更加具体，其具有具体性和图形化的特点。城市设计的复杂过程在于，以城市的实体安排与居民的社会心理健康的相互关系为重点，通过对物质空间及景观标志的处理，创造一种物质环境，既能使居民感到愉快，又能激励其社区精神，并且能够带来整个城市范围内的良性发展。城市设计的研究范畴与工作对象，过去仅局限于建筑和城市相关的狭义层面，现在慢慢成为一门综合性的跨领域学科。城市设计的参与者包括规划师、建筑师、政府等。

5. 环境设计

环境设计又称"环境艺术设计"，属于艺术设计门类，其包含的学科主要有建筑设计、室内设计、公共艺术设计、景观设计等，在内容上几乎包含了除平面和广告艺术设计之外其他所有的艺术设计。环境设计以建筑学为基础，有其独特的侧重点，与建筑学相比，环境设计更注重建筑的室内外环境艺术气氛的营造；与城市规划设计相比，环境设计则更注重规划细节的落实与完善；与园林设计相比，环境设计更注重局部与整体的关系。环境艺术设计是"艺术"与"技术"的有机结合体。

二、绿色城市规划设计

（一）绿色城市规划的概念

城市规划，研究的重点包括土地利用、自然生态保护、城市格局、人居环境、交通方式、产业布局等。绿色城市规划，是以城市生态系统和谐和可持续发展为目标，以协调人与自然环境之间关系为核心的规划设计方法。绿色规划、生态规划与环境规划等概念有着相似的目标和特点，即注重人与自然的和谐。

绿色城市规划的概念源于绿色设计理念，是基于对能源危机、资源危机、环境危机的反思而产生的。与绿色设计一样，绿色规划具有"3R"核心，绿色规划的理念还拓展到人文、经济、社会等诸多方面。其关键词除了洁净、节能、低污染、回收和循环利用之外，还有公平、安全、健康、高效。

（二）绿色城市规划的设计原则及目标

1. 绿色城市规划的设计原则

绿色城市规划设计应坚持"可持续发展"的设计理念，应提高绿色建筑的环境效益、社会效益和经济效益，关注对全球、地区生态环境的影响以及对建筑室内外环境的影响，应考虑建筑全寿命周期的各个阶段对生态环境的影响。

2. 绿色城市规划的目标

传统的规划设计往往以美学、人的行为、经济合理性、工程施工等为出发点进行考虑，而生态和可持续发展的内容则作为专项规划或者规划评价来体现。现代绿色规划设计的目标是以可持续发展为核心目标的、生态优先的规划方法。以城市生态系统论的观点，绿色建筑规划应从城市设计领域着手，实施环境控制和节能战略，促成城市生态系统内各要素的协调平衡，主要应注意以下几方面。

（1）完善城市功能，合理利用土地，形成科学、高效和健康的城市格局；提倡功能和用地的混合性、多样性，提高城市活力。

（2）保护生态环境的多样性和连续性。

（3）改善人居环境，形成生态宜居的社区；采用循环利用和无害化技术，形成完善的城市基础设施系统；保护开放空间和创造舒适的环境。

（4）推行绿色出行方式，形成高效环保的公交优先的交通系统和以步行交通为主的开发模式。

（5）改善人文生态，保护历史文化遗产，改善人居环境；强调社会生态，保障社会公平等。提倡公众参与，保障社会公平等。

随着认识的不断深入和城市的进一步发展，绿色规划的目标也逐步向更为全面的方向发展。从对新能源的开发到对节能减排和可再生资源的综合利用；从对自然环境的保护到对城市社会生态的关心；从单一领域的出发点到城市综合的绿色规划策略，城市本身是一个各种要素相互关联的复杂生态系统。绿色规划的目的就是要达到城市"社会—经济—自然"生态系统的和谐，其核心和共同特征是可持续发展。由此可见，绿色规划的目标具有多样性、关联性的特点，同时又具有统一的核心内涵。

（三）绿色城市规划的设计要求及设计要点

1. 应谋求社会环境的广泛支持。绿色建筑建设的直接成本较高、建设周期较长，需要社会环境的支持。政府职能部门应出台政策、法规，营造良好的社会环境，鼓励、引导绿色建筑的规划和建设。建设单位也要分析和测算建设投资与长期效益的关系，达到利益平衡。

2.应处理好各专业的系统设计。绿色规划设计涉及的面宽、涉及的单位多、涉及的渠道交错纵横。因而，应在建筑规划设计中将各子系统的任务分解，在各专业的系统设计中加以有效解决。

（1）绿色城市规划前期，应充分掌握城市基础资料。包括城市气候特征，季节分布和特点、太阳辐射、地热资源、城市风流改变及当地人的生活习惯、热舒适俗等；城市地形与地表特征，如地形、地貌、植被、地表特征等，设计时尽量挖掘、利用自然资源条件、城市空间现状、城市所处的位置及城市环境指标，这些因素关系建筑的能耗、小气候保护因素。由于城市建筑排列、道路走向而形成的小气候改变、城市热岛现象，城市用地环境控制评价等级。

（2）绿色规划的建筑布局及设计阶段应注意的设计要点。

1）处理好节地、节能问题，创造优美舒适的绿化环境以及环境的和谐共存；合理配置建筑选址、朝向、间距、绿化，优化建筑热环境。

2）尽量利用自然采光、自然通风，获得最佳的通风换气效果；处理好建筑遮阳等功能设计及细部构造处理；着重改善室内空气质量、声、光、热环境，保证洁净的空气和进行噪声控制，营造健康、舒适、高效的室内外环境。

3）选择合理的体形系数，降低建筑能耗。体形系数，即建筑物与室外大气接触的外表面积与其所包围的体积的比值。一般体形系数每增加0.01，能耗指标增加2.5%。

4）做好节水规划，提高用水效率，选用节水洁具；雨污水综合利用，将污水资源化；垃圾做减量与无害化处理。

5）处理好室内热环境、空气品质、光环境，选用高效节能灯具，运用智能化系统管理建筑的运营过程。

（四）绿色城市规划设计的策略与措施

绿色规划并非生态专项规划，其策略和措施的提出仍然要针对城市规划的研究对象，如可再生能源利用、土地利用、空间布局、交通运输等。在绿色规划设计过程中，生态优先和可持续发展的理念是区别于一般规划设计的重要特点。由于基础条件、发展阶段及政策导向的不同，在推行相关规划策略时的侧重点也不相同。

1.绿色规划的能源利用措施

（1）可再生能源利用。可再生能源，尤其是太阳能技术，在绿色城市规划设计中的应用已进入实践阶段。德国的弗赖堡就是太阳能利用的代表，其太阳能主动和被动式利用在城市范围内得到普及。我国的许多城市也制定了新能源使用的策略，对城市供电、供热方式进行合理化和生态化建设。

（2）能源的综合利用和节能技术。节能技术不仅应用在建筑领域，也应用在城市规划领域，包括城市照明的节能技术、热能综合利用、热泵技术、通过系统优化达成的系统节能技术等。

（3）水资源循环利用。水资源循环利用主要包括中水回用系统和雨水收集系统。中水回用系统开辟了第二水源，促进水资源迅速进入再循环。中水可用于厕所冲洗、灌溉道路保洁、洗车、景观用水、工厂冷却水等，达到节约水资源的目的。雨水收集系统在绿色规划中也得到了广泛使用，如德国柏林波茨坦广场的戴姆勒·克莱斯勒大楼周边就采用了雨水收集系统，通过屋顶绿化吸收之后，剩余的水分收集在蓄水池中，每年雨水收集量可达7700m³。

（4）垃圾回收和再利用，包括垃圾的分类收集垃圾焚化发电、可再生垃圾的利用等措施，促进城市废物的再次循环。对于城市基础设施来说，一是提供充足的分类收集设施，二是建设能够处理垃圾的再生纸、发电等再利用设施。

（5）环境控制，包括防止噪声污染、垃圾无害化处理、光照控制、风环境控制、温度湿度控制、空气质量控制等。随着虚拟模拟技术的引入，对噪声、光照、风速、风压等可以进行计算机模拟，依据结果对规划方案进行修正。

2.混合功能社区以"土地的混合利用"为特色

功能的多元化源自人类自身的复杂性与矛盾性，聚居空间作为生活活动的物质载体，体现着最朴素的混合发展观。城镇化处于快速膨胀期，产业集聚与人居增长在地理空间上高度复合。区别于传统的经济社会导向型的土地利用规划模式，从生态角度出发的土地利用模式有着一些新的途径，即提倡以"土地的混合利用"为特色的混合功能社区，既节省土地资源，有利于提高土地经济性和功能的多样化，又通过合理布局、调整就业空间分布、鼓励区内就业等方式，缩短出行距离。目前土地的混合利用已经为许多城市所接受，在城市中心区和居住社区建设中得到实践应用。

3.改善交通模式和道路系统

私家车的大量使用带来交通拥堵、噪声污染、能源浪费、温室气体排放等众多的生态难题，因此被环保主义者视为噩梦，过度依赖小汽车的美国模式也成为遭到诟病的交通模式。因而，"绿色交通"自然成为绿色规划和生态城市的重要衡量方面。

4.营建绿地生态系统

（1）传统绿地规划与绿色规划的区别

绿地、水系、湿地、林地等开敞空间被视为生态的培育和保护基础。自然绿地的下垫层拥有较低的导热率和热容量，同时拥有良好的保水性，对缓解城市热岛效应有着重要的作用。传统的绿地系统规划多只在服务面积和服务半径方面考虑得较多，而绿色视角的规划则更关注整体性、系统性以及物种的本土性和多样性。绿色规划在设计中注重对本地的动植物物种进行保护，通过自然原生态的设计提高土壤、水系、植物的净化能力，而尽量避免设计过多的人工环境。

（2）绿色规划提倡绿地和开敞空间的可达性和环境品质

反对把绿地隔离成"绿色沙漠"，应在严格保护基本生态绿地的基础上，允许引入人的活动并进行景观、场地、配套设施的建设。这种基于人与自然共生的理念，往往能够达到生态效应和社会效应的协调；重视生态修复的重要性，特别是对于城市内部和周边已受到影响的地区，采用适当的手法完善来培育恢复自然生态。如通过合理配置植物种类、恢复能量代谢和循环、防止外来物种侵入等手段，可以使已遭受生态破坏的地区获得生态修复。

5.改善人居环境及社区模式

人居环境是绿色规划最关注的方面之一，无论是生态城市理论、人居环境理论等研究层面，还是邻里社区、生态小区的实施层面，居住都是永恒的主题。城市社区模式，在结合了邻里单元、公交导向、步行尺度、适度集约和生态保护的理念后，成为受到广泛接受的绿色人居模式。社区作为城市构成的基本单元，包含城市的许多特征。按照城市设计的分类，绿色社区设计属于分区级设计，具有较强的关联性，上与城市级规划衔接，下与地段级的建筑群、建筑环境设计关联。

城市社区理论最早在英国新城市运动中实践。"邻里单元"理论由佩里提出，为城市社区建设提供了新的思路，新城市主义在社区建设上的主张和实践为生态型社区的发展做出了尝试。

（1）新城市主义社区

1）交通。提倡通过步行和自行车来组织社区交通，通过便捷的公共交通模式解决外部交通需求。公共空间和服务设施便捷完备，减少对外出行量，实现公共服务的自给自足。

2）尺度。小街区、密路网，疏解交通，营造步行尺度的公共空间。

3）混合集约。服务设施功能混合，提倡邻里、街道和建筑的功能混合和多样性，提倡功能和用地的适当积聚。

4）生态友好。降低社区的开发和运转对环境的影响，保护生态，节约土地、使用本地材料等。

5）归属感。通过加强人的交流和社区安全，营造社区归属感和人情味。在许多案例中，鼓励人与人的交流以及提倡公众参与，这被认为是绿色社区的重要标准。

（2）绿色生态社区规划

伴随着生态保护和绿色技术的发展，绿色生态社区规划有了实施的基础，并且已经出现了较为成功的案例。

绿色生态社区的形式和概念。目前我国绿色生态社区有多种形式和概念，如生态示范小区、生态住区、生态细胞、绿色节能小区、绿色社区创建等。这些概念也有片面关注景观环境的情况，在生态原则下进行全面的绿色社区规划成为绿色城市规划的重要环节。

第三节　绿色建筑与景观绿化

回归自然已成为人们的普遍愿望，绿化不仅可以调节室内外温湿度，有效降低绿色建筑的能耗，同时还能提高室内外空气质量，降低 CO_2 浓度，从而提高使用者的健康舒适度，满足其亲近自然的心理。人类与绿色植物的生态适应和协同进化是人类生存的前提。

建筑设计必须注重生态环境与绿化设计，充分利用地形地貌种植绿色植被，让人们生活在没有污染的绿色生态环境中，这是我们肩负的社会责任和环境责任。因此，绿化是绿色建筑节能、健康舒适、与自然融合的主要措施之一。

一、建筑绿化的配置

构建适宜的绿化体系是绿色建筑的一个重要组成部分，我们在了解植物品种的生物生态习性和其他各项功能的测定比较的基础上，应选择适宜的植物品种和群落类型，提出适宜于绿色建筑的室内外绿化、屋顶绿化和垂直绿化体系的构建思路。

1.环境绿化、建筑绿化的目标

（1）改善人居环境质量。人的一生中 90% 以上的活动都与建筑有关，改善建筑环境质量无疑是改善人居环境质量的重要组成部分。绿化应与建筑有机结合以实现全方位立体的绿化，提高生活环境的舒适度，形成对人类更为有利的生活环境。

（2）提高城市绿地率。城市钢筋水泥的沙漠里，绿地犹如沙漠中的绿洲，发挥着重要的作用。高昂的地价成为城市绿地的瓶颈，对占城市绿地面积 50% 以上的建筑进行屋顶绿化、墙面绿化及其他形式绿化，是改善建筑生态环境的一条必由之路。日本有明文规定，新建筑占地面积只要超过 1000 ㎡，屋顶的 1/5 必须为绿色植物所覆盖。

2.建筑绿化的定义和分类建筑绿化，是指利用城市地面以上各种立地条件，如建筑物屋顶和外围护结构表皮，构筑物及其他空间结构的表面，覆盖绿色植被并利用植物向空间发展的立体绿化方式。建筑绿化主要分为屋顶绿化、垂直绿化（墙面绿化）和室内绿化三类。建筑绿化系统包括屋面和立面的基底、防水系统、蓄排水系统以及植被覆盖系统等，适用于工业与民用建筑屋面及中庭、裙房敞层的绿化，与水平面垂直或接近垂直的各种建筑物外表面上的墙体绿化，窗阳台、桥体、围栏棚架等多种空间的绿化。

3.建筑绿化的功能

（1）植物的生态功能。植物具有固定 CO_2、释放 O_2、减弱噪声、滞尘杀菌、增湿调温、吸收有毒物质等生态功能，其功能的特殊性使建筑绿化不会产生污染，更不会消耗能源，改善建筑环境质量。

（2）建筑外环境绿化的功能。建筑外环境绿化是改善建筑环境小气候的重要手段。据测定，1m² 的叶面积可日吸收 $CO_2$15.4g，释放 $O_2$10.97g，释放水 1634g，吸热 959.3kJ，可为环境降温 1℃~2.59℃。另外，植物又是良好的减噪滞尘的屏障，如园林绿化常用的树种广玉兰，日滞尘量 7.10g/㎡；高 1.5m、宽 2.5m 的绿篱可减少粉尘量 50.8%，减弱噪声 12dB。此外，良好的绿化结构还可以加强建筑小环境通风，利用落叶乔木为建筑调节光照也是国内外绿化常用的手段。

（3）建筑物绿化的功能。建筑物绿化包括墙面绿化和屋顶绿化。使绿化与建筑有机结合，一方面可以直接改善建筑的环境质量，另一方面还可以提高整个城市的绿化覆盖率与扩大辐射面。此外，建筑物绿化还可为建筑有效隔热，改善室内环境。据测定，夏季墙面绿化与屋顶绿化可以为室内降温 1℃~2℃，冬季可以为室内减少 30% 的热量损失。植物的根系可以吸收和存储 50%~90% 的雨水，大大减少了水分的流失。一个城市，如果其建筑物的屋顶都能绿化，则城市的 CO_2 较没有绿化前要减少 85%。

（4）室内绿化的功能。城市环境的恶化使人们越来越多地依赖于室内加热通风及以空调为主体的生活工作环境，由 HVAC（Heating，Ventilation and Air Conditioning，即供热通风与空气调节）组成的楼宇控制系统是一个封闭的系统，自然通风换气十分困难。据上海市环保产业协会室内环境质量检测中心调查，写字楼内的空气污染程度是室外的 2~5 倍，有的甚至超过 100 倍，空气中的细菌含量高于室外的 60% 以上，CO 浓度最高时则达到室外 3 倍以上。人们久居其中，极易造成建筑综合征（SBS）的发生。一定规模的室内绿化可以吸收 CO_2 释放 O_2，吸收室内有毒气体，减少室内病菌含量。实验表明，云杉有明显的杀死葡萄球菌的效果，菊花可以一日内除去室内 61% 的甲醛、54% 的苯、43% 的三氯乙烯。室内绿化还可以引导室内空气对流，增强室内通风。

4.园林建筑与园林植物配置

我国历史悠久、文化灿烂，古典园林众多，风格各异。由于园林性质、功能和地理位置的差异，园林建筑对植物配置的要求也有所不同。

（1）园林植物配置的特点和要求。北京的古典皇家园林，推崇帝王至高无上、尊严无比的思想，加之宫殿建筑体量庞大、色彩浓重、布局严整，多选择侧柏、桧柏、油松、白皮松等树体高大、四季常青、苍劲延年的树种作为基调，来显示帝王的兴旺不衰、万古长青。苏州园林，很多是代表文人墨客情趣和官僚士绅的私家园林，在思想上体现士大夫清高、风雅的情趣，建筑色彩淡雅，如黑灰的瓦顶与白粉墙、栗色的梁柱与栏杆。一般在建筑分隔的空间中布置园林，因此园林面积不大，在地形及植物配置上用"以小见大"的手法，通过"咫尺山林"再现大自然景色，植物配置充满诗情画意的意境。

（2）园林建筑的门、窗、墙、角隅的植物配置。门是游客游览必经之处，门和墙连在一起起到分割空间的作用。充分利用门的造型，以门为框，通过植物配置，与路、石等进行精细的艺术构图，不但可以入画，而且可以扩大视野、延伸视线。窗也可充分利用来作为框景的材料，安坐室内，透过窗框外的植物配置，俨然一幅生动的画面。此外，在园林中利用墙的南面良好的小气候特点，引种栽培一些美丽的不抗寒的植物，可发展成美化墙面的墙园。

（3）不同地区屋顶花园的植物配置。江南地区气候温暖、空气湿度较大，所以浅根性、树姿轻盈秀美、花叶美丽的植物种类都很适宜配置于屋顶花园中，尤其在屋顶铺以草皮，其上再植以花卉和花灌木效果更佳。北方地区营造屋顶花园的困难较多，冬天严寒，屋顶薄薄的土层很易冻透，而早春的风在冻土层解冻前易将植物吹干，故宜选用抗旱、耐寒的草种、宿根、球根花卉以及乡土花灌木，也可采用盆栽、桶栽，冬天便于移至室内过冬。

二、室内外绿化体系的构建

（一）室内绿化体系的构建

室内的出发点是尽可能地满足人的生理、心理乃至潜在的需要。在进行室内植物配置前，应先对场所的环境进行分析，收集其空间特征、建筑参数、装修状况及光照、温度、湿度等与植物生长密切相关的环境因子等诸多方面的资料。综合分析这些资料，才能合理地选用植物，以改善室内环境，提高健康舒适度。

1. 室内绿化植物的选择原则

（1）适应性强。由于光照的限制，室内植物以耐阴植物或半阴生植物为主。应根据窗户的位置、结构及白天从窗户进入室内光线的角度、强弱及照射面积来决定花卉品种和摆放位置，同时还要适应室内温湿度等环境因子。

（2）对人体无害。玉丁香久闻会引起烦闷气喘、记忆力衰退；夜来香夜间排出的气体可加重高血压、心脏病的症状；含羞草经常与人接触会引起毛发脱落，应避免选择此类对人体可能产生危害的植物。

（3）生态功能强。选择能调节温湿度、滞尘、减噪、吸收有害气体、杀菌和固碳释氧能力强的植物，可改善室内微环境，提高工作效率和增强健康状况。如杜鹃具有较强的滞尘能力，还能吸收有害气体如甲醛，净化空气；月季、蔷薇能较多地吸收 HS、HF、苯酚、乙醚等有害气体；吊兰、芦荟可消除甲醛的污染等。

（4）观赏性高。花卉的种类繁多，有的花色艳丽，有的姿态奇特，有的色、香、姿、韵俱佳，如超凡脱俗的兰、吉祥如意的水仙、高贵典雅的君子兰、色彩艳丽的变叶木等。应根据室内绿化装饰的目的、空间变化以及人们的生活习俗，确定所需的植物种类、大小、形状、色彩以及四季变化的规律。

2. 适合华东地区绿色建筑做室内绿化的植物

（1）木本植物。常见的有桫椤、散尾葵、玳玳、柠檬、朱蕉、孔雀木、龙血树、富贵竹、酒瓶椰子、茉莉花、白兰花、九里香、国王椰子、棕竹、美洲苏铁、草莓番石榴、胡椒木等。

（2）草本植物。常见的有铁线蕨、菠萝、花烛、佛肚竹、银星秋海棠、铁叶十字秋海棠、花叶水塔花、花叶万年青、紫鹅绒、幌伞枫、龟背竹、香蕉、中国兰、凤梨类、佛甲草、金叶景天等。

（3）藤本植物。常见的有栎叶粉藤、常春藤、花叶蔓长春花、花叶椒草、绿萝等。

（4）盆养花卉。常见的有仙客来、一品红、西洋报春、蒲包花、大花蕙兰、蝴蝶兰、文心兰、瓜叶菊、比利时杜鹃、菊花、君子兰等。

（二）室外绿化体系的构建

室外绿化一般占城市总用地面积的 35% 左右，是建筑用地中分布最广、面积最大的空间。

1.室外绿化植物的选择原则

室外植物的选择首要考虑城市土壤性质及地下水位高低、土壤偏盐碱的特点；其次考虑生态功能；最后需要考虑建筑使用者的安全。综合起来有以下几个方面：

（1）耐干旱、耐瘠薄、耐水湿和耐盐碱的适宜生物种。

（2）耐粗放管理的乡土树种。

（3）生态功能好。

（4）无飞絮、少花粉、无毒、无刺激性气味。

（5）观赏性好。

2.室外绿化群落配置原则

（1）功能性原则。以保证植物生长良好，利于功能的发挥。

（2）稳守性原则。在满足功能和目的要求的前提下，考虑取得较长期稳定的效果。

（3）生态经济性原则。以最经济的手段获得最大的效果。

（4）多样性原则。植物多样化，以便发挥植物的多种功能。

（5）其他需考虑的特殊要求等。

3.适合华东地区绿色建筑做室外绿化的植物

（1）乔木。常见的有合欢、栾树、梧桐、三角枫、白玉兰、银杏、水杉、垂丝海棠、广玉香，香樟、棕榈、枇杷、八角枫、紫檀、女贞、大叶榉、紫微、臭椿、刺槐、丁香、早柳、枣树、橙、红楠天竺桂、桑、泡桐、樱花、龙柏、罗汉松等。

（2）灌木。常见的有八角金盘、夹竹桃、栀子花、含笑、石榴、无花果、木槿、八仙花、云南黄馨、浓香茉莉、洒金桃叶珊瑚、大叶黄杨、月季、火棘、蜡梅、龟甲冬青、豪猪刺、南天竹、枸子属、红花檵木、山茶、贴梗海棠、石楠等。

（3）地被。常见的有美人蕉、紫苏、石蒜、一叶兰、玉簪类、黄金菊、菁草、荷兰菊、蛇鞭菊、鸢尾类、岩白菜、常夏石竹、钓钟柳、芍药、筋骨草、葱兰、麦冬、花叶薄荷等。

4.功能性植物群落

根据植物资源信息库的资料，一些生态功能较好的功能性植物群落配置有以下一些：

（1）降温增湿效果较好的植物群落

1）香榧+柳杉群落。具体的群落组成为：香榧+柳杉+八角金盘+云锦杜鹃+山茶+络石+虎耳草+铁筷子+麦冬+结缕草+凤尾兰+薰衣草。

2）广玉兰＋罗汉松群落。具体的群落组成为：广玉兰＋罗汉松＋东瀛珊瑚＋雀舌黄杨＋金叶女贞＋燕麦草＋金钱蒲＋荷包牡丹＋玉簪＋凤尾花。

3）香樟＋悬铃木群落。具体的群落组成为：香樟＋悬铃木＋亮叶蜡梅＋八角金盘＋红花檵木＋大吴风草＋贯众＋紫金牛＋姜花＋岩白菜。

（2）能较好改善空气质量的植物群落

1）杨梅＋杜英群落。具体的群落组成为：杨梅＋杜英＋山茶＋珊瑚树＋八角金盘＋麦冬＋大吴风草＋冠众＋一叶兰。

2）竹群落。具体的群落组成为：刚竹＋毛金竹＋淡竹＋麦冬＋贯众＋结缕草＋玉簪。

3）柳杉＋日本柳杉群落。具体的群落组成为：柳杉＋日本柳杉＋珊瑚树＋红花檵小＋紫荆＋细叶苔草＋麦冬＋紫金牛＋虎耳草。

（3）固碳释氧能力较强的群落

1）广玉兰＋夹竹桃群落。具体的群落组成为：广玉兰＋夹竹桃＋云锦卡＋杜鹃＋紫荆＋云南黄馨＋紫藤＋阔叶＋十大功劳＋八角金盘＋洒金东瀛珊瑚＋玉簪＋花叶蔓长春花。

2）香樟＋山玉兰群落。具体的群落组成为：香樟＋山玉兰＋云南黄馨＋迎春＋大叶黄杨＋美国凌霄＋鸢尾＋早熟禾＋八角金盘＋洒金东瀛珊瑚＋玉簪。

3）含笑＋蚊母群落。具体的群落组成为：含笑＋蚊母＋卫矛＋雀舌黄杨＋金叶女贞＋洋常春藤＋地锦＋瓶兰＋野牛草＋花叶蔓长春花＋虎耳草。

三、屋顶绿化和垂直绿化体系的构建

（一）屋顶绿化体系的构建

1.屋顶植物的选择原则

（1）所选树种植物要适应种植地的气候条件并与周围环境相协调。

（2）耐热、耐寒、抗旱、耐强光、不易患病虫害等，适应性强。

（3）根据屋顶的荷载条件和种植基质厚度，选择与之相适应的植物。

（4）生态功能好。

（5）具有较好的景观效果。

2.适合华东地区屋顶绿化的植物

（1）小乔类。常见的有棕榈、鸡爪槭、针葵等。

（2）地被类。常见的有佛甲草、金叶景天、葱兰、萱草、麦冬、鸢尾、石竹、美人蕉、黄金菊、美女樱、太阳花、紫苏、薄荷、鼠尾草、薰衣草、常春藤类、美国爬山虎、忍冬属等。

（3）小灌木。常见的有小叶女贞、女贞、迷迭香、金钟花、南天竹、双荚决明、伞房决明、山茶、夹竹桃、石榴、木槿、紫薇、金丝桃、大叶黄杨、月季、栀子花、贴梗海棠、石楠、茶梅、蜡梅、桂花、铺地柏、金线柏、罗汉松、凤尾竹等。

3. 屋顶绿化的类型

屋顶绿化是建筑绿化的主要形式，按照覆土深度和绿化水平，一般分为轻顶绿化和密集型（Intensive）屋顶绿化。

按照屋顶绿化的特点以及与人工景观的结合程度，又可细分为轻型屋顶绿化、半密集型屋顶绿化和密集型屋顶绿化。

（1）轻型屋顶绿化。其又称敞开型屋顶绿化、粗放型屋顶绿化，是屋顶绿化中最简单的一种形式。这种绿化效果比较粗放和自然化，让人们有接近自然的感觉，所选用的植物往往也是一些景天科的植物，这类植物具有抗干旱、生命力强的特点，并且颜色丰富鲜艳，绿化效果显著。轻型屋顶绿化的基本特征为：低养护，免灌溉，从苔藓、景天到草坪地被型绿化，整体高度 6~20cm，重量为 60~200kg/㎡。

（2）半密集型屋顶绿化。它是介于轻型屋顶绿化和密集型屋顶绿化之间的一种绿化形式，植物选择趋于复杂，效果也更加美观，居于自然野性和人工雕琢之间。由于系统重量的增加，设计师可以自由加入更多的设计理念，一些人工造景也可以得到很好的展示。半密集型屋顶绿化的特点：定期养护、定期灌溉、从草坪绿化屋顶到灌木绿化屋顶、整体高度 12~25cm、重量为 120~250kg/㎡。

（3）密集型屋顶绿化。其是植被绿化与人工造景、亭台楼阁、溪流水榭的完美组合，是真正意义上的"屋顶花园""空中花园"。高大的乔木、低矮的灌木、鲜艳的花朵，植物的选择随心所欲；还可设计休闲场所、运动场地、儿童游乐场、人行道、车行道、池塘喷泉等。密集型屋顶绿化的特点：经常养护，经常灌溉，从草坪、常绿植物到灌木、乔木，整体高度 15~100cm，荷载为 150~1000kg/m²。

（二）垂直绿化体系的构建

1. 垂直绿化植物选择的原则

生态功能强；丰富多样，具有较佳的观赏效果；耐热、耐寒、抗旱、不易患病虫害等，适应性强；无须过多的修剪整形等，耐粗放管理；具有一定的攀缘特性。

2. 垂直绿化的类型

垂直绿化一般包括阳台绿化、窗台绿化和墙面绿化三种绿化形式。

（1）阳台、窗台绿化

住宅的阳台有开放式和封闭式两种。开放式阳台光照好，又通风，但冬季防风保暖效果差。封闭式阳台通风较差，但冬季防风保暖好，宜选择半耐阴或耐阴种类，如选择吊兰、紫鸭跖草、文竹、君子兰等放在阳台内，栏板扶手和窗台上可放置盆花、盆景，或种植悬垂植物如云南黄馨、迎春、天门冬等，既可丰富造型，又增加了建筑物的生气。

窗台、阳台的绿化有以下四种常见方式：在阳台上、窗前设种植槽，种植悬垂的攀缘植物或花草；让植物依附于外墙面的花架上，进行环窗或沿栏绿化以构成画屏；在阳台栏面和窗台面上的绿化；连接上下阳台的垂直绿化。

由攀缘植物所覆盖的阳台，按其鲜艳的色泽和特有的装饰风格，必须与城市房屋表面的色调相协调，正面朝向街道的建筑绿化要整齐美观。

（2）墙面绿化

1）墙面绿化的概念。墙面绿化是利用垂直绿化植物的吸附、缠绕、卷须、钩刺等攀缘特性，依附在各类垂直墙面（包括各类建筑物、构筑物的垂直墙体、围墙等）上，进行快速的生长发育。这是常见的最为经济实用的墙面绿化方式。由于墙面植物的立地条件较为复杂，植物生长环境相对恶劣，故技术支撑是关键。对墙面绿化技术的研究将有利于提高垂直绿化的整体质量，丰富城市绿化空间层次，改善城市生态环境，降低建设成本。让"城市混凝土森林"变成"绿色天然屏障"是人们在绿化概念上从二维向三维的一次飞跃，并将成为未来绿化的基本趋势。

2）墙面绿化的作用。墙面绿化具有控温、坚固墙体、减噪滞尘、清洁空气、丰富绿量、有益身心、美化环境、保护和延长建筑物使用寿命的功能。检测发现，在环境温度35℃~40℃时，墙面植物可使展览场馆室温降低2℃~5℃；寒冷的冬季则可使同一场馆室温升高2℃以上。通常，墙面绿化植物表面可吸收约1/4的噪声，与光滑的墙面相比，植物叶片表面能有效减少环境噪声的反射。根据不同的植物及其配置方式，其滞尘率为10%~60%。另外，通过垂直界面的绿化点缀，能使建筑表面生硬的线条、粗糙的界面、晦暗的材料变得自然柔和，郁郁葱葱彰显生态与艺术之美。

3）不同类型墙体的绿化植物选择

①不同表面类型的墙体。较粗糙的表面可选择枝叶较粗大的种类，如爬山虎、崖爬藤、薜荔、凌霄等；而表面光滑、细密的墙面，宜选用枝叶细小、吸附能力强的种类如络石、小叶扶芳藤、常春藤、绿萝等。除此之外，可在墙面安装条状或网状支架供植物攀附，使许多卷攀型、棘刺型、缠绕型的植物都可借支架绿化墙面。

②不同高度、朝向的墙体。选择攀缘植物时，要使其能适应各种墙面的高度以及朝向的要求。对于高层建筑物应选择生长迅速、藤蔓较长的藤本如爬山虎、凌霄等，使整个立面都能有效地被覆盖。对不同朝向的墙面应根据攀缘植物的不同生态习性加以选择，如阳面可选喜光的凌霄等，阴面可选耐阴的常春藤、络石、爬山虎等。

③不同颜色的墙面。在墙面绿化时，还应根据墙面颜色的不同选用不同的垂直绿化植物，以形成色彩的对比。如在白粉墙上以爬山虎为主，可充分显示爬山虎的枝姿与叶色的变化：夏季枝叶茂密、叶色翠绿；秋季红叶染墙、风姿绰约。绿化时宜辅以人工固定措施，否则易引起白粉墙灰层的剥落。橙黄色的墙面应选择叶色常绿花白繁密的络石等植物加以绿化。泥土墙或不粉饰的砖墙，可用适于攀登墙壁向上生长的气根植物，如爬山虎、络石，可不设支架；如果表面粉饰精致，则选用其他植物，装置一些简单的支架。在某些石块墙上可以在石缝中充塞泥土后种植攀缘植物。

3. 适合垂直绿化的植物

推荐选用的适合华东地区绿色建筑垂直绿化的植物有铁箍散、金银花、西番莲、藤本月季、常春藤、比利时忍冬、川鄂爬山虎、紫叶爬山虎、中华常春藤、猕猴桃、葡萄、薜荔、紫藤等。

4.墙面绿化的构造类型

根据墙面绿化构造做法的不同方式，分为六种类型。

（1）模块式。即利用模块化构件种植植物以实现墙面绿化。将方块形、菱形、圆形等几何单体构件，通过合理搭接或绑缚固定在不锈钢或木质等骨架上，形成各种景观效果。模块式墙面绿化，可以按模块中的植物和植物图案预先栽培养护数月后进行安装，其寿命较长，适用于大面积高难度的墙面绿化，墙面景观的营造效果最好。

（2）铺贴式。即在墙面直接铺贴植物生长基质或模块，形成一个墙面种植平面系统。其特点有：1）可以将植物在墙体上自由设计或进行图案组合；2）直接附加在墙面，无须另外做钢架，并通过自来水和雨水浇灌，降低建造成本；3）系统总厚度小，只有10厘米至15厘米，并且还具有防水阻根功能，有利于保护建筑物，延长其寿命；4）易施工，效果好等。

（3）攀爬或垂吊式。即在墙面种植攀爬或垂吊的藤本植物，如种植爬山虎、络石、常春藤、扶芳藤、绿萝等。这类绿化形式简便易行、造价较低、透光透气性好。

（4）摆花式。即在不锈钢、钢筋混凝土或其他材料等做成的垂面架中安装盆花以实现垂面绿化。这种方式与模块化相似，是一种"缩微"的模块，安装拆卸方便。选用的植物以时令花为主，适用于临时墙面绿化或竖立花坛造景。

（5）布袋式。即在铺贴式墙面绿化系统的基础上发展起来的一种工艺系统。首先在做好防水处理的墙面上直接铺设软性植物生长载体，比如毛毡、椰丝纤维、无纺布等；其次在这些载体上缝制装填有植物生长及基材的布袋；最后在布袋内种植植物实现墙面绿化。

（6）板槽式。即在墙面上按一定的距离安装V形板槽，在板槽内填装轻质的种植基质，再在基质上种植各种植物。

建筑绿化作为城市增绿的重要举措在城市园林绿化业中逐渐得到重视，但目前在建筑行业，建筑绿化设计只作为景观辅助设计，建筑绿化对建筑本体的功用和影响需要引起重视。

第三章　绿色建筑施工材料

大量城市建筑兴起，增加工程施工材料的使用量，城市污染与日剧增，对人们身体健康以及社会可持续化的发展造成危害。所以，加强研发绿色建筑施工材料，并且将其引入建筑施工行业中，就成为刻不容缓的现实。本章针对上述问题，对绿色建筑施工材料进行了详细的讲解。

第一节　绿色建筑材料概述

一、绿色建筑材料的特征及分类

1. 绿色建材的特征

传统建筑材料的制造、使用以及最终的循环利用过程都产生了污染，破坏了人居环境和浪费了大量能源。绿色建材与传统建材相比可归纳以下五个方面的基本特征：

（1）绿色建材生产尽可能少用天然资源，大量使用尾矿、废渣、垃圾等废弃物。

（2）采用低能耗和无污染的生产技术、生产设备。

（3）在产品生产过程中，不使用甲醛、卤化物溶剂或芳香族碳氢化合物；产品中不含汞、铅、铬和镉等重金属及其化合物。

（4）产品的设计以改善生产环境、提高生活质量为宗旨，产品具有多功能化，如抗菌、灭菌、防毒、除臭、隔热、阻燃、防火、调温、调湿、消磁、防射线、抗静电等。

（5）产品可循环或回收及再利用，不产生污染环境的废弃物。

可见，绿色建材既满足了人们对健康、安全、舒适、美观的居住环境的需要，又没有损害子孙后代对环境和资源的更大需求，做到了经济社会的发展与生态环境效益的统一、当前利益与长远利益的结合。

2. 绿色建材的分类

根据绿色建材的特点，可以大致分为以下五类：

（1）节省能源和资源型建材：是指在生产过程中能够明显降低对传统能源和资源消耗的产品。因为节省能源和资源，使人类已经探明的有限的能源和资源得以延长使用年限。这本身就对生态环境做出了贡献，也符合可持续发展战略的要求。同时降低能源和资源消耗，也就降低了危害生态环境的污染物的产生量，从而减少了治理的工作量。生产中常用的方法有采用免烧或者低温合成，以及提高热效率、降低热损失和充分利用原料等新工艺、新技术和新型设备。此外，还包括采用新开发的原材料和新型清洁能源生产的产品。

（2）环保利废型建材：是指在建材行业中利用新工艺、新技术，对其他工业生产的废弃物或者经过无害化处理的人类生活垃圾加以利用而生产的建材产品。例如，使用工业废渣或者生活垃圾生产的水泥，使用电厂粉煤灰等工业废弃物生产的墙体材料等。

（3）特殊环境型建材：是指能够适应恶劣环境需要的特殊功能的建材产品，如能够适用于海洋、江河、地下、沙漠、沼泽等特殊环境的建材产品。这类产品通常都具有超高的强度、抗腐蚀、耐久性能好等特点。我国开采海底石油建设长江三峡大坝等宏伟工程都需要这类建材产品。产品寿命的延长和功能的改善，都是对资源的节省和对环境的改善。比如寿命增加1倍，等于生产同类产品的资源和能源节省了50%，对环境的污染也减少了50%。相比较而言，长寿命的建材比短寿命的建材就更增加了一分"绿色"的成分。

（4）安全舒适型建材：是指具有轻质、高强、防火、防水、保温、隔热、隔声、调温、调光、无毒、无害等性能的建材产品。这类产品纠正了传统建材仅重视建筑结构和装饰性能，而忽视安全舒适方面功能的倾向，因而此类建材非常适用于室内装饰装修。

（5）保健功能型建材：是指具有保护和促进人类健康功能的建材产品。它具有消毒、防臭、灭菌、防霉、抗静电、防辐射、吸附二氧化碳等对人体有害的气体等功能。这类产品是室内装饰装修材料中的新秀，也是值得今后大力开发、生产和推广使用的新型建材产品。

二、传统建筑材料的绿色化

固体废物的再生利用是节约资源、实现绿色建筑材料发展的一个重要途径。同时，也减少了污染物的排放，避免了末端处理的工序，保护了环境。一般来说，传统材料主要追求材料的使用性能；而绿色建筑材料追求的不仅是良好的使用性能，而且在材料的制造、使用、废弃直至再生利用的整个寿命周期中，必须具备与生态环境的协调共存性，对资源、能源消耗少，生态环境影响小，再生资源利用率高，或可降解使用。

传统建筑材料工业作为一种产业，节约资源、能源，保护生态环境也是本身能够持续发展的需要。例如，利用煤矸石制作砖和水泥；利用粉煤灰和煤渣制作蒸养砖和烧结砖；生产陶粒硅酸盐砌块，做混凝土和水泥砂浆的掺和料；利用高炉渣制作水泥和湿碾矿渣混凝土；利用钢渣制作砖和水泥等。高效利用固体废物，考虑建筑材料的再生循环性，可以使建材工业走可持续发展之路。

未来建材工业总的发展原则应该具有健康安全、环保的基本特征，具有轻质高强、耐用、多功能的优良技术性能和美学功能，还必须符合节能、节地、利废三个条件。通常使用的建筑材料包括了水泥、混凝土及其制品、各种玻璃、钢材、铝材、木材、高分子聚合材料、建筑卫生陶瓷等，以下对这些绿色建筑材料做介绍。

1.水泥与混凝土类建材绿色化

传统水泥从石灰石开采，经窑烧制成熟料，再加入石膏研磨成水泥，生产过程耗用大量煤与电源，并排放大量二氧化碳，污染了环境，不是绿色建材。为了水泥建材的绿色化，我国发展了以新型干法窑为主体的具有自主知识产权的现代水泥生产技术，大量节约了资源，减少了二氧化碳的排放量，采用高效除尘技术、烟气脱硫技术等，基本解决了粉尘、二氧化碳和氧化氮气体的排放及噪声污染问题。高性能绿色水泥应具有高强度、优异耐久性和低环境负荷三大特征。因此，改变水泥品种，降低单方混凝土中的水泥用量，将大大减少水泥建材工业带来的温室气体排放和粉尘污染，还能够降低其水化热，减少收缩开裂的趋势。

传统混凝土强度不足，使得建筑构件断面积增大，构造物自重增加，减少了室内可用空间；且其用水量及水泥量较高，容易产生缩水、析离现象，容易潜变、龟裂等特点，使钢筋混凝土建筑变成严重浪费地球资源与破坏环境的构造。因此，使传统混凝土绿色化，开发高性能混凝土（HPC），十分必要。HPC除采用优质水泥、水和骨料之外，还采用掺足矿物细掺料低水胶比，和高效外加剂，可避免干缩龟裂问题，可节约10%左右的用钢量与30%左右的混凝土用量，可增加1.0%~1.5%的建筑使用面积，具有更高的综合经济效益。显然，使用无毒、无污染的绿色混凝土外加剂，推广使用HPC，注重混凝土的工作性，可节省人力，减少振捣，降低环境噪声，还可大幅度提高建筑建材施工效率，减少堆料场地，减少材料浪费，减少灰尘，减少环境污染。

2.建筑玻璃的绿色化

建筑对玻璃的要求经过了从白玻璃、本体着色玻璃、热反射镀膜玻璃到低辐射镀膜玻璃的变化。玻璃的颜色也由无色、茶色、金黄色到蓝色、绿色并最后向通透方向的发展变化。随着现代建筑设计理念的人性化、亲近自然，以及世界各国对能源危机的忧患意识的增强，对建筑节能的重视程度也越来越高，对玻璃的要求也逐步向功能性、通透性转变。全世界建筑行业对玻璃的要求有向高通透、低反射或者减反射的方向转变的趋势。

绿色建筑玻璃应包括生产的绿色化和使用的绿色化：一是节能，门洞窗口是节能的薄弱环节，玻璃节能性能反映了绿色化程度；二是扩大玻璃窑炉的熔化规模，其燃烧方式有氧气喷吹、氧气浓缩、氧气增压等先进燃烧工艺，比传统方式提高了生产清洁度，降低了能耗，减少了污染物排放和延长了熔炉寿命；三是有高度的安全性，防止化学污染和物理污染。对于不同地区，要有不同的选择。

3.建筑用金属材料的绿色化

建筑用金属材料一般是指建筑工程中所应用的各种钢材（如各种型钢、钢板、钢筋、钢管和钢丝等）和铝材（如铝合金型材、板材和饰材等）。建筑钢材的绿色化，除建材钢铁工业的"三废"治理、综合利用和资源本土化以外，还必须改善生产工艺，采用熔融还原炼铁工艺，使用非焦煤直接炼铁，大大缩短了工艺流程，投资省、成本低、污染少，铁水质量能与高炉铁水相媲美，能够利用生产过程中产生的煤气在竖炉中生产海绵铁，替代优质废钢供电炉炼钢。钢铁工业向大型化、高效化和连续化生产方向发展。以后通过提高炼铸比，向上游可带动铁水预处理炉外精炼和优化炼钢技术，向下游可带动各类轧机的优化，实现坯铸热装热送、直接轧制和控制轧制等，最终实现钢材的绿色化生产。我国的铝土矿资源丰富，但氧化铝的含量也很高，所以建筑铝材的绿色化决定了必须采用高温熔出，用流程复杂的联合法处理，增加氧化铝生产的投资和能耗。目前，建筑金属材料的绿色化技术主要强调在保持金属材料的加工性能和使用性能基本不变或有所提高的前提下，尽量使金属材料的加工过程消耗较低的资源和能源，排放较少的"三废"，并且在废弃之后易于分解、回收和再生。开发金属材料的绿色化新工艺，如熔融还原炼铁技术、连续铸造技术、冶金短流程工艺、炉外精炼技术和高炉富氧喷煤技术，革新工艺流程对于降低材料生产的环境负荷有极其重要的意义。

4. 木材的绿色化

木材是人类社会最早使用的材料，也是直到现在一直被广泛使用的优秀生态材料，它是一种优良的绿色生态原料，但在其制造加工过程中，由于使用其他胶黏剂而破坏了产品原有的绿色生态性能。目前的问题是，人类对一切可再生资源的开发和获取规模及强度要限制在资源再生产的速度之下，不应过度消耗资源而导致其枯竭，而应使木材达到采补平衡。木材的绿色化生产除具有优异的物化性能和使用性能外，还必须具有木材的生态环境协调性，在绿色化生产过程中，对每一道工序都严格按照环境保护要求，不仅从污染角度加以考虑，同时从产品的实用性、生态性、绿色度等方面进行调整。木材的生产工艺可归结为原料的软化和干燥、半成品加工和储存、施胶、成型和预压、热压、后期加工、深度加工等。木材的绿色化生产的关键是进行木材的生态适应性判断，应具备木材生产能耗低、生产过程无污染，原材料可再资源化，不过度消耗资源，使用后或解体后可再利用，可保证原材料的持续生产，废料的最终处理不污染环境，对人的健康无危害，同时达到环境负荷较小并保留木材的环境适应性，创造出人类与环境和谐共存的协调系统。

5. 化学建材的绿色化

化学建材是指以合成高分子材料为主要成分，配有各种改性成分，经加工制成的用于建设工程的各类材料。目前，化学建材主要包括塑料管道、塑料门窗、建筑防水涂料、建筑涂料、建筑壁纸、塑料地板、塑料装饰板、泡沫保温材料和建筑胶黏剂等各类产品。

例如，由于本身导热性差和多腔室结构，塑料门窗型材具有显著的节能效果。它在生产环节、使用环节不但可以节约大量的木、钢、铝等材料和生产能耗，还可以降低建筑物在使用过程中的能量消耗。因此，大力发展多腔室断面设计，降低型材壁厚，增加内部增强筋与腔室数量，一般是 9~13 个，用于别墅和低层建筑时不需要加钢衬，且提高了其保温、隔热、隔声效果，具有很好的绿色化效果。

传统的建筑涂料大多是有机溶剂型涂料，在使用过程中释放出有机溶剂，室内长期存在大量的可挥发性的有机物，除对人体有刺激外，还会影响视觉、听觉和记忆力，会使人感到乏力和头疼。有资料介绍，从室内空气中可析出近百种有机物，其中有20余种具有致突变性（包括致癌）作用，其大部分来自化学建材。因此，开发非有机溶剂型涂料等绿色化学建材（如水性涂料、辐射固化涂料、杀虫涂料等）就显得非常重要。传统的建筑涂料和建筑胶黏剂在使用中会释放出甲醛等有害气体，现正向无毒、耐热、绝缘、导热的绿色化方向发展。

6. 建筑卫生陶瓷的绿色化

建筑卫生陶瓷产品具有洁净卫生、耐湿、耐水、耐用、价廉物美、易得等诸多优点，其优异的使用功能和艺术装饰功能美化了人们的生活环境，满足了人们的物质生活和精神生活的双重需要，但陶瓷的生产又以资源的消耗、环境受到一定污染与破坏为代价。因此，建筑卫生陶瓷绿色化是一项解决发展中问题的系统性工作，也是行业可持续发展的保证。建筑卫生陶瓷的绿色化贯穿产品生产和消费的全过程，包括产品的绿色化和生产过程的绿色化。产品绿色化的重点是：推广使用节水、低放射性、使用寿命长的高性能产品；超薄及具有抗菌、易洁、调湿、透水、空气净化、蓄光发光、抗静电等新功能的产品；利于使用安全、铺贴牢固、减少铺贴辅助耗材、实现清洁施工的产品等。建筑卫生陶瓷生产过程的绿色化重点是：陶瓷矿产资源的合理开发综合利用，保护优质矿产资源、开发利用红土类等铁钛含量高的低质原料及各种工业尾矿、废渣；推行清洁生产与管理，陶瓷废次品、废料的回收、分类处理与综合利用，洁净燃料的使用与废气治理，废水的净化和循环利用，粉尘噪声的控制与治理；淘汰落后，开发推广节能、节水、节约原料、高效的生产技术及设备等。

建筑陶瓷绿色化要求树立陶瓷"经济—资源—环境"价值协同观，在发展中持续改进、提高、优化。绿色化需要企业、政府、消费者及社会各界的重视，需要正确处理眼前利益与长远利益、局部利益与公众利益的关系，需要法律、法规、道德的约束和超前的远见卓识，需要正确的引导与调控、严格的管理与监督，需要政策的鼓励和科技的支持。建筑卫生陶瓷绿色化不应是概念的炒作或是产品的标签，而是功在当代、利在千秋的事业，这也是"建筑卫生陶瓷消费者专家援助机构"努力追求的目标。

第二节 国外绿色建筑材料的发展及评价

1. 德国

德国的环境标志计划是世界上最早的环境标志计划，低VOC散发量的产品可获得"蓝天使"标志。考虑的因素主要包括污染物散发、废料产生、再次循环使用、噪声和有害物质等。对各种涂料规定最大VOC含量，禁用一些有害材料。对于木制品的基本材料，在标准室试验中的最大甲醛浓度为 0.1×10 或 $4.5 \ mg/100g$（干板），装饰后产品在标准室试验中的最大甲醛浓度为 $0.05 mg/10m^3$，最大散发率为 $2 \ mg/m^3$，液体色料由于散发性，不允许被使用。此外,很多产品不允许含德国危害物资法令中禁用的任何填料。德国开发的"蓝天使"标志的建材产品,侧重于从环境危害大的产品入手,取得了很高的环境效益。在德国,带"蓝天使"标志的产品已超过 3500 个。"蓝天使"标志已为约 80% 的德国用户所接受。

2. 加拿大

加拿大是积极推动和发展绿色建材的北美国家。加拿大的 Ecologo 环境标志计划规定了材料中的有机物散发总量(TVOC),如水性涂料的 TVOV 指标为不大于 250g/L,胶黏剂的 TVOC 规定为不大于 20 g/L,不允许用硼砂。

3. 美国

美国是较早提出使用环境标志的国家,均由地方组织实施,虽然至今对健康材料还没有做出全国统一的要求,但各州、市对建材的污染物已有严格的限制,而且要求越来越高。材料生产厂家都感觉到各地环境规定的压力,不符合限定的产品要缴纳重税和罚款。环保压力导致很多产品的更新,特别是开发出了越来越多的低有机挥发物含量的产品。华盛顿州要求为办公人员提供高效率、安全和舒适的工作环境,颁布建材散发量要求来作为机关采购的依据。

4. 丹麦

丹麦材料评价的依据是最常见的与人体健康有关的厌恶气味和黏液膜刺激 2 个项目。已经制定了两个标准:一个是关于织物地面材料的(如地毯、衬垫等);另一个是关于吊顶材料和墙体材料的(如石膏板、矿棉、玻璃棉、金属板)。

5. 瑞典

瑞典的地面材料业很发达,大量出口,已实行了自愿性试验计划,测量其化学物质散发量。对地面物质以及涂料和清漆,也在制定类似的标准,还包括对混凝土外加剂。

6. 日本

日本政府对绿色建材的发展非常重视,环保产品已有 2500 多种,日本科技厅制定并实施了"环境调和材料研究计划"。通产省制定了环境产业设想并成立了环境调查和产品调整委员会。其在绿色建材的产品研究和开发以及健康住宅样板工程的兴趣等方面都获得了可喜的成果。如秩父小野田水泥已建成了日产 50t 生态水泥的实验生产线,日本东陶公司研制成了可有效地抑制杂菌繁殖和防止霉变的保健型瓷砖,日本铃木产业公司开发出了具有调节湿度功能和防止壁面生霉的壁砖和可净化空气的预制板等。

7. 英国

英国是研究开发绿色建材较早的欧洲国家之一。通过对臭味、真菌等的调研和测试,提出了污染物、污染源对室内空气质量的影响。通过对涂料、密封膏、胶黏剂、塑料及其他建筑制品的测试,提出了这些建筑材料在不同时间的有机挥发物散发率和散发量。对室内空气质量的控制、防治提出了建议,并着手研究开发了一些绿色建筑材料。

第三节 国内绿色建筑材料的发展及评价

"绿色"，是我国建筑发展的方向。我国建材工业发展的重大转型期已经到来。主要表现为：从材料制造到制品制造的转变、从高碳生产方式到低碳生产方式的转变、从低端制造到高端制造的转变。

一、发展绿色建材的必要性

1. 高能源消耗、高污染排放的状况必须改变

传统建材工业发展，主要依靠资源和能源的高消耗支撑。建材工业是典型的资源依赖型行业。

当代的中国经济，一年消耗了全世界一年钢铁总量的45%，水泥总量的60%，一年消耗的能源占全世界一年能源消耗总量的20%以上。国内统计，墙体材料资源消耗量和水泥消耗量，占建材全行业资源消耗的90%以上。建材工业能耗随着产品产量的提高，逐年增大，建材工作以窑炉生产为主，以煤为主要消耗能源，生产过程中产生的污染物对环境有较大的影响，主要排放的污染物有粉尘和烟尘、二氧化硫、氮氧化物等。特别是粉尘和烟尘的排放量大。为了改变建材高资源消耗和高污染排放的状况，必须发展绿色建材。

2. 为实现建材工业可持续发展必须发展绿色建材

实现建材工业的可持续发展，就要逐步改变传统建筑材料的生产方式，调整建材工业产业结构。依靠先进技术，充分合理利用资源，节约能源，在生产过程中减少对环境的污染，加大对固体废弃物的利用。

绿色建材是在传统建材的基础上应用现代科学技术发展起来的高技术产品，它采用大量的工业副产品及废弃物为原料，其生产成本比使用天然资源有所降低，因而会取得比生产传统建材更高的经济效益，这是在市场经济条件下可持续发展的原动力。

如普通硅酸盐水泥不仅要求高品位的石灰石原料，烧成温度在1450℃以上，消耗更多能源和资源，而且排放更多的有害气体。据统计，水泥工厂所排放的CO_2，占全球CO_2排放量的5%左右，CO_2主要来自石灰石的煅烧。如采用高新技术研究开发节能环保型的高性能贝利特水泥，其烧成温度仅为1200℃~1250℃，预计每年可节省1000万t标准煤，可减少CO_2总排放量25%以上，并且可利用低品位矿石和工业废渣为原料，这种水泥不仅具有良好的强度、耐久性和抗化学侵蚀性，而且所产生的经济和社会效益也十分显著。如我国的火力发电厂每年产生粉煤灰约1.5亿t，要将这些粉煤灰排入灰场需增加占地约1000km²，由此造成的经济损失每年高达300亿元，如将这些粉煤灰转化为可利用的资源，所取得的经济效益将十分可观。

3.为了人类更好地生存与发展必须发展绿色建材

良好的人居环境是人体健康的基本条件，而人体健康是对社会资源的最大节约，也是人类社会可持续发展的根本保证。绿色建材避免了使用对人体十分有害的甲醛、芳香族碳氢化合物及含有汞、铅、铬化合物等物质，可有效减少居室环境中的致癌物质。使用绿色建材减少了 CO_2、SO_2 的排放量，可有效减轻大气环境的恶化，降低温室效应。没有良好的人居环境，没有人类赖以生存的能源和资源，也就没有了人类自身，因此，为了人类更好地生存和发展必须发展绿色建材。

二、国内绿色建材发展的现状

1.结构材料

传统的结构用建筑材料有木材、石材、黏土砖、钢材和混凝土。当代建筑结构用材料主要为钢材和混凝土。

（1）木材、石材

木材、石材是自然界提供给人类最直接的建筑材料，不经加工或通过简单的加工就可用于建筑。木材和石材消耗自然资源，如果自然界的木材的产量与人类的消耗量相平衡，那么木材应是绿色的建筑材料；石材虽然消耗了矿山资源，但由于它的耐久性较好，生产能耗低，重复利用率高，也具有绿色建筑材料的特征。

目前能取代木材的绿色建材还不是很多，其中应用较多的有一种绿色竹材人造板，竹材资源已成为替代木材的后备资源。竹材人造板是以竹材为原料，经过一系列的机械和化学加工，在一定的温度和压力下，借助胶黏剂或竹材自身的结合力的作用，胶合而成的板状材料，具有强度高、硬度大、韧性好、耐磨等优点，可替代木材做建筑模板等。

（2）砌块

黏土砖虽然能耗比较低，但是以毁坏土地为代价的，我国已基本禁止生产和使用。今后墙体绿色材料的主要发展方向，是利用工业废渣替代部分或全部天然黏土资源。

目前，全国每年产生的工业废渣数量巨大、种类繁多、污染环境严重。

我国对工业废渣的利用做了大量的研究工作，实践证明，大多数工业废渣都有一定的利用价值。报道较多且较成熟的方法是将工业废渣粉磨达到一定细度后，作为混凝土胶凝材料的掺合料使用，该种方法适用于粉煤灰、矿渣、钢渣等工业废渣。对于赤泥、磷石膏等工业废渣，国外目前还没有大量资源化利用的文献报道。

建筑行业是消纳工业废渣的大户。据统计，全国建筑业每年消耗和利用的各类工业废渣数量在 5.4 亿 t 左右，约占全国工业废渣利用总量的 80%。

目前全国有 1/3 以上的城市被垃圾包围。全国城市垃圾堆存累计占用土地 75 万亩。其中建筑垃圾占城市垃圾总量的 30%~ 40%。如果能循环利用这些废弃固体物，绿色建筑将可实现更大的节能。

1）废渣砌块的主要种类

①粉煤灰蒸压加气混凝土砌块（以水泥、石灰、粉煤灰等为原料，经磨细、搅拌浇筑、发气膨胀、蒸压养护等工序制造而成的多孔混凝土）。

②磷渣加气混凝土（在普通蒸压加气混凝土生产工艺的基础上，用富含 CaO、SiO_2 的磷废渣来替代部分硅砂或粉煤灰作为提供硅质成分的主要结构材料）。

③磷石膏砌块（磷铵厂和磷酸氢钙厂在生产过程中排出的废渣，制成磷石膏砌块等）。

④粉煤灰砖（以粉煤灰、石灰或水泥为主要原料，掺和适量石膏、外加剂、颜料和集料等，以坯料制备、成型、高压或常压养护而制成的粉煤灰砖）。

⑤粉煤灰小型空心砌块 [以粉煤灰、水泥、各种轻重集料、水为主要组分（也可加入外加剂等）拌和制成的小型空心砌块]。

2）技术指标与技术措施

废渣蒸压加气混凝土砌块施工详见国家标准设计图集，后砌的非承重墙、填充墙或墙与外承重墙相交处，应沿墙高 900~ 1000 mm 处用钢筋与外墙拉接，且每边伸入墙内的长度不得小于 700 mm。废渣蒸压加气混凝土砌块施工应采用专用砌筑砂浆和抹面砂浆，砂浆性能应满足《蒸压加气混凝土用砌筑砂浆和抹面砂浆》的要求，施工中应避免加气混凝土湿水。

废渣蒸压加气混凝土砌块适用于多层住宅的外墙、框架结构的填充墙、非承重内隔墙；作为保温材料，用于屋面、地面、楼面以及与易于"热桥"部位的结构符合，也可做墙体保温材料。

适用于夏热冬冷地区和夏热冬暖地区的外墙、内隔墙和分户墙。

建筑加气混凝土砌块之所以在世界各国得到迅速发展，是因为它有一系列的优越性，如节能减排等。废渣加气混凝土砌块作为建筑加气混凝土砌块中的新型产品，比普通加气混凝土砌块更具有优势，具有良好的推广应用前景。

②磷石膏砌块。高强耐水磷石膏砖和磷石膏盲孔砖技术指标参照《蒸压灰砂砖》的技术性能要求。

高强耐水磷石膏砌块和磷石膏盲孔砌块可适用于砌体结构的所有建筑的外墙和内填充墙，不得用于长期受热（200℃以上），受急冷急热和有酸性介质侵蚀的建筑部分。适用于工业和民用建筑中框架结构以及墙体结构建筑的非承重内隔墙，空气湿度较大的场合，应选用防潮石膏砌块。由于石膏砌块具有质轻、隔热、防火、隔声等良好性能，可锯、钉、铣、钻、表面平坦光滑，不用墙体抹灰等特点，具有良好的推广应用前景。

③粉煤灰砌块（砖）。粉煤灰混凝土小型空心砌块具有轻质、高强、保温隔热性能好等特点，其性能应满足《粉煤灰混凝土小型空心砌块》的技术要求。粉煤灰实心砖性能应满足《粉煤灰砖》的技术要求，以粉煤灰、页岩为主要原料焙烧而形成的普通砖应满足《烧结普通砖》的技术要求。粉煤灰混凝土小型空心砌块适用于工业与民用建筑房屋的承重和非承重墙体。其中承重砌块强度等级分为 MU7.5 ~MU20，可用于多层及中高层（8~12 层）

结构；非承重砌块强度等级＞MU3.0时，可用于各种建筑的隔墙、填充墙。

粉煤灰混凝土小型空心砌块为住房和城乡建设部、国家科委重点推广产品，除具有粉煤灰砖的优点外，还具有轻质、保温、隔声、隔热、结构科学、造型美观、外观尺寸标准等特点，是替代传统墙体材料——黏土实心砖的理想产品。

（3）钢材

钢材的耗能和污染物排放量，在建筑材料中是第一的。由于钢材的不可替代性，"绿色钢材"的主要发展方向是在生产过程中提高钢材的绿色"度"，如在环保、节能、重复使用方面，研究发展新技术，加快钢材的绿色化进程。又如提高钢强度、轻型、耐腐蚀等。

（4）混凝土

混凝土是由水泥和集料组成的复合材料。生产能耗大，主要是由水泥生产造成的。传统的水泥生产需要消耗大量的资源与能量，并且对环境的污染大。水泥生产工艺的改善是绿色混凝土发展的重要方向。目前水泥绿色生产工艺主要是采用新型干法生产工艺取代落后的立窑等工艺。

当今土木工程使用的绿色混凝土主要有低碱性混凝土、多孔（植生）混凝土、透水混凝土、生态净水混凝土等。其中应用较广泛的是多孔（植生）混凝土。

多孔（植生）混凝土也称为无砂混凝土，直接用水泥作为黏结剂连接粗骨料，它具有连续空隙结构的特征。其透气和透水性能良好，连续空隙可以作为生物栖息繁衍的空间，可以降低环境负荷。

绿色高性能混凝土是当今世界上应用最广泛、用量最大的土木工程材料，然而在许多国家混凝土都面临劣化现象、耐久性不良的严重问题。因劣化引起混凝土结构开裂，甚至崩塌事故屡屡发生，其中水工、海工建筑与桥梁尤为多见。

混凝土作为主要建筑材料，耐久的重要性不亚于强度。我国正处于建设高速发展时期，大量高层、超高层建筑及跨海大桥对耐久性有更高的要求。绿色混凝土是混凝土的发展方向。绿色混凝土应满足如下的基本条件：

1）所使用的水泥必须为绿色水泥。此处的"绿色水泥"是针对"绿色"水泥工业来说的。绿色水泥工业是指将资源利用率和二次能源回收率均提高到最高水平，并能够循环利用其他工业的废渣和废料；技术装备上更加强化了环境保护的技术和措施；粉尘、废渣和废气等的排放几乎为零，真正做到不仅自身实现零污染、无公害，还因循环利用其他工业的废料、废渣而帮助其他工业进行"三废"消化，最大限度地改善环境。

2）最大限度地节约水泥熟料用量，减少水泥生产中的 NO_2、SO_2、NO 等气体，以减少对环境的污染。

3）更多地掺入经过加工处理的工业废渣，如以磨细矿渣、优质粉煤灰、硅灰和稻壳灰等作为活性掺和料，以节约水泥，保护环境，并改善混凝土耐久性。

4）大量应用以工业废液尤其是黑色纸浆废液为原料制造的减水剂，以及在此基础上研制的其他复合外加剂，帮助造纸工业消化处理难以治理的废液排放污染江河的问题。

5）集中搅拌混凝土和大力发展预拌混凝土，消除现场搅拌混凝土所产生的废料、粉尘和废水，并加强对废料和废水的循环使用。

6）发挥 HPC 的优势，通过提高强度、减小结构截面积或结构体积，减少混凝土用量，从而节约水泥、砂、石的用量；通过改善和易性提高浇筑密实性，通过提高混凝土耐久性，延长结构物的使用寿命，进一步节约维修和重建费用，做到对自然资源有节制的使用。

7）砂石料的开采应该有序且以不破坏环境为前提。积极利用城市固体垃圾，特别是拆除的旧建筑物和构筑物的废弃物混凝土、砖、瓦及废物，以其代替天然砂石料，减少砂石料的消耗，发展再生混凝土。

2. 功能材料

目前国内建筑功能材料迅速发展，正在形成高技术产业群。我国高技术（863）计划、国家重大基础研究（973）计划、国家自然科学基金项目中功能材料技术项目约占新材料领域的 70%，并取得了研究成果。

建筑绿色功能材料主要体现在以下三个方面：

节能功能材料。如各类新型保温隔热材料，常见的产品主要有聚苯乙烯复合板、聚氨酯复合板、岩棉复合板、钢丝网架聚苯乙烯保温墙板、中空玻璃、太阳能热反射玻璃等。充分利用天然能源的功能材料。将太阳能发电、热能利用与建筑外墙材料、窗户材料、屋面材料和构件一体化，如太阳能光电屋顶、太阳能电力墙、太阳能光电玻璃等。改善居室生态环境的绿色功能材料。如健康功能材料（抗菌材料、负离子内墙涂料），调温、调湿内墙材料，调光材料，电磁屏蔽材料等。

（1）保温隔热材料

1）保温隔热材料在国外的最大用户是建筑业，约占产量的 80%，而我国建筑业市场尚未完全打开，其应用仅占产量的 10%。

2）生产工艺整体水平和管理水平需进一步提高，产品质量不够稳定。

3）科研投入不足，应用技术研究和产品开发滞后，特别是保温材料在建筑中的应用技术研究与开发方面进展缓慢，严重影响了保温材料工业的健康发展。

4）加强新型保温隔热材料和其他新型建材制品设计施工应用方面的工作，是发展新型建材工业的当务之急。

当今，全球保温隔热材料正朝着高效、节能、薄层、防水外护一体化方向发展。

（2）防水材料

建筑防水材料是一类能使建筑物和构筑物具有防渗、防漏功能的材料，是建筑物的重要组成部分。建筑防水材料应具有的基本性能有：防渗防漏、耐候（温度稳定性）、具有拉力（延伸性）、耐腐蚀、工艺性好、耗能少、环境污染小。

传统防水材料的缺点：热施工、污染环境、温度敏感性强、施工工序多、工期长。改革开放以来，我国建筑防水材料获得了较快的发展，体现了"绿色"，一是材料"新"，二是施工方法"新"。

新型防水材料的开发、应用，不仅在建筑中与密封、保温要求相结合，也在舒适、节能、环保等各个方面提出更新的标准和更高的要求。应用范围已扩展到铁路、高速公路、水利、桥梁等各个领域。

如今，我国已能开发与国际接轨的新型防水材料。

当前，按国家建材行业及制品导向目录要求及市场走势，SBS、APP改性沥青防水卷材仍是主导产品。高分子防水卷材重点发展三元乙丙橡胶（EPDM）、聚氯乙烯（PVC）P型两种产品，并积极开发热塑性聚烯烃（TPO）防水卷材。防水涂料前景看好的是聚氯酯防水材料（尤其是环保单组分）及丙烯酸酯类。密封材料仍重点发展硅酮、聚氨酯、聚硫、丙烯酸等。

新型防水材料应用于工业与民用建筑，特别是住宅建筑的屋面、地下室、厕浴、厨房、地面建筑外墙防水外，还将广泛用于新建铁路、高速公路、轻轨交通（包括桥面、隧道）、水利建设、城镇供水工程、污水处理工程、垃圾填埋工程等。

建筑防水材料随着现代工业技术的发展，正在趋向于高分子材料化。国际上形成了"防水工程学""防水材料学"等学科。

日本是建筑防水材料发展最快的国家之一。他们注意汲取其他国家防水材料的先进经验，并大胆使用新材料、新工艺，使建筑防水材料向高分子化方向发展。建筑简便的单层防水、建筑防水材料趋向于冷施工的高分子材料，是我国今后建筑绿色防水材料的发展方向。

（3）装饰装修材料

建筑装饰装修工程，在建筑工程中的地位和作用，随着我国经济的发展和加快城镇化建设，已经成为一个独立的新兴行业。

建筑装饰装修的作用：保护建筑物的主体结构，完善建筑物的使用功能，美化建筑物。装饰装修对美化城乡建筑，改善人居和工作环境具有十分重要的意义，人们已经认识到了，改善人居环境绝不能以牺牲环境和健康为代价。

绿色装饰装修材料的基本条件：环保、节能、多功能、耐久。

三、绿色建筑材料的评价

1.绿色建筑材料评价的体系

（1）单因子评价

单因子评价，即根据单一因素及影响因素确定其是否为绿色建材。例如，对室内墙体涂料中有害物质的限量（甲醛、重金属、苯类化合物等）做出具体数位的规定，符合规定的就认定为绿色建材，不符合规定的则为非绿色建材。

（2）复合类评价

复合类评价，主要由挥发物总含量、人体感觉试验、防火等级和综合利用等指标构成。

并非根据其中一项指标判定是否为绿色建材，而是根据多项指标综合判断，最终给出评价，确定其是否为绿色建材。

从以上两种评价角度可以看出，绿色建材是指那些无毒无害、无污染、不影响人和环境安全的建筑材料。这两种评价实际就是从绿色建材定义的角度展开，同时是对绿色建材内涵的诠释，不能完全体现出绿色建材的全部特征。这种评价的主要缺陷在于成品的某些个体指标，而不是从整个生产过程综合评价，不能真正地反映材料的绿色化程度。同时，它只考虑建材对人体健康的影响，并不能完全反映其对环境的综合影响。这样就会造成某些生产商对绿色建材内涵的片面理解，为了达到评价指标的要求，忽视消耗的资源、能源及对环境的影响远远超出了绿色建材所要求的合理范围。例如，某新型墙体材料能够替代传统的黏土砖同时能够利用固体废弃物，从这里可能评价为符合绿色建材的标准，但从生产过程来看，若该种墙体材料的能耗或排放的"三废"远远高于普通黏土砖，我们就不能称它为绿色建材。

故单因子评价、复合类评价只能作为一种简单的鉴别绿色建材的手段。

（3）全生命周期（LCA）评价

目前国际上通用的是全生命周期（LCA）评价体系。全生命周期评价定义为：一种对产品、生产工艺及活动对环境的压力进行评价的客观过程。这种评价贯穿于产品、工艺和活动的整个生命周期。包括原材料的采取与加工、产品制造、运输及销售产品的使用、再利用和维护、废物循环和最终废物弃置等方面。它是从材料的整个生命周期对自然资源、能源及对环境和人类健康的影响等多方面、多因素进行定性和定量评估。能全面而真实地反映某种建筑材料的绿色化程度，定性和定量评估提高了评价的可操作性。尽管生命周期评价是目前评价建筑材料的一种重要方法，但也有其局限性。

1）建立评估体系需要大量的实践数据和经验累积，评价过程中的某些假设与选项有可能带有主观性，会影响评价的标准性和可靠性。

2）评估体系及评估过程复杂，评估费用较高。就我国目前的情况来看，利用该方法对我国绿色建材进行评价还存在一定的难度。

2. 制定适合我国国情的绿色建材评价体系

我国绿色建材评价系统起步较晚。但为了把我国的绿色建筑提高到一个新的水平，故需要制定一部科学而又适合国情的绿色建材评价标准和体系。

（1）绿色建材评价应考虑的因素

1）评价应选用使用量大而广的绿色建材

从理念上讲，绿色建材评价应针对全部建材产品，但考虑到我国目前建材的发展水平和在建材方面的评估认证等相关基础工作开展情况，我国的建材评价体系不可能全部覆盖。建材处于不同发展阶段相应的评价标准也不尽相同。评价体系应从使用量最大、使用范围最广、人们最关心的开始。随着建材工业的发展和科技的进步，不断地对标准进行完善，逐步扩大评价范围。

2）评价必须满足的两大标准

一是质量指标，主要指现行国家或行业标准规定的产品的技术性能指标，其标准应为国家或行业现行标准中规定的最低值或最高值，必须满足质量指标才有资格参与评定绿色建材；二是环境（绿色）指标，是指在原料采取、产品制造、使用过程和使用以后的再生循环利用等环节中对资源、能源、环境影响和对人类身体健康无危害化程度的评价指标。同时，为鼓励生产者改进工艺、淘汰落后产能、提高清洁生产水平，也可设立相应的附加考量标准。

3）评价必须与我国建材技术发展水平相适应

评价要充分考虑消费者、生产者的利益，绿色建材评价标准的制定必须与我国建材技术的发展水平相适应。评价不能永不变动，还要根据社会可持续发展的要求，适应生产力发展水平。同时，体系应有其动态性，随着科技的发展，相应的指标限值必将做出适当的调整。此外，要充分考虑消费者和生产者的利益。某些考虑指标的具体限值要在经过充分调研的基础上确定，既不能脱离生产实际，将其仅仅定位于国家相关行业标准的水平，也不能一味地追求"绿色"，将考量指标的限位定位过高。科学的评价标准不仅能使广大消费者真正使用绿色建材，也能促使我国建材生产者规范其生产行为，促进我国建材行业的发展。

（2）绿色建材的评价需要考虑的原则

1）相对性原则。绿色建筑材料都是相对的，需要建立绿色度的概念和评价方法。例如，混凝土、玻璃、钢材、铝型材、砖、砌块、墙板等建筑结构材料，在生命周期的不同阶段的绿色度是不同的。

2）耐久性原则。建筑的安全性建立在建筑的耐久性之上，建筑材料的寿命应该越长越好。耐久性应该成为评价绿色建材的重要原则。

3）可循环性原则。对建筑材料及制品的可循环要求是指建筑整体或部分废弃后，材料及构件制品的可重复使用性，不能使用后的废弃物作为原料的可再生性。这个原则是绿色建材的必然要求。

4）经济性原则。绿色建筑和绿色建材的发展毕竟不能超越社会经济发展的阶段。逐步提高绿色建材的绿色度要求，在满足绿色建筑和绿色建材设计要求的前提下，要尽量节约成本。

四、绿色建筑材料的评价体系

现有的绿色建材的评价指标体系分为两类：第一类为单因子评价体系，一般用于卫生类，包括放射性强度和甲醛含量等。在这类指标中，有一项不合格就不符合绿色建材的标准。第二类为复合类评价指标，包括挥发物总含量、人体感觉试验、耐燃等级和综合利用指标。在这类指标中，如果有一项指标不达标，并不一定要排除出绿色建材范围。大量研究表明，与人体健康直接相关的室内空气污染主要来自室内墙面、地面装饰材料，以及门窗、家具等制作材料等。这些材料中 VOC、苯、甲醛、重金属等的含量及放射性强度均会造成人体健康的损害，损害程度不仅与这些有害物质含量有关，而且与其散发特性及散发时间有关。因此，绿色建材测试与评价指标应综合考虑建材中各种有害物质含量及散发特性，并选择科学的测试方法，确定明确的可量化的评价指标。

根据绿色建材的定义和特点，绿色建材需要满足四个目标，即基本目标、环保目标、健康目标和安全目标。基本目标包括功能、质量、寿命和经济性；环保目标要求从环境角度考核建材生产、运输、废弃等各环节对环境的影响；健康目标考虑到建材作为一类特殊材料与人类生活密切相关，使用过程中必须对人类健康无毒无害；安全目标包括耐燃性和燃烧释放气体的安全性。围绕这四个目标制定绿色建材的评价指标，可概括为产品质量指标、环境负荷指标、人体健康指标和安全指标。量化这些指标并分析其对不同类建材的权重，利用 ISO14000 系列标准规范的评价方法做出绿色度的评价。

在绿色建筑评价体系研究中选择了多个不同用途、不同结构的单体建筑进行实例计算。建筑有住宅楼、办公楼、体育场馆、公共建筑等，结构形式有钢结构、混凝土框架结构、砖混结构、剪力墙结构等。通过对这些建筑所用建筑材料在生产过程中消耗的资源量、能源量和 CO_2 排放量（以单位建筑面积消耗数量表示）进行统计、计算和分析，得出评分标准，用以评价不同建筑体系所用建筑材料的资源消耗、能源消耗和 CO_2 排放的水平，供初步设计阶段选择环境负荷小的建筑体系。

1. 资源消耗

目的：降低建筑材料生产过程中天然和矿产资源的消耗，保护生态环境。

要求：计算建筑所用建筑材料生产过程中资源的消耗量。鼓励选择节约资源的建筑体系和建筑材料。

绿色建筑对材料资源方面的要求可归纳为：尽可能地少用材料，使用耐久性好的建筑材料，尽量使用占用较少不可再生资源生产的建筑材料，使用可再生利用、可降解的建筑材料，使用利用各种废弃物生产的建筑材料。

绿色建筑强调减少对各种资源尤其是不可再生资源的消耗，包括水资源、土地资源。对于建筑材料来讲，减少水资源的消耗表现在使用节水型建材产品，如使用新型节水型坐便器可以大幅减少城市生活用水；使用透水型陶瓷或混凝土砖可以使雨水渗入地层，保持水体循环，减少热岛效应。在建筑中限制使用和淘汰大量消耗土地尤其是可耕地的建筑材料（如实心黏土砖等），同时提倡使用利用工业固体废弃物如矿渣、粉煤灰等工业废渣以及建筑垃圾等制造的建筑材料。发展新型墙体材料和高性能水泥、高性能混凝土等既具有优良性能又大幅度节约资源的建筑材料，发展轻集料及轻集料混凝土，减少自重，节省原材料。

在评价建筑的资源消耗时必须考虑建筑材料的可再生性。建筑材料的可再生性是指材料受到损坏但经加工处理后可作为原料循环再利用的性能。可再生材料一是可进行无害化的解体，二是解体材料再利用，如生活和建筑废弃物的利用，通过物理或化学的方法解体，做成其他建筑部品。具备可再生性的建筑材料包括钢筋、型钢、建筑玻璃、铝合金型材、木材等。钢铁（包括钢筋、型钢等）、铝材（包括铝合金、轻钢大龙骨等）的回收利用性非常好，而且回收处理后仍可在建筑中利用，这也是提倡在住宅建设中大力发展轻钢结构体系的原因之一。可以降解的材料如木材甚至纸板，能很快再次进入大自然的物质循环，在现代绿色建筑中经过技术处理的纸制品已经可以作为承重构件而被采用。

2. 能源消耗

目的：降低建筑材料生产过程中能源的消耗，保护生态环境。

要求：计算建筑所用建筑材料生产过程中的能源的消耗量，鼓励选择节约能源的建筑体系和建筑材料。

在能源方面，绿色建筑对建筑材料的要求总结如下：

（1）尽可能使用生产能耗低的建筑材料。建筑材料的生产能耗在建筑能耗中所占比例很大。因此，使用生产能耗低的建筑材料无疑对降低建筑能耗具有重要意义。目前，我国的主要建筑材料中，钢材、铝材、玻璃、陶瓷等材料单位产量生产能耗较大。但在评价建筑材料的生产能耗时必须考虑建筑材料的可再生性。钢材、铝材虽然生产能耗非常高，但其产品回收率非常高，钢筋和型钢的回收率可分别达到 50% 和 90%，铝材的回收利用率可达 95%。回收的建筑材料循环再生过程消耗的能量消耗较初始生产能耗有较大的降低，目前我国回收钢材重新加工的能耗为钢材原始生产能耗的 20%~50%，可循环再生铝生产能耗占原生铝的 5%~8%。经计算，钢筋单位质量消耗的综合能源指标为 20.3GJ/t，型钢单位质量消耗的综合能源指标为 13.3GJ/t，铝材单位质量消耗的综合能源指标为 19.3GJ/t。

因此，用建筑材料全生命周期的观点看，考虑材料的可再生性，像钢材、铝材这样高初始生产能耗的建筑材料其综合能耗并不很高。这也是目前我国提倡采用轻钢结构的一个原因。

（2）尽可能使用可减少建筑能耗的建筑材料。建筑材料对建筑节能的贡献集中体现在减少建筑运行能耗，提高建筑的热环境性能方面。建筑物的外墙、屋面与窗户是降低建筑能耗的关键所在，选用节能建筑材料是实现建筑节能最有效和最便捷的方法，采用高效保温材料复合墙体和屋面以及密封性良好的多层窗是建筑节能的重要方面。我国保温材料在建筑上的应用是随着建筑节能要求的日趋严格而逐渐发展起来的，相对于保温材料在工业上的应用，建筑保温材料和技术还较为落后，高性能节能保温材料在建筑上的利用率很低。保温性能差的实心黏土砖仍在建筑墙体材料组成中占有绝对优势。为实现新标准节能 50%的目标，根本出路是发展高效节能的外保温复合墙体。一些先进的新型保温材料和技术已在国外建筑中普遍采用，如在建筑的内、外表面或外层结构的空气层中采用高效热发射材料，可将大部分红外射线反射回去，从而对建筑物起到保温隔热作用。目前，美国已开始大规模生产热反射膜，用于建筑节能。

建筑物热损失的 1/3 以上是由于门、窗与室外热交换（热传导、热辐射和热对流）造成的。窗户的保温隔热措施要从两个方面着手来提高：首先，是玻璃，玻璃的传热系数大，这不仅因为玻璃的导热系数高，更主要由于玻璃是透明材料，热辐射成为其重要的热交换方式。因此必须考虑采用夹层玻璃、中空玻璃、低辐射玻璃等保温性能好的玻璃以替代单层玻璃，采用高效节能玻璃以显著提高建筑节能效率。其次，是门、窗的传热系数比外墙、屋面等围护结构大得多，因此，发展先进的门、窗材料和门、窗结构是建筑节能的重要措施。对窗户的框材做断热处理，即将型材朝室内的一面和朝室外的一面断开，用导热性能差的材料将两者连接起来，可以大大提高窗户的保温性能。

（3）使用能充分利用绿色能源的建筑材料。利用绿色能源主要指利用太阳能、风能、地能和其他再生能源。太阳能利用装置和材料，如透光材料、吸收涂层、反射薄膜和太阳能电池等都离不开玻璃，太阳能光伏发电系统、太阳能光电玻璃幕墙等产品都将大量采用特种玻璃。对用于太阳能利用的玻璃，要求具有高透光率、低反射率、高温不变形、高表面平整度等特性。太阳能发电板在悉尼奥运会中被普遍应用，其中采光材料大量采用低铁玻璃。

3. 室内环境质量

室内环境质量包括室内空气质量（IAQ）、室内热环境、室内光环境、室内声环境等。它应包括四个方面的内涵：从污染源上开始控制，最佳地利用和改善现有的市政基础设施，尽可能采用有益于室内环境的材料；能提供优良空气质量、热舒适、照明、声学和美学特性的室内环境，重点考虑居住人的健康和舒适；在使用过程中，能有效地使用能源和资源，最大限度地减少建筑废料和室内废料，达到能源效率与资源效率的统一；既考虑室内居住者本身所担负的环境责任，同时也考虑经济发展的可承受性。室内空气中甲醛、苯、甲苯、有机挥发物、人造矿物纤维是危害人体健康的主要污染物。现在国内开发了很多有利于室内环境的材料，包括无污染、无害的建筑材料，有利于人体健康的材料，如净化空气材料、保健抗菌材料、微循环材料等。而且已开发出无毒、耐候性、长寿命的内、外墙涂料，耐候性达到 10 年左右；利用光催化半导体技术产生负氧离子，开发出具有防霉、杀菌、除臭的空气净化功能材料，具有红外辐射保健功能的内墙涂料，可调湿建筑内墙板。近期在研究观念上又前进一步，将消极的灭杀空气中有害物质的理念上升为积极地提供有利于人体健康的元素，利用稀土离子和分子的激活催化手段，开发出具有森林功能效应、能释放一定数量负离子的内墙涂料及其他建筑材料。这些新材料的研究开发为建造良好室内空气质量提供了基本的材料保证。

提高建筑材料的环保质量，从污染源上减少对室内环境质量的危害是解决室内空气质量、保证人体健康等问题的最根本措施。使用高绿色度的具有改善居室生态环境和保健功能的建筑材料，对从源头上对污染源进行有效控制具有非常重要的意义。

国外绿色建筑选材的新趋向是：返璞归真，贴近自然，尽量利用自然材料或健康无害化材料，尽量利用废弃物生产的材料，从源头上防止和减少污染，尽量展露材料本身，少用油漆涂料等覆盖层或大量的装饰。这一观点已被我国的建筑设计师认可并采纳，在一些绿色建筑中逐渐实施。

第四节 绿色建筑材料的应用

一、结构材料

1. 石膏砌块

建筑石膏砌块，以建筑石膏为主要原料，经加水搅拌、浇筑成型和干燥制成的轻质建筑石膏制品。生产中加入轻集料发泡剂以降低其质量，或加水泥、外加剂等以提高其耐水性和强度。石膏砌块分为实心砌块和空心砌块两类，品种规格多样。施工非常方便，是一种非承重的绿色隔墙材料。

石膏砌块的优良特性：减轻房屋结构自重，降低承重结构及基础的造价，提高了建筑的抗震能力；防火好，石膏本身所含的结晶水遇火汽化成水蒸汽，能有效地防止火灾蔓延；隔声保温，质轻导热系数小，能衰减声压与减缓声能的透射；调节湿度，能根据环境湿度变化，自动吸收、排出水分，使室内湿度相对稳定，居住舒适；施工简单，墙面平整度高，无须抹灰，可直接装修，缩短施工工期；增加面积，墙身厚度减小，增加了使用面积。

2. 陶粒砌块

目前我国的城市污水处理率达80%以上，处理污泥的费用很高。将污泥与煤粉灰混合做成陶粒骨料砌块，用来做建筑外墙的围护结构，陶粒空心砌块的保温节能效果可以达到节能的50%以上。

粉煤灰陶粒小型空心砌块的特点：施工不用界面剂、不用专用砂浆、施工方法似同烧结多孔砖。隔热保温、抗渗抗冻、轻质隔声。根据施工需求的不同可以生产不同等级的陶粒空心砌块。

二、装饰装修材料

1. 硅藻泥

硅藻泥是一种天然环保装饰材料，用来替代墙纸和乳胶漆，适用公共和居住建筑的内墙装饰。

硅藻泥的主要原材料是历经亿万年形成的硅藻矿物——硅藻土，硅藻是一种生活在海洋中的藻类，经亿万年的矿化后形成硅藻矿物，其主要成分为蛋白石。质地轻柔、多孔。电子显微镜显示，硅藻是一种纳米级的多孔材料。孔隙率高达90%。其分子晶格结构特征，决定了其有以下独特的功能：

（1）天然环保。硅藻泥由纯天然无机材料构成，不含任何有害物质。

（2）净化空气。硅藻泥产品具备独特的"分子筛"结构和选择性吸附性能，可以有效去除空气中的游离甲醛、苯、氨等有害物质及因宠物、吸烟、垃圾所产生的异味，净化室内空气。

（3）色彩柔和。硅藻泥选用无机颜料调色，色彩柔和。墙面反射光线自然柔和，不容易产生视觉疲劳，尤其对保护儿童视力效果显著。硅藻泥墙面颜色持久，长期如新，减少墙面装饰次数，节约了居室成本。

（4）防火阻燃。硅藻泥防火阻燃，当温度上升至 1 300℃时，硅藻泥仅呈熔融状态，不会产生有害气体。

（5）调节湿度。不同季节及早晚环境空气温度的变化，硅藻泥可以吸收或释放水分，自动调节室内空气湿度，使之达到相对平衡。

（6）吸声降噪。硅藻泥具有降低噪声功能，可以有效地吸收对人体有害的高频音段，并衰减低频噪功能。

（7）不沾灰尘。硅藻泥不易产生静电，表面不易落尘。

（8）保温隔热。硅藻泥热传导率很低，具有非常好的保温隔热性能，其隔热效果是同等厚度水泥砂浆的 6 倍。

2. 液体壁纸

液体壁纸又称壁纸漆，是集壁纸和乳胶漆特点于一身的环保水性涂料。把涂料从人工合成的平滑型时代带进天然环保型凹凸涂料的全新时代，成为现代空间最时尚的装饰元素。液体壁纸采用丙烯酸乳液、钛白粉、颜料及其他助剂制成，也有采用贝壳类表体经高温处理而成。具有良好的防潮、抗菌性能，不易生虫、耐酸碱、不起皮、不褪色、不开裂、不易老化等众多优点。

3. 生态环境玻璃

玻璃工业是高能耗、高污染（平板玻璃生产主要产生粉尘、烟尘和 SO_2 等）的产业。生态环境玻璃是指具有良好的使用性能或功能，对资源能源消耗少和对生态环境污染小，再生利用率高或可降解与循环利用，在制备、使用、废弃直到再生利用的整个过程与环境协调共存的玻璃。

其主要功能是降解大气中由于工业废气和汽车尾气的污染和有机物污染，降解积聚在玻璃表面的液态有机物，抑制和杀灭环境中的微生物，并且玻璃表面呈超亲水性，对水完全保湿，可以隔离玻璃表面与吸附的灰尘、有机物，使这些吸附物不易与玻璃表面结合，在外界风力、雨水淋和水冲洗等外力和吸附物自重的推动下，灰尘和油腻自动地从玻璃表面剥离，达到去污和自洁的要求。在作为结构和采光用材的同时，转向控制光线、调节湿度、节约能源、安全可靠、减少噪声等多功能方向发展。

第四章 绿色建筑施工中的材料节约

从施工产生的污染源头开始，要减少和消除施工污染，实现绿色施工，只有这样才能实现社会可持续化。所以建筑行业肩负着保护环境的重要责任，在建筑过程中能够坚持环保理念，积极探索有利于环境保护的建筑设计策略，追求人类与自然的和谐发展。本章主要对绿色建筑施工中材料节约进行详细的讲解。

第一节 绿色建筑材料

国际学术界定义绿色材料是指在原料采取、产品制造、应用过程和使用以后的再生循环利用等环节中，对地球环境负荷最小和对人类身体健康无害的材料。我国召开的首届全国绿色建材发展与应用研讨会上，明确提出绿色建材是指采用清洁生产技术，不用或少用天然资源和能源，大量使用工农业或城市固态废弃物生产的无毒害、无污染、无放射性，达到使用周期后可回收利用，有利于环境保护和人体健康的建筑材料。国际上也称生态建材、健康建材或环保建材。

绿色建材是生态环境材料在建筑材料领域的延伸，从广义上讲，绿色建材不是一种独特的建材产品，而是对建材"健康，环保、安全"等属性的一种要求，对原材料生产、加工施工使用及废弃物处理等环节，贯彻环保意识及实施环保技术，达到环保要求。绿色建材定义的形成，有力地推动了我国绿色建材产业的健康、可持续发展。

一、新型的绿色化建筑材料

由于一些传统建材工业，如水泥业、黏土砖瓦业等大量消耗能源，污染环境，而且产品性能上逐渐不能满足现代建筑业的要求，严重影响着社会的可持续发展。因此，在国家建材和建筑业发展的产业政策中，发展新型建材一直是主导方向之一。但是，新型建材是一个相对和发展的概念，其演变在时空上既具有连续性也具有阶段性。纵观我国新型建材的发展历程，它的内涵随着我国生产力发展水平和环保意识的增强，一直在不断深化与发展。早期的新型建筑材料往往被理解为不同于传统的砖、瓦、灰、砂、石等建筑材料，节能、代钢、代木利废等材料成为主要产品。随着资源逐渐枯竭、能源持续短缺、环境污染日趋恶化，新型建材逐渐向少用或不用黏土原料、生产过程中节能降污，以及发展具有显著建筑节能的材料等方向发展。

1. 透明的绝缘材料

绝热是一种防止热量损失和实现能源经济实用的最简单方法，建筑绝热的主要功能是防止热量泄漏、节约能量、控制温度和储存热能。传统的绝缘材料是迟钝和多孔渗水的，而且可以划分为含纤维的、细胞的、粒状的和反射型的。这些绝缘材料的热性能是根据导热系数来说明的。惰性气体是一种很好的绝缘材料，它的导热系数 λ 为 $0.026W/(m^2 \cdot K)$。远古的人就是利用气体的这种绝缘特性在外衣内加一层毛皮来抵御严冬的。一些普遍的绝热材料如玻璃纤维（λ=0.0325）、水合硅酸铝（λ=0.035）、渣绒（λ=0.0407）和硅酸钙（λ=0.057）都有很低的导热系数，这主要取决于固体媒介中心的气体单元个数。气体单元的直径大约为 $0.09\mu m$，它比气体平均自由行程还小。通过绝缘材料的传热是靠固体媒介的传导、对流和辐射穿过气体单元的，还有一些热能损失是由于绝缘惰性材料自身的热能系统。

透明的绝缘材料表现出在气体间隙中一种全新的绝热种类，它们被用来减少不必要的热能损失，这些材料是由浸泡在空气层中明显的细胞排列组成的。就透明固体媒介中的气体间隙而言，这些材料和传统绝缘材料很相似。透明的绝热材料对太阳光是透射的，然而它能够提供很好的绝热性，使建筑物室外热能系统得到更多的太阳光应用，被用作建筑物的透明覆盖系统。透明绝缘材料的基本物理原理是利用吸收的太阳辐射波长和放出不同波长的红外线。高太阳光传送率和低热量损失系数是描述透明绝缘材料的两个参数。高光学投射比可以通过透明建筑材料，如低钢玻璃、聚碳酸酯薄墙或光亮的凝胶体来实现。低热辐射损失可以通过涂上一层低反射率的漆来实现，低导热系数可以通过薄壁蜂房形建筑材料的使用来实现。低对流损失可以通过使用细胞形蜂窝构造避免气体成分的整体运动来抑制对流。这些特性联合起来使各种各样的透明绝缘材料得以实现，这些材料的导热系数 λ 值低于 $1W/(m^2 \cdot K)$，而阳光传送率则高于80%。

2. 相变材料

一般来说，储量会由于资源和负荷的失谐而减少。热能可以以焓的形式储存起来，它是因为储存的材料温度会随着能量储量而变化，焓的储存包括热容器和温差。水拥有高储存容量和优良的传热特性，因此在低温应用中水被视为最好的热量储存材料。碎石或沙砾同样适合某些应用，它的热容大约是水的1/5，因此储存相同数量的热能需要的存储器将是储水的5倍。对于高温热储存，铁是一种合适的材料。在潜热储存阶段，由于吸收或者释放热能材料的温度保持不变，这个温度等于熔化或者汽化的温度，这称为材料的相变。Telkes 已经对不同潜热的储存材料的热力性质和其他特性进行了比较。建筑中供暖应用最合适的一种材料是硫酸钠＋水合物，氯化钙、六氢氧化物是另一种可能进行相变储存的材料。

相变材料的突出优点是轻质的建筑物可以增加热量，这些建筑由于低热量，可以发生高温的波动，这将导致高供暖负荷和制冷负荷。在这样的建筑中使用相变材料可以消除温度的起伏变化，同时可以降低建筑的空调负荷。一种有效的做法是建筑中应用了 PCM，将 PCM 注入多孔渗水的建筑材料中，这样可以增加热质量。这样潜热储存系统比显热储存系统更加简洁。

另一种为人所知的储存是热化储存，在吸热化学反应过程中，热量被吸收而产物被储存。按照要求在放热反应过程中，产物释放出热量。化学热泵储存要与吸收循环的太阳热泵结合在一起。利用这种方法，在白天使用太阳能将制冷剂从蒸发器中的溶液蒸发出来，然后存储在冷凝器中。当建筑中需要热量的时候，储存的制冷剂在溶入溶液之前在室外的空气盘管中蒸发，从而释放存储的能量。

3. 硅纤陶板

硅纤陶板又称纤瓷板，是新型人造建材，与天然石材相比，具有强度高、化学稳定性好、色彩可选择、无色差、不含任何放射性材料等优点。它的表面光洁晶亮，既有玻璃的光泽又有花岗岩的华丽质感，可广泛用于办公楼、商业大厦、机场、地铁站、购物娱乐中心等大型高级建筑的内外装饰，是现代建筑外、内墙装饰中，可供选择的较为理想的绿色建材。硅纤陶板采用陶瓷黏土为主要原料，添加硅纤维及特殊熔剂等辅料，经辊道窑二次烧制而成。成品的坯体呈现白色，属于陶瓷制品中的白坯系列，较普通瓷砖的红坯系列，不仅密实度较高且杂质含量少。硅纤陶板的原料陶瓷黏土是一种含水铝硅酸盐的矿物，由长石类岩石经过长期风化与地质作用生成。它是多种微细矿物的混合体，主要化学成分为二氧化硅、三氧化二铝和结晶水，同时含有少量碱金属、碱土金属氧化物和着色氧化物。它具有独特的可塑性和结合性，加水膨润后可捏成泥团，塑造成所需要的形状，再经过焙烧后，变得坚硬致密。这种性能构成了陶瓷制作的工艺基础，使硅纤陶板的生产成为可能。

由于陶瓷黏土矿分布面广、蕴藏量丰富，因此价格相对较低。生产资源的优势也使硅纤陶板的生产不受地域的限制，故较易推广。在提倡节约能源的今天，应该提倡使用硅纤陶板。因为它是由黏土烧制而成的，生产这种板材与开采石料相比，能降低近 40% 的能源消耗，并能减少金属材料的使用。同时，由于硅纤陶板薄，传热快而均匀，烧成温度和烧成周期大大缩短，使烧制过程中的有害气体排放量可减少 20%~30%，保护了环境。

4. 玻晶砖

以碎玻璃为主要原料生产出的玻晶砖是一种既非石材也非陶瓷砖的新型绿色建材，玻晶砖是以碎玻璃为主，掺入少量黏土等原料，经粉碎、成型、晶化、退火而成的一种新型环保节能材料。玻晶砖除可制作结晶黏土砖外，也可制作出天然石材或玉石的效果，有多种颜色和不同规格形态，通过不同颜色的产品搭配，能拼出各种各样富于创意空间的花色图案，美观大方，可用于各种建筑物的内、外墙或地面装修。表面如花岗岩或大理石一般光滑的玻晶系列产品可显示出豪华的装饰效果。采用彩色的玻晶砖装修内墙和地面，其高雅程度可与高级昂贵的大理石或花岗岩相媲美。而且，这种产品还具有优良的防滑性能以及较高的抗弯强度、耐蚀性、隔热性和抗冻性，是一种完全符合"减量化、再利用、资源化"三原则的新型环保节能材料。

二、绿色建材的发展趋势

欧美、日本等工业发达国家对绿色建材的发展非常重视，已就建筑材料对室内空气的影响进行了全面、系统的基础研究工作，并制定了严格的法规。联合国召开了环境与发展大会，又增设了可持续产品开发工作组。随后，国际标准化机构也开始讨论环境调和型制品的标准化，大大推动着国内外绿色建材的发展。

1. 绿色建材在国外的发展

为了绿色建材的发展，德国发布了第一个环境标志"蓝天使"，使7500多种产品得到认证。美国环保局（EPA）和加州大学开展了室内空气研究计划，确定了评价建筑材料释放VOC的理论基础，以及测试建筑材料释放VOC的体系和方法，提出了预测建筑材料影响室内空气质量的数学模型。丹麦、挪威推出了"健康建材"（HMB）标准，国家法律规定，对于所出售的涂料等建材产品，在使用说明书上除了标出产品质量标准外，还必须标出健康指标。瑞典也积极推动和发展绿色建材，并已正式实施新的建筑法规，规定用于室内的建筑材料必须实行安全标签制，并制定了有机化合物室内空气浓度指标限值。另外，芬兰、冰岛等国家实施了统一的北欧环境标志。日本开展环境标志工作，已有2500多种环保产品，十分重视绿色建材的发展。目前，国际对于绿色建材的发展走向有以下三个主流观点。

（1）删繁就简

这主要是针对一些地方存在的铺张浪费和豪华之风而言的。国外已经将节省开支当作可持续发展建筑的一项指标。创造一种自然、质朴的生活和工作环境与可持续发展是一致的，也是建设节约型社会的必然要求。

（2）贴近自然

选用自然材料，提倡突出材料本身的自然特性，如木结构建筑。第一次世界大战时期开始流行的稻草板建筑材料有其生态优势，其主要原料稻、麦草是可再生资源，生产制造过程中不会对生态环境造成污染，这些都是发达国家的用材趋势。

（3）强调环保

强调环保主要包括以下几个方面：

1）有益于人体健康。例如加拿大的Eceo logo标志计划和丹麦的认证标志计划等，就主要是从人体健康方面出发来考虑的。

2）有益于环境。对于生态环境材料，不仅要求其不污染环境，还要求其能够净化环境。如带有TiO_2光催化剂的混凝土铺路砌块已开始走出实验室，铺设在交通繁忙的道路边的步行道，进行消除氮氧化物净化空气的应用性实验。

3）减少环境负荷。一是降低能量损耗，减少环境污染；二是充分利用废弃物，以减少环境负荷。利用固体废弃物研制建筑材料是绿色建材发展最重要的途径。

2.绿色建材在中国的发展

改革开放以来，随着我国经济、社会的快速发展和人民生活水平的日益提高，人们对住宅的质量与环保要求越来越高，使绿色建材的研究、开发及使用越来越深入和广泛。建筑与装饰材料的"绿色化"是人类对建筑材料这一古老领域的新要求，也是建筑材料可持续发展的必由之路。我国绿色建材的发展虽然取得了一些成果，但仍处于初级阶段，今后要继续朝着节约资源、节省能源、健康、安全、环保的方向发展，开发越来越多的、物美价廉的绿色建材产品，提高人类居住环境的质量，保证我国社会的可持续发展。要实现绿色建材的可持续发展，必须做好以下几个方面的工作：

（1）必须树立可持续发展的生态建材观。要从人类社会的长远利益出发，以人类社会的可持续发展为目标，在这个大前提下来考虑与建筑材料生产、使用、废弃密切相关的自然资源和生态问题，即建材的循环再生、资源短缺、生态环境恶化及与地球的协调性问题。

（2）提高全民的环保意识，提倡绿色建材。社会环境意识的强弱是衡量国民素质、文化程度的重要标尺。要利用各种媒介进行环境意识、绿色建材知识的宣传和教育，使全民树立强烈的生态意识、环境意识，自觉地参与保护生态环境、发展绿色建材的工作，以推动绿色建材的健康发展。

（3）建立和完善建材行业技术标准，加快实施环境标志认证制度。通过制定和实施相应的法规和标准，加强建材行业质量监督，培育和规范市场，促进建材企业的技术进步，引导绿色建材的健康发展。对于合理利用资源、综合利用工业废料的低能耗、低消耗建材企业予以扶持；对于利用资源不合理、毁坏农田、高能源的生产企业采取高额征税或限期整改等干预手段；对设备落后、污染严重的小型企业予以淘汰。通过实行环境标志认证制度，促进建材企业的技术改造和科技进步，提高其产品在国内外市场上的竞争力。许多国家声明，对于未获得其所在国环境标志的进口商品或加以重税或拒之门外。因此，对于建材企业而言，获得产品环境标志就等于拥有一张通往市场的"绿色通行证"。我国只有加快环境标志认证制度的实施，才能在国际市场上占有一席之地。

（4）加强绿色建材的研究和开发。要保证建材的可持续发展，关键是研制开发及推广应用绿色建材产品。绿色建材开发主要有两条技术途径：一是采用高新技术研究开发有益于人体健康的多功能的建材，如抗菌、灭菌、除臭的卫生陶瓷和玻璃，不散发有机挥发物的水性涂料、防辐射涂料、除臭涂料等；二是利用工业或城市固态废弃物或回收物代替部分或全部天然资源，采用传统技术或新工艺制造绿色建材。

（5）做好技术的引进、消化和吸收工作。对引进技术应深入调查、严格把关，避免盲目、重复和低水平，要尽量采取购买技术专利或软件的做法，引进设计生产的关键技术。要及时组织好吸收、消化和创新工作，切实改变以往重技术引进、轻消化吸收的不良倾向。

第二节 建筑节材技术

一、有利于建筑节材的新材料、新技术

1. 采用高强建筑钢筋

我国城镇建筑主要是采用钢筋混凝土建造的，钢筋用量很大。一般来说，在相同承载力下，强度越高的钢筋，其在钢筋混凝土中的配筋率越小。相比于HRB335钢筋，以HRB400为代表的钢筋具有强度、高韧性好和焊接性能优良等特点，应用于建筑结构中具有明显的技术经济性能优势。经测算，用HRB400钢筋代替HRB335钢筋，可节省10%~14%的钢材，用HRB400钢筋代换 φ12以下的小直径HPB235钢筋，则可节省40%以上的钢材；同时，使用HRB400钢筋还可改善钢筋混凝土结构的抗震性能。可见，HRB400等高强钢筋的推广应用，可以明显节约钢材资源。我国建筑钢筋的主流长期以来是HRB335钢筋，高强钢筋用量在建设行业钢筋总体用量中所占比率仍然很低。美国、英国、日本、德国、俄罗斯以及东南亚国家已很少使用HRB335钢筋，即使使用也只是做配筋，主筋均采用400MPa、500MPa级钢筋，甚至700MPa级钢筋也有较多应用；有的国家甚至早已淘汰了HRB335钢筋。我国还没有在建筑业中大量应用高强钢筋，特别是还没有在高层建筑、大跨度桥梁和桥墩上广泛使用，其原因是：钢材市场中HRB400等高强钢筋供应量不足，满足不了建筑工地配送使用条件；HRB400等高强钢筋使用了微合金技术，使得目前其成本较HRB335钢筋高，利润空间较低，大多数钢厂不愿生产高强钢筋，由此产生的产量低进一步提高了高强钢筋的价格。

2. 采用强度更高的水泥及混凝土

我国城镇建筑主要是采用钢筋混凝土建造的，所以我国混凝土用量非常巨大。混凝土主要是用来承受荷载的，其强度越高，同样截面积承受的重量就越大；反过来说，承受相同的重量，强度越高的混凝土，它的横截面积就可以做得越小，即混凝土柱、梁等建筑构件可以做得越细。所以，建筑工程中采用强度高的混凝土可以节省混凝土材料。美国等发达国家的混凝土以C40、C50为主（C70、C80及以上的混凝土应用也很常见），42.5级、52.5级及其以上的水泥可占到水泥总量的90%以上。目前，在我国混凝土约有24%是C25以下，65%是C30~C40，即有将近90%的混凝土属于C40及其以下的中低强度等级，C45~C55仅占8.5%；我国目前65%的水泥是32.5级，42.5级及其以上的水泥产量仅占水泥总量的35%。经分析计算可知，配制C30~C40混凝土，采用42.5级水泥比采用32.5级水泥每立方米混凝土可少用水泥约80kg。所以，我国由于水泥产品高强度等级的少，低强度等级的多，结构不合理，每年都造成大量的水泥浪费。其实我国目前新型干法水泥

生产线完全能满足生产高强度等级水泥的要求，造成上述状况的重要原因之一是建筑结构设计标准中仍习惯采用低强度等级混凝土（主要以低强度等级水泥配制）的肥梁胖柱，使我国对高强度等级水泥的需求量不高。所以，水泥产品结构的改善涉及建筑结构设计工作的改革，要从建筑结构设计标准和使用部门着手，改善水泥产品的需求结构。

3. 采用商品混凝土和商品砂浆

商品混凝土是指由水泥、砂石、水以及根据需要掺入的外加剂和掺和料等组分按一定比例在集中搅拌站（厂）经计量、拌制后，采用专用运输车，在规定时间内，以商品形式出售，并运送到使用地点的混凝土拌合物。

商品砂浆是指由专业生产厂生产的砂浆拌合物。商品砂浆也称为预拌砂浆，包括湿拌砂浆和干混砂浆两大类。湿拌砂浆是指水泥、砂、保水增稠材料、外加剂和水以及根据需要掺入的矿物掺合料等组分按一定比例在搅拌站经计量拌制后，采用搅拌运输车运至使用地点，放入专用容器储存，并在规定时间内使用完毕的砂浆拌合物。干混砂浆是指经干燥筛分处理的砂与水泥、保水增稠材料以及根据需要掺入的外加剂、矿物掺和料等组分按一定比例在专业生产厂混合而成的固态混合物，在使用地点按规定比例加水或配套液体拌合使用。

相比于现场搅拌砂浆，采用商品砂浆可明显减少砂浆用量，对于多层砌筑结构，若使用现场搅拌砂浆，则每平方米建筑面积需使用砌筑砂浆量为 0.20m³，而使用商品砂浆则仅需要 0.13m³，可节约 35% 的砂浆量；对于高层建筑，若使用现场搅拌砂浆，则每平方米建筑面积需使用抹灰砂浆量为 0.09m³，而使用商品砂浆则仅需要 0.038m³，可节约抹灰砂浆用量 58%。

5. 采用专业化加工配送的商品钢筋

专业化加工配送的商品钢筋是指在工厂中把盘条或直条钢线材用专业机械设备制成钢筋网、钢筋笼等钢筋成品，直接销售到建筑工地，从而实现建筑钢筋加工的工厂化、标准化及建筑钢筋加工配送的商品化和专业化。由于能同时为多个工地配送商品钢筋，钢筋可进行综合套裁，废料率约为 2%，而工地现场加工的钢筋废料率约为 10%。

在现代建筑工程中，钢筋混凝土结构得到了非常广泛的应用，钢筋作为一种特殊的建筑材料起着极其重要的作用。建筑用钢筋规格形状复杂，钢厂生产的钢筋原料往往不能直接在工程中使用，一般需要根据建筑设计图纸的要求经过一定工艺过程的加工。现行混凝土结构建筑工程施工主要分为混凝土、钢筋和模板三个部分。商品混凝土配送和专业模板技术发展很快，而钢筋加工部分发展很慢，钢筋加工生产远落后于另外两个部分。我国建筑用钢筋长期以来依靠人力进行加工，随着一些国产简单加工设备的出现，钢筋加工才变为半机械化加工方式，加工地点主要在施工工地。这种施工工地现场加工的传统方式，不仅劳动强度大，加工质量和进度难以保证，而且材料浪费严重，往往是大材小用、长材短用，加工成本高，安全隐患多，占地多，噪声大。所以，提高建筑用钢筋的工厂化加工程度，实现钢筋的商品化专业配送，是建筑行业的一个必然发展方向。

二、建筑工业化程度

建筑工业化发展模式的好处之一就是节约材料。建筑工业化生产与传统施工相比较，可减少许多建材浪费，同时可减少施工的粉尘、噪声污染。中国台湾地区的研究数据表明，现场施工钢筋混凝土，每平方米楼板面积会产生 1.8kg 的粉尘和 0.14kg 的固体废弃物，在日后拆除阶段则产生 1.23kg 的固体废弃物。据统计，正常的工业化生产可减少工地现场废弃物 30%，减少施工空气污染 10%，减少 5% 的建材使用量，对环境保护意义重大。

以预制混凝土构配件为典型模式的建筑工业化是发达国家现代建筑业发展的先进经验。目前，世界上很多发达国家预制混凝土构件在其混凝土施工中所占的比例仍然很大，在日本几乎所有的预应力混凝土房屋都是由预制构件采用后张预应力技术组装建造的。我国混凝土行业在产品结构上发展很不平衡，突出表现为预制混凝土与现浇混凝土的比例很不合理。我国推广大开间灵活隔断居住建筑，若在结构设计上采用预制混凝土构件如大跨度预应力空心板，则可降低楼盖高度、减轻自重、降低结构造价、节约材料，经济效益十分显著。借鉴国际成熟经验，推进建筑工业化，不失为治本之策。推广工业化结构体系和通用部品体系，提高建筑物的工厂预制程度，基本实现施工现场的作业组装装配，能使建筑物寿命在"工厂预制"环节得到保证，并大幅度提高生产效率，还可节约可观的能源和材料。根据发达国家的经验，建筑工业化的一般节材率可达 20% 左右、节水率达 60% 以上，如果与国际先进水准看齐，比照当前我国住宅建造和使用的物耗水平，至少还有节能 30%~50%、节水 15%~20% 的潜力。

三、清水混凝土技术

清水混凝土极具装饰效果，所以又称装饰混凝土。它浇筑的是高质量的混凝土，而且在拆除浇筑模板后，不再进行任何外部抹灰等工程。不同于普通混凝土，它的表面非常光滑，棱角分明，无任何外墙装饰，只是在表面涂一层或两层透明的保护剂，显得十分天然、庄重。采用清水混凝土作为装饰面，不仅美观大方，而且节省了附加装饰所需的大量材料，堪称建筑节材技术的典范。

清水混凝土也可预制成外挂板，而且可以制成彩色饰面。清水混凝土外挂板采用埋件与主体拴接或焊接，安装方式较为简单，方便快捷。清水混凝土外挂板或彩色混凝土外挂板将建筑物的外墙板预制装饰完美地结合在一起，使大量的高空作业移至工厂完成，能充分利用工业化和机械化的优势。

四、结构选型和结构体系节材

在土木工程的建筑物和构筑物中，结构永远是最重要、最基础的组成部分。无论是古代人为自己或家庭建造简单的掩蔽物，还是现代人建造可以容纳成百上千人在那里生产、贸易、娱乐的大空间以及各种工程构筑物，都必须采用一定的建筑材料，建造成具有足够抵抗能力的空间骨架，抵御自然界可能发生的各种作用力，为人类生产和生活服务，这种空间骨架称为结构。

1. 房屋都是由基本构件有序组成的

每一栋独立的房屋都是由各种不同的构件有规律按序组成的，这些构件从其承受外力和所起作用上看，大体可以分成结构构件和非结构构件两种类别。

（1）结构构件：起支撑作用的受力构件，如板、梁、墙、柱。这些受力构件的有序结合可以组成不同的结构受力体系，如框架、剪力墙、框架剪力墙等，用来承担各种不同的垂直、水平荷载以及产生各种作用。

（2）非结构构件：对房屋主体不起支撑作用的自承重构件，如轻隔墙、幕墙、吊顶、内装饰构件等。这些构件也可以自成体系和自承重，但一般条件下均视其为外荷载作用在主体结构上。

上述构件的合理选择和使用对于节约材料至关重要，因为在不同的结构类型、结构体系里有着不同的特质和性能，所以在房屋节材工作中需要特别做好结构类型和结构体系的选择。

2. 不同材料组成的结构类型

建筑结构的类型主要以其所采用的材料为依据，在我国主要有以下几种结构类型。

（1）砌体结构

其材料主要有砖砌块、石体砌块、陶粒砌块以及各种工业废料所制作的砌块等。

建筑结构中所采用的砖一般指黏土砖。黏土砖以黏土为主要原料，经泥料处理、成型、干燥和焙烧而成。黏土砖按其生产工艺的不同可分为机制砖和手工砖；按其构造的不同又可分为实心砖、多孔砖、空心砖。砖块不能直接用于形成墙体或其他构件，必须将砖和砂浆砌筑成整体的砖砌体，才能形成墙体或其他结构。砖砌体是我国目前应用最广的一种建筑材料。

与砖类似，石材也必须用砂浆砌筑成石砌体，才能形成石砌体或石结构。石材较易就地取材，在产石地区采用石砌体比较经济，应用较为广泛。砌体结构的优点是：能够就地取材、价格比较低廉、施工比较简便，在我国有着悠久的历史和经验。缺点是：结构强度比较低，自重大、比较笨重，建造的建筑空间和高度都受到一定的限制。其中采用最多的黏土砖还要耗费大量的农田。应当指出，我国近代所采用的各种轻质高强的空心砌块，正在逐步改进原有砌体结构的不足，在扩大其应用上发挥了十分重要的作用。

（2）木结构

其材料主要有各种天然和人造的木质材料。这种结构的优点是：结构简便，自重较轻，建筑造型和可塑性较大，在我国有着传统的应用优势。缺点是：需要耗费大量宝贵的天然木材，材料强度也比较低，防火性能较差，一般条件下，建造的建筑空间和高度都受到很大限制，在我国应用的比率也比较低。

（3）钢筋混凝土结构

其材料主要有砂、石、水泥、钢材和各种添加剂。通常讲的"混凝土"一词，是指用水泥做胶凝材料，以沙、石子做骨料与水按一定比例混合，经搅拌、成型、养护而得的水泥混凝土，在混凝土中配置钢筋形成钢筋混凝土构件。这种结构的优点是：材料中主要成分可以就地取材，混合材料中级配合理，结构整体强度和延展性都比较高，其创造的建筑空间和高度都比较大，也比较灵活，造价适中，施工也比较简便，是当前我国建筑领域采用的主导建筑类型。缺点是：结构自重相对砌体结构虽然有所改进，但还是相对偏大，结构自身的回收率也比较低。

（4）钢结构

其材料主要为各种性能和形状的钢材。这种结构的优点是：结构轻质高强，能够创造很大的建筑空间和高度，整体结构也有很高的强度和延伸性。在现有技术经济环境下，符合大规模工业化生产的需要，施工快捷方便，结构自身的回收率也很高，这种体系在世界和我国都是发展的方向。缺点是：当前造价相对比较高，工业化施工水平也有比较高的要求，在大面积推广的道路上，还有一段路程要走。

结构选型是由多种因素确定的，如建筑功能、结构的安全度、施工的条件、技术经济指标等，但应充分考虑节约建筑自身的材料，并使其循环利用。要做到这一点，在选择结构类型时需要考虑如下一些基本原则：

1）优先选择"轻质高强"的建筑材料。

2）优先选择在建筑生命周期中自身可回收率比较高的材料。

3）因地制宜优先采用技术比较先进的钢结构和钢筋混凝土结构。

3. 支撑整个房屋的结构体系

结构体系是指支撑整个建筑的受力系统。这个系统是由一些受力性能不同的结构基本构件有序组成的，如板、梁、墙、柱。这些基本构件可以采用同一类或不同类别（称组合结构）的材料，但同一类型构件在受力性能上都发挥着同样的作用。

（1）抗侧力体系

抗侧力体系是指在垂直和水平荷载作用下主体结构的受力系统。以受力系统为准则来区别，结构体系主要有以下三种基本类型：

1）框架结构。由梁、柱组成的框架来承担垂直和水平荷载。框架结构的优点是建筑平面布置灵活，可以做成较大空间的会议室、餐厅、车间、营业室、教室等。需要时，可用隔断分隔成小房间，或拆除隔断改成大房间，因而使用灵活。外墙用非承重构件，可使立面设计灵活多变，如果采用轻质隔墙和外墙，就可大大降低房屋自重，节省材料。

但框架结构承载能力相对比较低，建造高度受一定限制。在我国目前的情况下，框架结构建造高度不宜太高，以15~20层为宜。

2）剪力墙结构。由各种类型的墙体作为基本构件来承担垂直和水平荷载，墙体同时也作为维护及房间分隔构件。一般情况下，剪力墙间距为 3~8m，适用于要求较小开间的建筑。当采用大模板等先进施工方法时，施工速度很快，可节省砌筑隔断等工程量。剪力墙结构在住宅及旅馆等建筑中得到广泛应用。

剪力墙结构优点是承载力高、整体性好，施工简便，能建得比较高，这种剪力墙结构适合于建造较高的高层建筑。

但剪力墙结构的缺点和局限性也是很明显的，主要是剪力墙间距不能太大，平面布置不灵活，不能满足公共建筑的使用要求，主要材料还是较重的混凝土，结构自重偏大，回收率很低。为了克服上述缺点，减轻自重，并尽量扩大剪力墙结构的使用范围，应当改进楼板做法，加大剪力墙间距，做成大开间剪力墙结构，或将底层或下部几层部分剪力墙取消，形成部分框支剪力墙以扩大使用空间。在我国，这种底层大空间剪力墙结构已得到了推广应用，底部多层大空间的剪力墙结构也正在实践和研究中逐步发展。

3）框架-剪力墙结构。在框架结构中设置部分剪力墙，使框架和剪力墙两者结合起来，取长补短，共同承担垂直载荷和水平载荷，就组成了框架-剪力墙结构体系。如果把剪力墙布置成简体，又可称为框架-简体结构体系。简体的承载能力、侧向刚度和抗扭能力都较单片剪力墙大大提高。在结构上，这是提高材料利用率的一种途径。在建筑布置上，则往往利用简体做电梯间、楼梯间和竖向管道的通道，也是十分合理的。这种结构体系可用来建造高层建筑，目前在我国得到广泛应用。

框架-剪力墙结构可以吸收两种结构的优点，克服其缺点，根据具体条件，不同构件还可以选择不同材料，工程中应用灵活，各项指标都比较适中，应用比较广泛。比如，它适用于采用钢筋混凝土内筒和钢框架组成的组合结构。内筒可采用滑模施工，外围的钢柱断面小，开间大、跨度大，架设安装方便，充分利用了混凝土和钢两种材料的优点，节省材料，因而开拓了这种体系广泛应用的前景。

通常，当建筑高度不大时，如 10~20 层，可利用单片剪力墙作为基本单元。我国较早期的框架剪力墙结构都属于这种类型。当采用剪力墙简体作为基本单元时，建造高度可增大到 30~40 层。

综上所述，不同的结构体系其性能差异较大，要根据具体条件综合确定。但从节约材料的角度出发，应选取强度高、自重轻、回收率高的结构体系，要优化各种结构体系，发挥其长、克服其短。

（2）平面楼盖

平面楼盖主要是把垂直载荷和水平载荷传递到抗侧力结构上，按截面形式、施工技术等可以分成以下几个基本类型：

1）实心楼板：包括肋形楼板和无梁平板。这是我国采用的常规楼板结构类型，比较简便，跨度适中，但其用材多、自重大。

2）空心楼板：包括预制和现浇空心楼板。预制空心楼板的工业化程度高，但跨度较小。现浇空心楼板施工相对比较复杂，但其自重轻跨度较大。

3）预应力空心楼板：采用预应力技术的预制和现浇空心楼板。与同类非预应力楼板相比，自重更轻跨度更大。

由于采用了预应力技术和空心技术，楼板结构变得更轻、跨度更大，其节约材料的效果相当显著。

（3）基础

在主体结构中，楼板将载荷传递至抗侧力结构，抗侧力结构再传递至基础，通过基础传递至地基。房屋基础起到了承上启下的关键作用。房屋基础按其受力特征和截面形式主要分为独立柱基和条形基础、筏板基础、箱形基础、桩基础。

1）独立柱基和条形基础：由灰土、砌体、混凝土等材料组成，主要应用于上部载荷较小的中低层房屋。其施工简便、造价低廉，但承载能力和抗变形能力都很有限。

2）筏板基础：由钢筋混凝土基础梁板组成。承载能力和防水能力都比较高，可以在地下部分形成较大的开阔空间，在高层建筑中应用较多。

3）箱形基础：由钢筋混凝土墙板组成。基础整体性很好，承载能力强、变形较小，防水性能也很好，在高层建筑和荷载分布不均、地基比较复杂的工程中应用较多。由于要求地下部分墙体较多，故建筑功能上受到限制。

4）桩基础：条形筏板、箱形基础的载荷通过支撑在其下面的桩传至地基的受力机制。桩由灰土砂石、钢筋混凝土、钢材等各种材料组成。这种基础承载能力很高，基础变形很小，可泛应用于高层超高层、大跨度建筑中，还可用于地基复杂、荷载悬殊的特殊条件下的工程。但其成本较高，施工较复杂。总之，在房屋建造和使用的全过程中，结合具体条件合理确定房屋的结构类型和体系是节约材料的最重要环节之一，应该慎重选择。在确定房屋的结构类型和体系时，要充分考虑技术进步和科技发展的影响，优先选择轻质、高强、多功能的优质类型和体系。每栋房屋的具体环境和条件非常重要，节材工作要遵循因地制宜、就地取材、精心比较的原则。

五、建筑装修节材

我国普遍存在的商品房二次装修浪费了大量材料，有很多弊端。为此，应该大力发展一次装修到位。

商品房装修一次到位是指房屋交钥匙前，所有功能空间的固定面全部铺装或粉刷完成，厨房和卫生间的基本设备全部安装完成，也称全装修住宅。一次性装修到位不仅有助于节约，而且可减少污染和重复装修带来的抗邻纠纷，更重要的是有助于保持房屋寿命。一次性整体装修可选择菜单模式（也称模块化设计模式），由房地产开发商、装修公司、购房者商议，根据不同户型推出几种装修菜单供住户选择。考虑到住户的个性需求，一些可以展示个性的地方，如厅的吊顶、玄关、影视墙等可以空着，由住户发挥。从国外以及国内部分商品房项目的实践来看，模块化设计是发展方向。业主只需从模块中选出中意的客厅、餐厅、卧室、厨房等模块，设计师即刻就能进行自由组合，然后综合色彩、材质软装饰等环节，统一整体风格，降低设计成本。家庭装修以木工、油漆工为主，而将木工、油漆工的大部分项目在工厂做好，运到现场完成安装组合，这种做法目前在发达城市称为家庭装修工厂化。传统的家装模式分为两种：

1. 根据事先设计好的方案连同所需家具一同在现场进行施工，这样只能使家具与居室内其他细木工制品（如门套、暖气罩、踢脚等）配色成套，但这种手工操作的方式避免不了噪声污染以及各种因质量和工期问题给消费者带来的烦恼，刺耳的铁锤、电锯声，满室飞舞的尘埃和锯末，不仅影响施工现场的环境要求，关键是一些材料（如大芯板、多层板等）和各种的油漆、黏结剂所散发出的刺鼻气味，直接影响消费者的身心健康，况且手工制作的木制品极易出现变形、油漆流迹、起鼓等质量问题。

2. 很多消费者在经过简单的基础装修后，根据自己的感觉和设计师的建议到家具城购买家具，而采用这种方式购买的家具经常不能令人十分满意，会出现颜色不匹配、款式不协调、尺寸不合适等一系列问题，使家具与整个空间装饰风格不能形成有机的统一，既破坏了装修的特点，又没起到家具应有的装饰作用。有鉴于此，一些装饰公司通过不断的探索与实践，推出了"家具装修一体化"装修方式，很受欢迎。装饰公司把家装工程中所有的细木工制作（包括门、门套、木制窗、家具、暖气罩、踢脚等）全部搬到了工厂，用高档环保的密度纤维板代替低档复合板材，运用先进的热压处理，采用严格的淋漆打磨工艺，使生产出来的木制品和家具在光泽度、精确度、颜色、质量等方面达到了理想的效果。另外"一体化"生产在环保方面也可放心，用户在装修完毕后可以马上入住，免去了因装修过程中遗留、散发的化学物质对人体造成的损害。在时间方面，现场开工的同时，工厂进行同期生产（木工制品），待现场的基础工程一完工，木制品就可以进入现场进行拼装，打破了传统的瓦工、木工、油漆工的施工顺序，大大缩短了施工周期，为消费者装修节省了更多的时间和精力。此外，家庭装修工厂化基本上达到了无零头料，损耗率控制在2%以内，相比现场施工7%~8%的材料损耗率，降低了6个百分点，这样也能使装修费用降低10%以上。

六、利用当地建材资源

我国幅员辽阔，各地区资源状况很不一样，所以各地区使用的建筑材料品种不能要求千篇一律，否则会给很多地方带来很大困难。例如很多地区使用的建筑材料需要从外地长途运输，增加了建筑成本，浪费了能源，也浪费了当地资源。所以应该实现建材本地化，就地取材，利用本地化建材建造相应的建筑，即建筑应该和本地化建材相适应。

例如，生土建筑是一种充分利用当地材料资源的建筑形式，中国传统建筑中最大量存在的生土建筑是窑洞。在我国陕西、甘肃、山西、河南等黄土高原及相邻地区，有相当一批居民曾经或至今依然居住在依山开挖或在平地开凿的窑洞建筑中。窑洞的形式为长方形平面与圆拱形屋顶，有时可以并列若干窑洞屋，中间连以较小的窑洞式通道。另外一种较为典型的传统风格的生土建筑是福建永定地区的多层客家土楼。这些建筑的一个重要特点是冬暖夏凉，因而可以节约能源，此外也能节约建筑材料，不会造成环境的污染与破坏。

第三节　废弃物利用与建筑节材

此处所谓"再生房屋"，意思是建造房屋采用的建筑材料中含有一定量的废弃物。可以用于生产建筑材料的废弃物很多，主要有建筑垃圾、工业废渣、农业废弃植物秸秆等。

1. 建筑垃圾再生利用

建筑垃圾大多为固体废弃物，一般是在建设过程中或旧建筑物维修、拆除过程中产生的。过去我国绝大部分建筑垃圾未经任何处理，便被施工单位运往郊外或乡村，露天堆放或填埋，造成不容忽视的后果：

（1）恶化生态环境。例如，碱性的混凝土废渣使大片土壤失去活性，植物无法生长；使地下水、地表水水质恶化，危害水生生物的生存和水资源的利用。

（2）建筑垃圾堆场占用了大量的土地甚至耕地。据估计，每堆积1000废弃混凝土约需占用0.067公顷的土地。在我国，建筑垃圾堆场占地进一步加剧了我国人多地少的矛盾。随着我国经济的发展、城市建设规模的扩大以及人居条件的改善，建筑垃圾的产量将越来越大，如不及时有效处理和利用，建筑垃圾侵占土地的问题会越加严重。

（3）影响市容和环境卫生。建筑垃圾堆场一般位于城郊，堆放的建筑垃圾不可避免地会产生粉尘、灰砂飞扬，不仅严重影响堆场附近居民的生活环境，粉尘、灰砂随风飘落到城区还将影响市容环境。

可见，大量的建筑垃圾若仅仅采取向堆场排放的简单处置方法，则产生的危害直接威胁着人类生存环境和生态环境，在很大程度上制约着社会可持续发展战略的实施。为此，世界各国积极采取各种措施来解决建筑垃圾危害问题，努力实现建筑垃圾"减量化、无害化、资源化"，其中，资源化利用将是处理建筑垃圾的必要的有效途径。基于这一思想，世界各国都力求将建筑垃圾变为可再生资源加以循环利用。例如，不少国家已经用废弃混凝土来填海造陆，或者用于铺垫路基、建筑工程基础回填等。由拆迁产生的建筑垃圾其中无机物占95%左右、有机物和土壤占5%。经过一系列科学的工艺加工，能生产出80%左右的砖末和砂浆末、15%左右的混凝土再生骨料。砖末和砂浆末可以用于制作非承重轻质砖，混凝土再生骨料可用于制作承重砖等。如此操作，建筑垃圾就可以无止境地循环利用下去。但是，过去的建筑垃圾利用技术水平较低，利用领域很窄，不仅建筑垃圾利用率不高，而且浪费了大量品质较好的建筑垃圾。所以，建筑垃圾资源化利用新技术已成为世界各国共同关注的热点问题和前沿课题。例如，国内外已经开始探索利用废旧建筑塑料、废旧防水卷材、废弃混凝土、废弃砖瓦、再生水、废弃植物纤维及工业废渣、城市垃圾等生产的再生建材建造房子。

一边是城市与日俱增的建筑垃圾无处安身，影响市容；另一边是黏土烧砖大量地破坏耕地、污染环境。国内外已经尝试用建筑垃圾造建材，使其得到循环利用，同时解决了双重难题。在建筑垃圾综合利用方面，日本、美国、德国等工业发达国家的许多先进经验和处理方法很值得我们借鉴。

我国建筑垃圾的排放量快速增长，其组成也发生了质的变化，可循环利用的组分比例不断提高。我国每年仅施工建设所产生和排出的建筑垃圾超过亿吨，全国建筑垃圾总排放量达数亿吨。如今建筑垃圾基本上未经任何处理，便被施工单位运往郊外或乡村露天堆放或简单填埋，耗用大量土地和运输费用。随着我国耕地和环境保护等有关法律、法规的颁布和实施，循环利用建筑垃圾已成为建筑施工企业和环保部门必须组织实施的产业。

我国已在170多个城市全面禁止生产实心黏土砖，作为建筑垃圾主要存放场所的砖坑锐减。另外，大量有再生价值的材料也因填埋而浪费，如北京在重建西直门立交桥和大北窑立交桥时，拆除的数千立方米优质混凝土没有做任何再生处理直接填埋。核心问题是建筑垃圾的循环利用在我国没有引起足够的重视，往往将它归于只能用于路基等低级要求的低档材料，更没有将建筑垃圾循环再生作为一个产业来发展。

（1）废弃混凝土

废弃混凝土是建筑业排出量最大的废弃物。世界范围内城市化进程加快，对原有的建筑物拆除、改造的工程量日益增加，废弃混凝土排放量随之猛增。日本每年产生2500万t废弃混凝土，此数值曾增大到每年7100万t；美国每年废弃混凝土量约为6000万t；俄罗斯仅莫斯科就有42万t废弃混凝土产生；欧盟国家废弃混凝土量从5500万t增加到目前的16200万t左右。在我国，据有关资料介绍，经对砖混结构、全现浇结构和框架结构等建筑的施工材料损耗的粗略统计，目前我国在每1万m²建筑的施工过程中，仅建筑废渣就会产生500~600t，若按此测算，我国每年仅施工建设所产生和排出的建筑废渣就有4000万t。我国建筑垃圾的数量已占到城市垃圾总量的30%~40%。仅上海每年产生的废弃混凝土就有2000万t之多，此外还有建筑施工中产生的大量废弃混凝土。据在英国召开的混凝土会议的资料报道，全世界废弃混凝土总量已超过10亿t。荷兰是最早开展再生混凝土研究和应用的国家之一。

（2）废旧建筑塑料

全世界建筑工业消耗的塑料每年1000多万t，占世界塑料总产量的1/4，在应用塑料中居首位。在我国，建筑塑料生产总量已超过630万t，每年产生的废建筑塑料约为250万t，其中填埋占93%、焚烧占2%、回收率仅占5%，与发达国家相比，建筑塑料废弃物的资源化率极低。据中国塑料加工工业协会专家统计，我国各种建筑塑料管、塑料门窗的全国平均市场占有率分别达到45%和20%，消耗各种塑料管及门窗型材约150万t，再加上高分子防水材料装饰装修材料、保温材料及其他建筑用塑料制品，总消耗量约为400万t。然而，如此大量地使用有机合成材料，对环境、人类健康、资源、能源都会造成极大的压力。如何才能把这些压力降到最低，是人们必须考虑的。

对于废弃塑料（包括废旧建筑塑料），世界各国都已经进行了不同程度的回收再利用。美国一直是世界塑料生产第一大国，每年产生的塑料废弃物也居世界首位。美国生产塑料超过 3500 万 t，塑料废弃物超过 1700 万 t（约占塑料年产量的 48%，相当于 1.5 亿 t 钢的体积）。美国在将废旧塑料进行热分解提取化工原料等方面进行了大量工作并取得了一些成果，并且已经开始尝试将塑料产品设计为易于重复循环利用的分子结构形式。例如，美国麻省理工学院利用硬度较高的聚苯乙烯和另一种比较柔软的塑料的混合物研制开发出一种可以在室温及标准制造压力下进行循环利用和再成型的新型塑料，这种塑料经过处理，能软化成一种可以被模塑成各种形状的透明塑料，并在重复利用 10 次后，其韧性和强度保持不变。

英国一家公司研制出一种将聚苯乙烯废料变为人造木材的方法：先将 85% 的废聚苯乙烯压碎、混合并加热，然后加入 4% 作为加固剂的滑石粉及 9 种添加剂，加工制成仿木材的制品。其外观、强度及使用性能等方面均可与松木媲美，此材料已用于住宅建设之中。意大利是目前欧洲回收利用废旧塑料工作做得最好的国家。意大利的废旧塑料约占城市固体废弃物的 4%，其回收率可达 28%。意大利还研制出从城市固体垃圾中分离废旧塑料的机械装置。意大利对废旧塑料回收一般是将塑料碎片收集，并用干法将分离后的废旧聚乙烯制品粉碎后，用磁筛除去铁等金属杂质，经清洗、脱水、干燥后，通过螺杆挤出机进行造粒。这种回收料加入新料，可保证其具有足够的力学性能。

（3）废旧防水卷材

由于技术和市场价格承受水平等的制约，目前我国多数防水卷材产品耐久性质量不高，如 SBS 改性沥青防水卷材使用寿命为 5~8 年，PVC 防水卷材使用寿命约为 5 年。由于防水卷材用量巨大，使用寿命偏低，所以在相当长一段时间内，我国会产生越来越多的废旧防水卷材，如果不进行合理回收，对环境会产生严重危害。由于防水卷材都是有机材料制成的，其可再利用价值较大。但是在我国，由于缺乏先进技术和设备，目前国内基本没有对废旧的防水卷材进行回收，这不仅是对废旧防水卷材资源的极大浪费，还对环境造成了严重污染。所以，开发防水卷材的回收利用技术十分重要而且非常必要。

（4）废旧玻璃

国外积极采用其他废弃物来生产建筑材料，如利用废玻璃。英国、丹麦、瑞典、瑞士等工业发达国家回收碎玻璃，在玻璃工厂和城市居民点及社会公共场所设置了碎玻璃回收集装箱。英国建立了玻璃再生中心，以提高碎玻璃的利用率。瑞士以碎玻璃为原料、天然气为燃料，用回转窑生产质量和技术要求较低的泡沫玻璃颗粒，作为性能优越的隔热、防潮、防火、永久性的高强轻质骨料，用于建筑业。

美国把碎玻璃应用于混凝土中，许多研究表明含有 35% 玻璃砖石的混凝土，已达到或超出美国材料测试协会颁布的抗压强度、线收缩、吸水性和含水量的最低标准。虽然早期的试验表明某些高碱水泥能侵蚀玻璃骨料，但是已有许多方法可以解决该问题。美国矿山局进行试验测试后认为,用发泡的玻璃骨料替代玻璃碎片效果更佳。用掺有发泡剂的玻璃粉,加热到玻璃熔化点,直至冷却之前,气泡由加热的混合物中逸出,在硬的球体上产生多孔结构,用控制泡孔形成量的方法,可制成密度接近固态玻璃并能浮在水中的轻质骨料。

日本环境商务风险投资单位下属的常总木质纤维板公司,成功开发出一种混有碎玻璃的廉价涂料,已应用于道路、建筑物、居室墙壁、门用涂料等方面。使用这种混有碎玻璃涂料的物体,如受到汽车灯光或阳光照射就能产生漫反射,具有防止事故发生和装饰效果好的双重效果。其生产方法是将回收的废弃空玻璃瓶破碎、磨去棱角加工成安全的边缘,成为与天然砂粒几乎相同形状的碎玻璃,然后与数量相等的涂料混合均匀而制成。

美国西加尔陶瓷材料公司研制成功了用碎玻璃生产的大小为 $2cm^2$、厚 4mm 的五颜六色的贴面材料,颇受顾客欢迎。工艺过程如下:先将碎玻璃压碎,碾成直径 1mm 的粉粒,然后将粉粒同所需色彩的有机颜料混合,置入模型冷压成要求的形状,再将坯料放入加热炉,加热到使坯料表层的每一颗粉粒软化,直至颗粒之间相互熔接在一起,由于只需使坯料表层的玻璃粉粒软化,因而加热温度仅需 750℃即可。该产品是建筑物极好的贴面材料,也可用于装饰品和某些设备,该工艺过程简单耗能少、生产成本低。

芬兰英诺拉西公司采用独特的技术利用回收碎玻璃生产饰面砖,饰面砖成品中回收碎玻璃含量约为 95%。生产过程中,碎玻璃原料无须提纯或着色,掺入 5% 必要的添加物与碎玻璃混合之后,经压模、成型,再送入温度为 900℃的炉内焙烧 12h,烧结成为成品。该玻璃饰面砖的颜色多种多样,杂色碎玻璃生产的面砖为灰绿色,碎玻璃分色处理后生产的面砖为白色,两种碎玻璃原料均可与各种陶瓷色料混合配用,产生需要的颜色。该产品具有很好的抗化学腐蚀性,且其耐磨性能及抗折强度均与天然石材相当。外形美观的绿色建材再生玻璃饰面砖具有多种性能,不仅适于外墙饰面,也可用于室内装饰、壁炉装饰、园艺以及其他环境的装饰。

我国国内某科研所在实验室研制了黏土锯屑玻璃系统的泡沫玻璃。其方法是利用混合树木锯屑和白黏土、玻璃粉(回收的碎玻璃)压制成型,干燥后进入推板式隧道窑烧结,由于木屑被完全烧掉形成大量空隙,而形成具有一定机械强度和隔热性能的玻璃制品。其特点在于:原料价廉,不需要模具,大大降低投资,同时它在烧结时不软化、不变形、外形美观,具有较好的装饰效果。

以碎玻璃为主要原料生产的墙地面装饰板材以及道路和广场用砖,是一种环保型绿色建材,称为玻晶砖。它具有仿玉或仿石两种质感。这种新材料的性能优于粉煤灰硅酸盐水泥砌块、水磨石、陶瓷砖,与烧结法微晶玻璃(也称微晶石或玉晶石)相当。它的莫氏硬度可达 6 左右,远高于水磨石,因而它的使用寿命比水磨石或石塑板要长得多;它的抗折强度为 40~50MPa,远大于陶瓷砖;由于它的孔隙率比花岗岩小得多,因而更易清洁,而且色差小,无放射性,较好地解决了困扰花岗岩乃至陶瓷砖做外墙或地面装饰时的"吸脏"难题;由于利用废物能耗低、工艺流程短和投资小,所以生产成本较低。

我国某研究所成功研制了用碎玻璃粉制造的人工彩色釉砂，使彩釉砂具有玻璃质的色泽，质地柔和，耐候性好。测试结果表明，使用碎玻璃料的工艺路线是一种很有前途的生产方法。彩釉砂品种有玉绿、湖蓝、酱红、棕色淡黄、象牙黄、海碧蓝、西赤、咖啡、草青、橘黄等30多种，并可根据要求制配颜色。粒度规格也可根据要求生产。彩釉砂可直接用作建筑物的外墙装饰，也可做外墙涂料的着色骨料，预制成图案装饰板材或彩色沥青油毡的防火装饰材料。

2. 工农业废弃物与建筑材料

（1）粉煤灰

粉煤灰是一种人工火山灰质材料。粉煤灰的化学组成主要是硅质和硅铝质材料，其中氧化硅、氧化铝及氧化铁等的总含量一般为85%左右，其他的如氧化钙、氧化镁和氧化硫的含量一般较低。粉煤灰的矿物组成主要是晶体矿物和玻璃体，在经历了高温分解、烧结、熔融及冷却等过程后，玻璃体结构在粉煤灰中占据了主要地位，晶体矿物则以石英、莫来石等为主。这种矿物组成使得粉煤灰具有独特的性质。就粉煤灰的颗粒特性来看，主要由玻璃微珠、多孔玻璃体及碳粒组成，其粒径为0.001~0.1mm。粉煤灰的上述性质决定了它十分适用于建筑材料的生产，如作为水泥掺和料、混凝土掺和料，生产墙板材料、加气混凝土、陶粒、粉煤灰烧结砖、蒸压粉煤灰砖等。

（2）矿渣

冶金工业产生的矿渣有很多种，如钢铁矿渣、铜矿渣、铅矿渣、锡矿渣等，其中钢铁矿渣排放量占绝大多数，故此处矿渣专指钢铁矿渣。矿渣是冶炼钢铁时，由铁矿石、焦炭、废钢及石灰石等造渣剂通过高温反应排出的副产品。矿渣在产生过程中经过了适宜的热处理冷却固化、加工处理后，其化学成分、物理性质等都与天然资源相似，可应用于许多领域。钢铁矿渣因其潜在水硬性高、产量大、成本低，尤其可以用于多种建筑材料生产中。钢铁矿渣已经成为水泥生产中首选的混合材料，它还可以代替黏土、砂、石等材料生产砖、砌块以及矿棉、微晶玻璃等多种建筑材料。将矿渣用作建筑材料生产的原料，不仅避免了矿渣对环境的污染，而且节约了大量天然资源，符合循环经济发展要求。

国际上采用先进粉磨技术将矿渣单独磨细至比表面积达400m^2/kg以上，用作水泥混合材可提高掺入比例达70%以上而不降低水泥强度，用作混凝土掺和料可等量取代20%~50%的水泥，能配制成高性能混凝土，起到节能降耗、降低成本、保护环境和提高矿渣利用附加值的作用。

（3）硅灰

硅灰又称微硅粉，是在冶炼硅铁和工业硅时，通过烟道排出的硅蒸汽氧化后，经收尘器收集得到的具有活性的、粉末状的二氧化硅（SiO_2）。硅灰含有85%~95%以上玻璃态的活性SiO_2，硅灰平均粒径为0.1~0.15μm，为水泥平均粒径的几百分之一。比表面积为15~27m^2/g，具有极强的表面活性。硅灰主要应用于水泥或混凝土掺和料，以改善水泥或混凝土的性能，配制具有超高强（C70以上）、耐磨、耐冲刷、耐腐蚀、抗渗透、抗冻、早强的特种混凝土。由于采用硅灰配制的混凝土很容易达到高强度、高耐久性，所以使混凝土建筑构件承载断面得以减小，混凝土建筑的使用寿命得以延长，容易实现建筑节材的目的。

（4）稻壳灰

我国是世界上主要的水稻生产国，稻壳是大米生产过程中的副产品。由于合成饲料的发展，原来可用作饲料的稻壳失去了市场，大量的稻壳只能采用简单焚烧的方法处理，排放的烟尘污染环境。事实上，稻壳经过燃烧形成的稻壳灰，其性质与硅灰相似，含有大量活性 SiO_2，具有高活性、高细度，非常适于生产多种建筑材料。例如，日本将稻壳灰与水泥、树脂混匀，经快速模压制得砖块，具有防火、防水及隔热性能，质量轻，且不易碎裂。美国以 65% 磨细的稻壳灰与 30% 熟石灰、5% 氯化钙混合，使用时再与水泥、砂、水按一定比例拌和，即得到一种性能相对稳定的混凝土砂浆，固化后强度高，防水、防渗性能良好，用于仓库、地下室极为合适。稻壳煅烧成活性高的黑色炭粉后，与石灰化学反应便可生成黑色稻壳灰水泥，它防潮、不结块，使用时再配上抗老化性能良好的罩光剂，能赋予建筑物柔和典雅的光泽。印度是多雨水的国家，为避免屋顶渗漏，某科研所用稻壳灰对沥青改性，新材料可耐 80℃ 高温，防水性能优异，有效使用寿命达 20 年以上，现已批量生产。巴西某公司依据稻壳灰熔点高、热传导率极低的特性，将其放入球磨机内研磨后，与耐火黏土、有机溶剂混合制造耐火砖取得成功，这种砖适用于易燃、易爆品仓库。

（5）煤矸石

我国是世界上产煤大国之一，能源结构以煤为主。煤矸石是夹在煤层中的岩石，是采煤和洗煤过程中排出的固体废弃物。煤矸石是我国排放量最大的工业废渣之一，每年的排放量相当于当年煤炭产量的 10% 左右，达到 1 亿多 t。全国目前有煤矸石山 1500 多座，累计堆存量 40 多亿 t，占地 20 万亩以上；有 237 座煤矸石山曾经发生过自燃，目前仍有 134 座煤矸石山在自燃，煤矸石自燃放出大量的有害气体，严重污染大气环境。

已有研究证明，煤矸石煅烧后的灰渣成分一般为 SiO_2（40%~65%）、Al_2O_3（15%~35%）、CaO（1%~7%）、MgO（1%~4%）、Fe_2O_3（2%~9%）等。分析其化学成分可知，煅烧煤矸石或自燃煤矸石可作为混凝土掺和料使用：一是能降低水泥用量，降低能源消耗；二是能大量利用工业废渣，降低对环境的污染；三是能改善水泥混凝土的性能，增加水泥混凝土的抗炭化和抗硫酸盐侵蚀等能力。煤矸石经过适当处理后还可以作为其他建筑材料的原材料。煤矸石的堆存，不仅浪费了宝贵的资源，而且严重污染大气及生态环境，危害人们的身体健康，占用大片土地。我国目前对煤矸石的利用技术相对落后，导致煤矸石利用率不高。

（6）淤泥

我国地域辽阔，江河湖泊众多，每年清淤会产生大量的淤泥。我国沿海地区还有大量的淤积海泥，并呈逐年上升趋势，已对海洋环境和沿海地区的生态平衡造成一定影响。据有关部门调查，目前我国仅湖泊、河道拥有的淤泥，每年的采集量至少可达 7000 万 t，加上城市下水道的污泥，每年的总集量可达 1 亿 t 以上。如此大量的淤泥（尤其是含有很多有害物质的城市下水道污泥）随意堆放势必对自然环境造成污染，而且堆放会占用大量耕地，还有赔偿青苗费、土地平整费等，大大提高了河道疏浚的成本。所以，加强对各种淤泥的综合利用技术开发，已成为一项迫切任务。大多数淤泥当中含有很多硅质材料和钙质材料，品质合格的淤泥适合用作多种建筑材料的原料。例如，江河湖泊的淤泥矿物成分一般是以高岭土为主，其次是石英、长石及铁质，有机含量较少，淤泥的颗粒大多数在 80μm 以下，含有一定量的粗屑垃圾及细砂。就淤泥的成分来看，它完全可以作为建筑材料的原材料。按目前的工艺技术，品质合格的淤泥至少可以应用在三种建材产品中：替代水泥企业生产的辅助原料，如页岩、砂岩、黏土等；用于开发人造轻集料（淤泥陶粒）及制品；用以取代黏土开发高档次的新型墙体材料。例如，在我国的江浙等地，淤泥不再是负担而是变成了资源，制砖企业用它来制造砖瓦。

建材行业参与开发利用淤泥资源，还具有良好的综合效益。仅以利用江河湖泊的淤泥来看，既能疏浚整治河道，加大河道蓄水量和过水量，恢复和提高其引排能力和防洪标准，又能减轻农民负担与河道工程投入对地方财政的压力，为加快河道疏浚步伐和实现水利建设良性循环开辟了切实有效的途径；而且能帮助建材企业提供新的原料来源，节约其他宝贵自然资源；既能有效地消除淤泥堆存造成的环境污染，减轻环境承受负担，又能有效节约和保护耕地资源。对淤积海泥的利用还能在相当大的海域范围消除赤潮污染和航道阻塞现象，有利于海湾生态环境保护和发展海洋经济。

（7）农作物秸秆

我国是一个农业大国，农作物秸秆资源十分丰富，稻草、小麦秸秆和玉米秸秆为三大农作物秸秆。据统计，我国每年农作物秸秆达到 7 亿 t 以上，占全世界秸秆总量的 30% 左右。秸秆是巨大的可再生资源，其根本出路在于工业化利用。

我国农村的农作物秸秆虽然十分丰富，但是利用率和利用质量不高。目前我国有相当多的秸秆资源没有得到合理开发利用，秸秆综合利用率很低，经过技术处理后利用的仅约占 2.6%。农作物秸秆是一种十分宝贵的生物可再生资源，不恰当的处置不仅会造成资源浪费，而且污染环境，毁坏树木和耕地，甚至引发交通、火灾等重大安全事故。废弃植物纤维由于具有很多良好的性能，在建筑材料中应用具有一定的性能潜力。例如，可以开发研究绿色环保型植物纤维增强水泥基建筑材料及制品，变废为宝，不仅十分有利于消化吸收大量的农作物秸秆等废弃植物纤维，减轻环境污染，而且为建筑材料生产提供了廉价的原材料来源，减少了建筑材料生产对矿产等宝贵天然资源的蚕食，促进循环经济发展。德国在农作物秸秆用于建筑材料方面获得了诸多发明新成果，值得借鉴：

1）用秸秆做填充料，以膨润土或膨润类黏土做基料，以水玻璃做黏结剂按适当配比配料。生产工艺是将秸秆切割成一定尺寸，与其他原料混合，喂入挤压机，连续挤压成一定宽度和厚度的坯板，然后按一定长度切割，在自然环境或热风下干燥，再机械加工成可供建筑安装的板材。该板材适用于建筑物内外墙，其特色是轻质高强，适应各种气候变化。

2）用秸秆做基料，以硅酸盐水溶液和水玻璃做黏结剂，按需要添加淀粉或有机纤维素成型助剂，外掺亚黏土配料。将该配合料混合，均化处理，注模，在一定压力和温度下热压干燥一定时间，可生产出具有良好隔热隔声性能的轻质高强建筑板材。

3）用聚异氰酸酯有机黏结剂与秸秆配料，外掺用作防火剂的水玻璃、抗静电剂和杀菌剂，经模压工艺成型，由此制成的建筑板材具有轻质、低导热性、防静电、阻燃、抗菌的功能。

4）将短切秸秆浸泡在硼砂溶液中处理，取出放干，再在氢氧化钙悬浮液中处理，取出放干。经这样处理的秸秆可作为保温隔热、隔声、防火的优质芯材，生产轻质夹芯复合墙板。

5）用秸秆的屑与亚黏土配料生产出超轻质建筑砖。

我国烟台万华集团的控股子公司——万华生态板业股份有限公司开始正式推广零甲醛秸秆生态板技术。零甲醛秸秆生态板被称为零境界健康板，是以各种秸秆为基础原料，使用 MDI 生态胶黏剂，采用先进工艺制成的各种板材，从源头上杜绝了甲醛污染。该产品已经获得了由中国环境保护产业协会颁发的"绿色之星"认证。该秸秆板材采用绿色环保新技术，将环保理念、人造板及下游轻工产品以及上游原材料相结合，建立一个符合循环经济要求的全新产业。

我国建材行业采用工农业废弃物做产品原料已经具有良好的开端和基础。建材工业综合利用各种工业固体废弃物超过 4 亿 t，占全国工业固体废弃物利用总量的 40% 以上。其中水泥行业工业废弃物综合利用量超过 2 亿 t，墙体材料行业利用各类工业固体废弃物近 2 亿 t。建材工业已被国家确定为发展循环经济的试点行业，北京水泥厂、内蒙古乌兰水泥有限公司、吉林亚泰集团股份有限公司被确定为第一批循环经济试点企业。全行业节能、环保意识普遍增强并取得良好成效，建材工业已成为利废的主要工业部门之一。

第四节　绿色建筑材料的评价体系

现有的绿色建材的评价指标体系分为两类：第一类为单因子评价体系，一般用于卫生类，包括放射性强度和甲醛含量等。在这类指标中，有一项不合格就不符合绿色建材的标准。第二类为复合类评价指标，包括挥发物总含量、人体感觉试验、耐燃等级和综合利用指标。在这类指标中，如果有一项指标不达标，并不一定排除出绿色建材范围。大量研究表明，与人体健康直接相关的室内空气污染主要来自室内墙面、地面装饰材料，以及门窗、家具等制作材料等。这些材料中 VOC、苯、甲醛、重金属等的含量及放射性强度均会对人体健康造成损害，损害程度不仅与这些有害物质含量有关，而且与其散发特性即散发时间有关。因此，绿色建材测试与评价指标应综合考虑建材中各种有害物质含量及散发特性，并选择科学的测试方法，确定明确的可量化的评价指标。

根据绿色建材的定义和特点，绿色建材需要满足四个目标，即基本目标、环保目标、健康目标和安全目标。基本目标包括功能、质量、寿命和经济性；环保目标要求从环境角度考核建材生产、运输、废弃等各环节对环境的影响；健康目标考虑到建材作为一类特殊材料与人类生活密切相关，使用过程中必须对人类健康无毒无害；安全目标包括耐燃性和燃烧释放气体的安全性。围绕这四个目标制定绿色建材的评价指标，可概括为产品质量指标、环境负荷指标、人体健康指标和安全指标。量化这些指标并分析其对不同类建材的权重，利用 ISO14000 系列标准规范的评价方法做出绿色度的评价。

在绿色建筑评价体系研究中选择了多个不同用途、不同结构的单体建筑进行实例计算。建筑有住宅楼、办公楼、体育场馆、公共建筑等，结构形式有钢结构、混凝土框架结构、砖混结构、剪力墙结构等。通过对这些建筑所用建筑材料在生产过程中消耗的资源量、能源量和 CO_2 排放量（以单位建筑面积消耗数量表示）进行统计、计算和分析，得出评分标准，用以评价不同建筑体系所用建筑材料的资源消耗、能源消耗和 CO_2 排放的水平，供初步设计阶段选择环境负荷小的建筑体系。

1. 资源消耗

目的：降低建筑材料生产过程中天然和矿产资源的消耗，保护生态环境。要求：计算建筑所用建筑材料生产过程中资源的消耗量，鼓励选择节约资源的建筑体系和建筑材料。

绿色建筑对材料资源方面的要求可归纳如下：尽可能地少用材料；使用耐久性好的建筑材料；尽量使用占用较少不可再生资源生产的建筑材料；使用可再生利用、可降解的建筑材料；使用利用各种废弃物生产的建筑材料。

绿色建筑强调减少对各种资源尤其是不可再生资源的消耗，包括水资源、土地资源。对于建筑材料来讲，减少水资源的消耗表现在使用节水型建材产品。例如，使用新型节水型坐便器可以大幅减少城市生活用水；使用透水型陶瓷或混凝土砖可以使雨水渗入地层，保持水体循环，减少热岛效应。在建筑中限制使用和淘汰大量消耗土地尤其是可耕地的建筑材料（如实心黏土砖等）的使用，同时提倡使用利用工业固体废弃物如矿渣、粉煤灰等工业废渣以及建筑垃圾等制造的建筑材料。发展新型墙体材料和高性能水泥、高性能混凝土等既具有优良性能又大幅度节约资源的建筑材料，发展轻集料及轻集料混凝土，减少自重，节省原材料。

在评价建筑的资源消耗时必须考虑建筑材料的可再生性。建筑材料的可再生性是指材料受到损坏但经加工处理后可作为原料循环再利用的性能。可再生材料一是可进行无害化的解体，二是解体材料再利用，如生活和建筑废弃物的利用，通过物理或化学的方法解体，做成其他建筑部品。具备可再生性的建筑材料包括钢筋、型钢、建筑玻璃、铝合金型材、木材等。钢铁（包括钢筋、型钢等）、铝材（包括铝合金、轻钢大龙骨等）的回收利用性非常好，而且回收处理后仍可在建筑中利用，这也是提倡在住宅建设中大力发展轻钢结构体系的原因之一。可以降解的材料如木材甚至纸板，能很快再次进入大自然的物质循环，在现代绿色建筑中经过技术处理的纸制品已经可以作为承重构件被采用。

2.能源消耗

目的：降低建筑材料生产过程中能源的消耗，保护生态环境。

要求：计算建筑所用建筑材料生产过程中的能源的消耗量，鼓励选择节约能源的建筑体系和建筑材料。

在能源方面，绿色建筑对建筑材料的要求总结如下：

（1）尽可能使用生产能耗低的建筑材料。建筑材料的生产能耗在建筑能耗中所占比例很大。因此，使用生产能耗低的建筑材料无疑对降低建筑能耗具有重要意义。目前，我国的主要建筑材料中，钢材、铝材、玻璃、陶瓷等材料单位产量生产能耗较大。但在评价建筑材料的生产能耗时必须考虑建筑材料的可再生性。钢材、铝材虽然生产能耗非常高，但其产品回收率非常高，钢筋和型钢的回收率可分别达到50%和90%，铝材的回收利用率可达95%。回收的建筑材料循环再生过程消耗的能量消耗较之初始生产能耗有较大的降低，目前我国回收钢材重新加工的能耗为钢材原始生产能耗的20%~50%，可循环再生铝生产能耗占原生铝的5%~8%。经计算，钢筋单位质量消耗的综合能源指标为20.3GJ/t，型钢单位质量消耗的综合能源指标为13.3GJ/t，铝材单位质量消耗的综合能源指标为19.3GJ/t。

因此，用建筑材料全生命周期的观点看，考虑材料的可再生性，像钢材、铝材这样高初始生产能耗的建筑材料其综合能耗并不很高。这也是目前我国提倡采用轻钢结构的一个原因。

（2）尽可能使用可减少建筑能耗的建筑材料。建筑材料对建筑节能的贡献集中体现在减少建筑运行能耗，提高建筑的热环境性能方面。建筑物的外墙、屋面与窗户是降低建筑能耗的关键，选用节能建筑材料是实现建筑节能最有效和最便捷的方法，采用高效保温材料复合墙体和屋面以及密封性良好的多层窗是建筑节能的重要方面。我国保温材料在建筑上的应用是随着建筑节能要求的日趋严格而逐渐发展起来的，相对于保温材料在工业上的应用，建筑保温材料和技术还较为落后，高性能节能保温材料在建筑上利用率很低。保温性能差的实心黏土砖仍在建筑墙体材料组成中占有绝对优势。为实现新标准节能50%的目标，根本出路是发展高效节能的外保温复合墙体。一些先进的新型保温材料和技术已在国外建筑中普遍采用，如在建筑的内、外表面或外层结构的空气层中采用高效热发射材料，可将大部分红外射线反射回去，从而对建筑物起到保温隔热作用。目前，美国已开始大规模生产热反射膜，用于建筑节能。

建筑物热损失的1/3以上是由于门、窗与室外热交换（热传导、热辐射和热对流）造成的。窗户的保温隔热措施要从两个方面着手来提高：首先是玻璃，玻璃的传热系数大，这不仅因为玻璃的导热系数高，更由于玻璃是透明材料，热辐射成为重要的热交换方式。因此必须考虑采用夹层玻璃、中空玻璃、低辐射玻璃等保温性能好的玻璃替代单层玻璃，采用高效节能玻璃以显著提高建筑节能效率。其次是门、窗的传热系数比外墙、屋面等围护结构大得多，因此，发展先进的门、窗材料和门、窗结构是建筑节能的重要措施。对窗户的框材做断热处理，即将型材朝室内的一面和朝室外的一面断开，用导热性能差的材料将两者连接起来，可以大大地提高窗户的保温性能。

（3）使用能充分利用绿色能源的建筑材料。利用绿色能源主要指利用太阳能、风能、地能和其他再生能源。太阳能利用装置和材料，如透光材料、吸收涂层、反射薄膜和太阳能电池等都离不开玻璃，太阳能光伏发电系统、太阳能光电玻璃幕墙等产品都将大量采用特种玻璃。对用于太阳能利用的玻璃，要求具有高透光率、低反射率、高温不变形、高表面平整度等特性。太阳能发电板在悉尼奥运会中被普遍应用，其中采光材料大量采用低铁玻璃。

3.室内环境质量

室内环境质量包括室内空气质量（IAQ）、室内热环境、室内光环境、室内声环境等。它应包括四个方面的内涵：从污染源上开始控制，最大限度地利用和改善现有的市政基础设施，尽可能采用有益于室内环境的材料；能提供优良空气质量、热舒适、照明、声学和美学特性的室内环境，重点考虑居住人的健康和舒适；在使用过程中，能有效地使用能源和资源，最大限度地减少建筑废料和室内废料，达到能源效率与资源效率的统一；既考虑室内居住者本身所担负的环境责任，同时也考虑经济发展的可承受性。室内空气中甲醛、苯、甲苯、有机挥发物、人造矿物纤维是危害人体健康的主要污染物。现在国内开发很多有利于室内环境的材料，包括无污染、无害的建筑材料；有利于人体健康的材料，如净化空气材料、保健抗菌材料、微循环材料等。已开发出无毒、耐候性、长寿命的内外墙涂料，耐候性达到10年左右；利用光催化半导体技术产生负氧离子，开发出具有防霉、杀菌、除臭的空气净化功能材料；具有红外辐射保健功能的内墙涂料；可调湿建筑内墙板。近期在研究观念上又前进一步，将消极的灭杀空气中有害物质的理念上升为积极地提供有利于人体健康的元素，利用稀土离子和分子的激活催化手段，开发出具有森林功能效应、能释放一定数量负离子的内墙涂料及其他建筑材料。这些新材料的研究开发将为建造良好室内空气质量提供基本的材料保证。

提高建筑材料的环保质量，从污染源上减少对室内环境质量的危害是解决室内空气质量、保证人体健康等问题的最根本措施。使用高绿色度的具有改善居室生态环境和保健功能的建筑材料，从源头上对污染源进行有效控制具有非常重要的意义。

国外绿色建筑选材的新趋向是返璞归真、贴近自然，尽量利用自然材料或健康无害化材料，尽量利用废弃物生产的材料，从源头上防止和减少污染，尽量展露材料本身，少用油漆涂料等覆盖层或大量的装饰。这一观点已被我国的建筑设计师认可并采纳，在一些绿色建筑中逐渐实施。

第五章　绿色建筑施工内容

在资源情况日趋紧张的前提下，建筑能耗过高的问题成为一个亟待解决的关键问题，从绿色建筑施工着手，探讨绿色施工所需技术材料的重要性，切实应用到绿色施工过程中，以提高绿色施工的现实意义。本章主要对绿色建筑施工内容进行详细的讲解。

第一节　绿色施工的理念

一、绿色施工的概念

绿色施工是指在工程建设中，在施工组织、材料采购、在保证质量、安全等基本要求的前提下，通过科学管理和技术进步，最大限度地节约资源、减少对环境负面影响的施工活动，强调从施工到竣工验收全过程的"四节一环保"的绿色建筑核心理念。绿色施工在实现"绿色建筑"过程中的作用。

施工活动，是建筑产品生产过程中的重要环节。传统的施工，以追求工期为主要目标，把节约资源和保护环境放在次要位置。为了适应当代建筑的持续发展，以资源高效利用和环境保护优先，一定会成为施工技术发展的必然趋势。

绿色施工不等同于绿色建筑，绿色建筑包含绿色施工。

绿色施工与文明施工的关系如下：绿色施工是在新时期建筑可持续发展的新理念，其核心是"四节一环保"。绿色施工高于文明施工，严于文明施工。

文明施工在我国施工企业的实施，有很长的历史，中心是"文明"，也含有环境保护的理念。文明施工是指保持施工场地整洁、卫生，施工程序合理的一种施工活动。文明施工的基本要素如下：有整套的施工组织设计（或施工方案），有严格的成品保护措施，临时设施布置合理，各种材料、构件、半成品堆放整齐有序，施工场地平整，道路畅通，排水设施得当，机具设备状况良好等。施工作业符合消防和安全要求。

二、绿色施工技术

（一）基坑施工封闭降水技术

1.封闭降水技术发展概述

基坑封闭降水技术在我国沿海地区应用比较早，其封闭施工工艺来源于地基处理和水利堤坝的垂直防渗。封闭降水技术较为常用的有薄抓斗成槽造墙技术、液压开槽机成墙技术、高压喷射灌注（包括定喷法、摆喷法和旋喷法）成墙技术、深层搅拌桩截渗墙技术等。传统的基坑开挖多采用排水降水的方法。由于降水带来的环境影响逐渐为人们所认识，并且已经对人类生活造成了一定的影响，因此，这项技术才被重视起来。

2.基本原理、主要技术内容及特点、技术指标与技术措施

（1）基本原理

基坑封闭降水是指在基坑周边采用增加渗透系数较小的封闭结构，有效阻止地下水向基坑内部渗流，在抽取开挖范围内少量地下水的控制措施。

（2）主要技术内容及特点

基坑施工封闭降水技术多采用基坑侧壁帷幕或基坑侧壁帷幕＋基坑底封底的截水措施，阻截基坑侧壁及基坑底面的地下水流入基坑，同时采用降水措施抽取或引渗基坑开挖范围内的现存地下水的降水办法。

截水帷幕常采用深层搅拌桩帷幕、高压摆喷墙、旋喷桩帷幕、地下连续墙等。特点：抽水量小，对周边环境影响小，不污染周边水源，止水系统配合结构支护体系一起设计，降低造价。

（3）技术指标与技术措施

1）封闭深度：宜采用悬挂式竖向截水和水平封底相结合，在没有水平封底措施的情况下要求侧壁帷幕（连续墙、搅拌桩、旋喷桩等）插入基坑下卧不透水土层一定深度。

2）截水帷幕厚度：搭接处最小厚度应满足抗渗要求，渗透系数宜小于 1.0×10^{-6} cm/s。

3）帷幕桩的搭接长度：不小于 150mm。

4）基坑内井深度：可采用疏干井和降水井。若采用降水井，井深度不宜超过截水帷幕深度；若采用疏干井，井深应插入下层强透水层。

5）结构安全性：截水帷幕必须在有安全的基坑支护措施下配合使用（如排桩支护），或者帷幕本身经计算能同时满足基坑支护的要求（如水泥土挡墙）。

3.适用范围与应用前景

本技术适用于有地下水存在的所有非岩石地层的基坑工程。

我国南方沿海地区宜采用地下连续墙或护坡桩＋搅拌桩止水帷幕的地下水封闭措施。北方内陆地区宜采用护坡桩＋旋喷桩止水帷幕的地下水封闭措施。河流阶地地区宜采用双排或三排搅拌桩对基坑进行封闭同时兼作支护的地下水封闭措施。

目前城市建设正向地下空间迅速发展，降水带来的水资源浪费已经成为焦点，北京长安街上 X 大厦，从基坑开挖至结构施工到满足抗浮要求，抽水周期超过 1 年，抽水量达 378 万 t，相当于全北京居民 2d 的用水量。

深基坑开挖应用封闭降水技术，可以减少地下水的消耗，节约水资源。北京现用法规规范，推行限制降水技术，为全国绿色施工做了榜样。

4. 经济效益与社会效益

经济和社会发展对水资源的需求，远远超过其承载能力，如城市地面沉降、河道干枯、井泉枯竭、水质污染、植被退化等。

中国城市建筑向密集化发展，地下结构也越来越深，建筑业呈现出不断扩张的势头，将会带来更多的施工过程中水的浪费，对城市生态环境的破坏日益严重。

应用封闭降水技术，能减少工程施工对地下水的过度开采和污染，有利于保护生态环境。

（二）施工过程水回收利用技术

1. 国内外发展概况

淡水资源仅占地球上总水源的 2%。随着经济发展和人口持续增加、水资源缺乏、地下水严重超采、水务基础设施建设相对滞后、再生水利用程度低等，水资源供需矛盾更加突出。

一些国家较早认识到施工过程中的水回收、废水资源化的重大战略意义，为开展回收水再生利用积累了丰富的经验。美国、加拿大等国家的回收水再利用实施法规涵盖了实践的各个方面，如回收水再利用的要求和过程、回收水再利用的法规和环保指导性意见。

施工工程水的回收利用技术应用，国内还没有专门的法规。

主要技术内容和措施：

（1）基坑施工降水回收利用技术

基坑施工降水回收利用技术，一是利用自渗效果将上层滞水引渗至下层潜水层中，可使大部分水资源重新回灌至地下的回收利用技术；二是将降水所抽水集中存放，用于生活用水中洗漱、冲刷厕所及现场洒水控制扬尘，经过处理或水质达到要求的水体可用于结构养护用水、拌制砂浆、水泥浆和混凝土以及现场砌筑。

（2）技术措施

1）现场建立高效洗车池

现场设置一个高效洗车池，其主要包括蓄水池、沉淀池和冲洗池三部分。将降水井所抽出的水通过基坑周边的排水管汇集到蓄水池，可用于冲洗运土车辆。冲洗完的污水经预先的回路流进沉淀池（定期清理沉淀池，以保证其较高的使用率）。沉淀后的水可再流进蓄水池，用作洗车。

2）设置现场集水箱

根据相关技术指标测算现场回收水量，制作蓄水箱，箱顶制作收集水管入口，与现场降水水管连接，并将蓄水箱置于固定高度（根据所需水压计算），回收水体通过水泵抽到蓄水箱，用于现场部分施工用水。

2.适用范围和应用前景

适用于地下水位较高的地区。

我国的建筑施工面积逐年增加，但多数工地对于基坑中的水没有回收利用，对地下水资源是种浪费。基坑降水回收利用具有广阔的前景。

3.经济效益与社会效益

基坑施工降水回收利用技术，使大部分水资源重新回灌至地下，并把回收水用于现场施工用水，对生态环境的保持起到了良好的作用。采用回收再利用的地下水，不仅降低了工程成本，而且节约了水资源，取得了很好的经济效益和社会效益。

4.雨水回收利用技术

雨水回收利用技术是指在施工过程中将雨水收集后，经过雨水渗蓄、沉淀等处理，集中存放，用于施工现场降尘、绿化和洗车等工序和操作方法。经过处理的雨水可用于结构养护用水等。施工现场用水应有 20% 来源于雨水和生产废水等回收。

在现场施工临时道路两旁设置引水管和沉淀池，沉淀池的水引入蓄水池，蓄水池的大小根据工地的实际情况和实际需要确定；如果工程投入使用后仍有雨水回收系统，应将临时雨水回收系统与设计相结合，蓄水池可先行施工使用，以减少施工成本。目前，我国施工过程中雨水利用率较少，如果能够充分利用雨水，将有利于保护环境。

（三）预拌砂浆技术

预拌砂浆是指由专业生产厂生产的，用于建设工程中的各类砂浆拌合物，预拌砂浆分为干拌砂浆和湿拌砂浆两种。

湿拌砂浆是指由水泥、细骨料、矿物掺和料、外加剂和水以及根据性能确定的其他组分，按一定比例，在搅拌站经计量、拌制后运至使用地点，并在规定时间内使用完毕的拌合物。干混砂浆是指由水泥、干燥骨料或粉料、添加剂以及根据性能确定的其他组分，按一定比例，在专业生产厂经计量、混合而成的混合物，在使用地点按规定比例加水或配套组分拌和使用。

预拌砂浆技术适用于需要应用砂浆的工业与民用建筑。

（四）工业废渣及（空心）砌块应用技术

1.主要技术内容

工业废渣及（空心）砌块应用技术是指将工业废渣制作成建筑材料并用于建设工程。工业废渣应用于建设工程的种类较多，本节介绍两种：一是磷铵厂和磷酸氢钙厂在生产过程中排出的废渣，制成磷石膏标砖、磷石膏盲孔砖和磷石膏砌块等；二是以粉煤灰、石灰或水泥为主要原料，掺加适量石膏、外加剂、颜料和集料等，以坯料制备、成型、高压或常压养护制成的粉煤灰实心砖。

粉煤灰小型空心砌块是以粉煤灰、水泥、各种轻重集料、水为主要组分（也可加入外加剂等）拌合制成的小型空心砌块，其中粉煤灰用量不应低于原材料重量的 20%，水泥用量不应低于原材料重量的 10%。

2. 适用范围

磷石膏砖可适用于砌块结构的所有建筑的非承重墙外墙和内填充墙；粉煤灰小型空心砌块适用于一般工业与民用建筑，尤其是多层建筑的承重墙体及框架结构填充墙。

3. 已应用的典型工程

贵州开磷磷业有限公司建材厂试验楼、贵州六盘水凉都大花园。

三、外墙自保温体系施工技术

墙体自保温体系是指以蒸压加气混凝土、陶粒增强加气砌块和硅藻土保温砌块（砖）等制成的蒸压粉煤灰砖、蒸压加气混凝土砌块和陶瓷砌块等为墙体材料，辅以节点保温构造措施的自保温体系，即可满足夏热冬冷地区和夏热冬暖地区节能 50% 的设计标准。

1. 主要技术内容

由于砌块是多孔结构，其收缩受湿度、温度影响大，干缩湿胀的现象比较明显，墙体会产生各种裂缝，严重的还会造成砌体开裂。

要解决上述质量问题，必须从材料、设计、施工多方面共同控制，针对不同的季节和不同的情况，进行处理控制。

（1）砌块在存放和运输过程中要做好防雨措施。使用中要选择强度等级相同的产品，应尽量避免在同一工程中选用不同强度等级的产品。

（2）砌筑砂浆宜选用黏结性能良好的专用砂浆，其强度等级应不小于 M5，砂浆应具有良好的保水性，可在砂浆中掺入无机或有机塑化剂。有条件的应使用专用的加气混凝土砌筑砂浆或干粉砂浆。

（3）为消除主体结构和围护墙体之间由于温度变化产生的收缩裂缝，砌块与墙柱相接处，需留拉结筋，竖向间距为 500~600mm，压埋 $2\phi 6$ 通长钢筋，两端伸入墙体内不小于 800mm；另每砌筑 1.5m 高时应采用 $2\phi 6$ 通长钢筋拉结，以防止收缩拉裂墙体。

（4）在跨度或高度较大的墙中设置构造梁柱。一般当墙体长度超过 5m 时，可在中间设置钢筋混凝土构造柱；当墙体高度超过 3m（≥120 mm 厚墙）或 4m（≥180 mm 厚墙）时，可在墙高中腰处增设钢筋混凝土腰梁。构造梁柱可有效地分割墙体，减少砌体因收缩变形产生的叠加值。

（5）在窗台与窗间墙交接处是应力集中的部位，容易受砌体收缩产生裂缝，因此，宜在窗台处设置钢筋混凝土现浇带以抵抗变形。此外，在未设置圈梁的门窗洞口上部的边角处也容易产生裂缝和空鼓，此外宜用圈梁取代过梁，墙体砌至门窗过梁处，应停一周后再砌以上部分，以防应力不同造成八字缝。

（6）外墙墙面水平方向的凹凸部位（如线角、雨罩、出檐、窗台等）应做泛水和滴水，以避免积水。

2.适用范围

适用范围为夏热冬冷地区和夏热冬暖地区外墙、内隔墙和分户墙。适用于高层建筑的填充墙和低层建筑的承重墙。如作为多层住宅的外墙、作为框架结构的填充墙、各种体系的非承重内隔墙等。

加气混凝土砌块之所以在世界各地得到广泛采用和发展，并受到我国政府的高度重视，是因为它具有一系列的优越性。废渣加气混凝土砌块作为建筑加气混凝土砌块中的新型产品，比普通加气混凝土砌块更具环保优势，具有良好的推广应用前景。应用实例有广州发展中心大厦、广州凯旋会、北京丰台世嘉丽晶小区、中国建筑文化中心、科技部节能示范楼、京东方生活配套楼等。

四、粘贴式外墙外保温隔热系统施工技术

（一）基本原理与概念

外墙外保温系统是由保温层、保护层和固定材料（胶黏剂锚固件等）构成，并且适用于安装在外墙外表面的非承重保温构造总称。

目前国内应用最多的外墙外保温系统从施工做法上可分为粘贴式、现浇式、喷涂式及预制式等几种主要方式。其中粘贴式做法的保温材料包括模塑聚苯板（EPS板）、挤塑聚苯板（XPS板）、矿物棉板（MW板，以岩棉为代表）、硬泡聚氨酯板（PU板）、酚醛树脂板（PF板）等，在国内也被称为薄抹灰外墙外保温系统或外墙保温复合系统，这些材料中又以模塑聚苯板的外保温技术最为成熟，应用也最为广泛。

1.粘贴聚苯乙烯泡沫塑料板外保温系统

（1）主要技术内容

粘贴聚苯乙烯泡沫塑料板外保温系统，是指将燃烧性能为B2级以上的聚苯乙烯泡沫塑料板粘贴于外墙外表面，在保温板表面涂抹抹面胶浆并铺设增强网，然后做饰面层的施工技术。聚苯板与基层墙体的连接有粘接和粘锚结合两种方式。保温板为模板聚苯板或挤塑聚苯板（XPS板）。

（2）系统主要特点

1）保温板导热系数小且稳定，工厂加工的板材质量好、厚度偏差小，外保温系统保温性能有保证。

2）与配套的聚合物水泥砂浆拉伸黏结强度能稳定满足大于等于0.1MPa，克服自重和负风压的安全系数大。再由机械锚固件辅助连接，连接安全有把握。

3）吸水量低、柔韧性好（压折比≤3），增强网耐腐蚀，局部采用加强网，因而防护层抗裂性能优异。

4）该做法对不同结构墙体和基面适应性好，可把 EPS 方便地加工成各种装饰线条，外饰面选择范围宽。

5）适用于新建建筑和既有房屋节能改造，施工方便、工期短，对住户生活干扰小。

6）必须保证相关标准规定的粘接面积率，这是连接安全的前提。

7）增强网的耐腐蚀性能是系统耐久性的关键之一，进场复验时一定要把好关。

8）保温材料是可燃材料（燃烧等级 B2 级），用于高层建筑时，应按设计要求采取防火隔离措施。

（3）主要技术措施

1）放线：根据建筑立面设计和外保温技术要求，在墙面弹出外门窗口水平、垂直控制线及伸缩缝线、装饰线条、装饰缝线等。

2）拉基准线：在建筑外墙大角（阳角、阴角）及其他必要处挂垂直基准钢线，每个楼层适当位置挂水平线，以控制聚苯板的垂直度和平整度。

3）XPS 板背面涂界面剂：如使用 XPS 板，系统要求时应在 XPS 板与墙的粘结面上涂刷界面剂，晾置备用。

4）配聚苯板胶黏剂：按配置要求，严格计量、机械搅拌，确保搅拌均匀。一次配制量应少于可操作时间内的用量。拌好的料注意防晒避风，超过可操作时间后不准使用。

5）粘贴聚苯板：排板按水平顺序进行，上下应错缝粘贴，阴阳角处做错茬处理；聚苯板的拼缝不得留在门窗口的四角处。当基面平整度小于或等于 5 mm 时宜采用条粘法，大于 5 mm 时宜采用点框法；当设计饰面为涂料时，粘结面积率不小于 40%；设计饰面为面砖时粘结面积率不小于 50%。

6）安装锚固件：锚固件安装应至少在聚苯板粘贴 24 h 后进行。打孔深度依设计要求。拧入或敲入锚固钉。设计为面砖饰面时，按设计的锚固件布置图的位置打孔，塞入胀塞套管。如设计无要求当涂料饰面、墙体高度在 20~50 m 时，不宜小于 4 个 /m²，50 m 以上或面砖饰面不宜少于 6 个 /m²。

7）XPS 板涂界面剂：如使用 XPS 板，系统要求时应在 XPS 板面上涂刷界面剂。

8）配抹灰砂浆：按配制要求，做到计量准确，机械搅拌，确保搅拌均匀。一次配制量应少于可操作时间内的用量。拌好的料注意防晒避风，超过可操作时间后不准使用。

9）抹底层抹面砂浆：聚苯板安装完毕 24 h 且经检查验收后进行。在聚苯板面抹底层抹面砂浆，厚度 2~3 mm。门窗口四角和阴阳角部位所用的增强网格布随即压入砂浆中。采用钢丝网时厚度为 5~7 mm。

10）铺设增强网：对于涂料饰面采用玻纤网格布增强，在抹面砂浆可操作时间内，将网格布绷紧后贴于底层抹面砂浆上，用抹子由中间向四周把网格布压入砂浆中，要平整压实。严禁网格布褶皱。铺贴遇有搭接时，搭接长度不得少于 80 mm。

设计为面砖饰面时，宜用后热镀锌钢丝网，将锚固钉（附垫片）压住钢丝网拧入或敲入胀塞套管，搭接长度不少于 50 mm，且保证 2 个完整网格的搭接。

如采用双层玻纤网格布做法，在固定好的网格布上抹抹面砂浆，厚度 2mm 左右，然后按以上要求再铺设一层网格布。

11）抹面层抹面砂浆：在底层抹面砂浆凝结前抹面层抹面砂浆，以覆盖网格布、微见网格布轮廓为宜。抹面砂浆切忌不停揉搓，以免形成空鼓。

12）外饰面作业：待抹面砂浆基面达到饰面施工要求时可进行外饰面作业。外饰面可选择涂料、饰面砂浆、面砖等形式。具体施工方法按相关饰面施工标准选择。

2. 外墙外保温岩棉（矿棉）系统

（1）主要技术内容及特点

外墙外保温岩棉（矿棉）系统是指用胶黏剂将岩（矿）棉板粘贴于外墙外表面，并用专用岩棉锚栓将其锚固在基层墙体，然后在岩（矿）棉板表面抹聚合物砂浆并铺设增强网，然后做饰面层，其特点除了与粘贴聚苯乙烯泡沫塑料板系统相同的地方外，防火性能好，但成本较高。

（2）适用范围与应用前景

适用于底层、多层和高层建筑的新建或既有建筑节能改造的外墙保温，适宜在严寒、寒冷地区和夏热冬冷地区，不宜采用面砖饰面。由于其独特的防火性能，在高层建筑中有很大的发展空间。

（二）TCC 建筑保温模板系统施工技术

TCC 建筑保温模板体系，是以传统的剪力墙施工技术为基础，结合当今国内外各种保温施工体系的优势技术而研发出的一种保温与模板一体化保温模板体系。该体系将保温板辅以特制支架形成保温模板，在需要保温的一侧代替传统模板，并同另一侧的传统模板配合使用，共同组成模板体系。混凝土浇筑并达到拆模强度后，拆除保温模板支架和传统模板，结构层和保温层即成型。

1. 主要技术内容及特点

该技术将保温板辅以特制支架形成保温模板，在需要保温的一侧代替传统模板，并同另一侧的传统模板配合使用，共同组成模板体系。模板拆除后结构层和保温层即成型。TCC 建筑保温模板系统的特点在于保温板可代替一侧模板，可节省部分模板制作费用，保温板安装与结构同步进行可以缩短装修工期，缺点在于保温板作为模板的一部分对于保温板的强度要求较高且由于混凝土侧压力的影响，不易保证保温板的平整度，同时出现浇混凝土结构外不适用于其他结构类型的建筑施工。

（1）主要技术内容

1）保温板厚度应根据节能设计确定。

2）保温板弯曲性能能够通过本技术规定的试验方法确定，应选用弯曲性能合格的保温板，推荐采用 XPS 板。

3）保温板采用锚栓同混凝土层连接。

4）保温板排版设计应和保温模板支架设计结合，确保保温板拼缝处有支架支撑。

5）需设计墙体不需要保温的一侧的模板，使之与保温模板配合使用；如果设计为两侧保温，则墙体两侧均采用保温模板。

（2）主要特点

1）保温模板代替传统模板，省去了部分模板。

2）保温层同结构层同时成型，节省了工期和费用，保证了质量。

3）保温层只设置在需要保温的一侧，不需要双侧保温就实现了保温与模板一体化的施工工艺。

4）操作简便，在传统的剪力墙结构性能和施工工艺没有改变的前提下，实现了保温与模板一体化施工，易于推广使用。

2. 技术指标与技术措施

（1）技术指标

1）保温材料：XPS 挤塑聚苯乙烯板厚度根据设计要求。

2）保温性能：按设计要求。

3）安装精度要求：同普通模板。

（2）技术措施

1）根据设计选择保温厚度。

2）通过试验测试保温板的弯曲性能。

3）根据墙体尺寸对保温进行排版设计。

4）根据弯曲性能测试结果和保温板排版设计保温模板。

5）设计墙体不需要保温的一侧的模板，与保温模板配合使用。

6）在保温板上安装锚栓，然后将保温板固定在钢筋骨架上。

7）安装保温模板支架和另一侧普通模板，完成模板支架和加固。

8）浇筑混凝土。

9）混凝土养护成型后，拆除保温模板支架和普通模板，此时保温层同结构层均已成型。

10）保护层面施工。

3. 适用范围与应用前景

适用于有节能要求的新建剪力墙结构建筑。

建筑节能作为一种强制性法规在全国大部分地区贯彻实施。该技术在不改变传统墙体结构受力形式和施工方法的前提下，实现了保温与模板一体化的施工工艺，不仅能够很好地满足建筑节能的要求，而且具有施工快捷、成本节省等优点，与目前国内的其他保温施工体系相比，具有明显的优越性。

TCC 建筑保温模板系统施工技术是在充分吸收国内外各种保温施工体系成果的基础

上，结合国内市场研制出的一种先进的保温施工体系。该体系吸收了国外保温施工体系的两个先进的理念：一是保温层同结构层同时成型；二是保温板兼作模板，实现了保温与模板一体化施工。该技术为我国引进国外先进建筑施工技术提供了范例。

（三）硬泡聚氨酯外墙喷涂保温施工技术

外墙硬泡聚氨酯喷涂系统是指将硬质发泡聚氨酯喷涂到外墙表面，并达到设计要求的厚度，然后做界面处理、抹胶粉聚苯颗粒保温浆料找平，薄抹抗裂砂浆，铺设增强网，再做饰面层。

1. 技术特点

外墙硬泡聚氨酯喷涂系统的技术特点：

（1）聚氨酯导热系数低，实测值仅为 0.018~0.024 W/（m² · K），是目前常用的保温材料中保温性能最好的。

（2）直接喷涂于墙体基面的聚氨酯有很强的自粘结强度，与各种常用的墙体材料如混凝土、木材、金属、玻璃都能很好粘结。

（3）现场喷涂，对基面形状适应性好，不需要机械锚固件辅助连接。施工具有连续性，整个保温层无接缝。

（4）比聚苯板耐老化，阻燃、化学稳定性好。聚氨酯硬泡体在低温下不脆裂，高温下不流淌、不粘连、能耐温 120℃燃烧中表面炭化，无熔滴，耐弱酸、弱碱侵蚀。

（5）现场喷涂的聚氨酯硬泡体质量受施工环境的影响很大，如温度、基面湿度、风力等，对操作人员的技术水平要求严格。

（6）喷涂发泡后聚氨酯表面不易平整。

（7）施工时遇风会对周围环境产生污染。

（8）造价较高。

2. 外墙硬泡聚氨酯喷涂系统的技术措施

（1）喷涂施工时的环境温度宜为 10℃ ~40℃，风速应不大于 5m/s（3 级风），相对湿度应小于 80%，雨天不得施工。当施工环境温度低于 10℃时，应采用可靠的技术措施保证喷涂质量。

（2）喷枪头距作业面的距离应根据喷涂设备的压力进行调整，不宜超过 1.5 m；喷涂时喷枪头移动的速度要均匀。在作业中，需确认上一层喷涂的聚氨酯硬泡表面不粘手后，才能喷涂下一层。

（3）喷涂后的聚氨酯硬泡保温层应充分熟化 48~72h 后，再进行下一道工序的施工。

（4）喷涂后的聚氨酯硬泡保温层表面平整度允许偏差不大于 6 mm。

（5）在用抹面胶浆等找平材料找平喷涂聚氨酯硬泡保温层时，应立即将裁好的玻纤网布（或钢丝网）用铁抹子压入抹面胶浆内，相邻网布（或钢丝网）搭接宽度不小于 100 mm；网布（钢丝网）应铺贴平整，不得有皱褶、空鼓和翘边；阳角处应做护角。

（6）喷涂施工作业时，门窗洞口及下风口宜做遮蔽，防止泡沫飞溅污染环境。

（7）喷涂后在进行下道工序施工之前，聚氨酯硬泡保温层应避免雨淋，遭受雨淋的应彻底晾干后方可进行下道工序。

（8）聚氨酯硬泡外墙外保温工程施工，不得损害施工人员身体健康，施工时应做好施工人员的劳动保护，对于喷涂法施工或浇筑法施工尤其要注意这一点。

（9）聚氨酯硬泡外墙外保温工程施工，不得造成环境污染，必要时应做施工围护。

3. 使用范围与应用前景

适用于各类气候区域建筑按设计需要保温、隔热和新建、扩建、改建的各类高度的住宅建筑和非幕墙建筑，基层墙体可以是混凝土或各种砌体结构。

（七）铝合金窗断桥技术

外门窗的能耗仅次于外墙，一般情况下外门窗的能耗在建筑能耗中所占比例大于30%。究其原因，一是门窗的导热系数高于墙体，二是建筑的现代化带来了门窗面积的增加。冬季增加采暖的能耗，夏季增加空调的负荷。主要途径：改用传热系数小的框料以及阻断热桥，减少门窗的热量消耗；改善门窗的制作安装工艺，减少空气渗透。外门窗是建筑节能的关键部位，而材料又是外门窗节能工程的物质基础。

断桥铝合金窗指采用隔热断桥铝型材、中空玻璃、专用五金配件、密封胶条等辅件制作而成的节能型窗。主要特点是采用断热技术将铝型材分为室内外两部分，采用的断热技术包括穿条式和浇筑式两种。

1. 断桥铝合金窗的特点

（1）保温隔热性好。断桥铝型材热工性能远优于普通铝型材，其传热系数 K 值可到 $3.0W/(m^2 \cdot K)$ 以下，采用中空玻璃后外窗的整体 K 值可在 $2.8W/(m^2 \cdot K)$ 以下，采用 LOW-E 玻璃 K 值更可低至 $2.0W/(m^2 \cdot K)$ 以下，节能效果显著。

（2）隔声效果好。采用厚度不同的中空玻璃结构和隔热断桥铝型材空腔结构，能够有效降低声波的共振效应，阻止声音的传递，可以降低噪声 30dB 以上。

（3）耐冲击性能好。外窗外表面为铝合金材料，硬度高、刚性好。

（4）气密性、水密性好。型材中利用压力平衡原理设计有结构排水系统，加上良好的五金和密封材料，可获得优异的气密性和水密性。

（5）防火性能好。其型材铝合金为金属材料，防火性能要优于塑料和木门窗。

（6）无毒无污染，易维护，可循环利用。

2. 技术指标与技术措施

（1）技术指标

技术指标，主要是指对断桥铝窗在安全、节能和使用功能三个方面的考核。

1）安全性能

安全性能是建筑门窗第一重要指标，主要表现为抗风压性能和水密性能等方面。建筑窗户在使用过程中承受各种荷载，如风荷载、自重荷载、温差作用荷载和地震荷载等，应根据实际情况选择以上荷载的最有利组合。

窗体的安全性能主要表现在两个方面：其一是框扇在正常使用情况下不失效，推拉扇必须有可靠的防脱落措施，平开扇安装必须牢固可靠，高层建筑应限制使用外平开窗。要根据受荷载情况和支撑条件采用结构力学弹性方法，对窗体结构的强度和刚度进行设计计算，对框扇连接锁固配件强度进行设计计算，对窗体安装进行强度和刚度的设计计算。其二是窗体的锁闭应安全可靠，在窗户结构不被破坏的情况下，窗体的锁闭机构应保证窗户不被从室外强行打开。

玻璃的安全性能：一是玻璃在正常使用情况下不破坏；二是如果玻璃在正常使用情况下破坏或意外损坏，应不对人体造成伤害或伤害最小。要根据受荷载情况和使用位置对玻璃的强度和刚度进行设计计算，进行玻璃防热炸裂和镶嵌设计计算。

2）节能性能

对于寒冷和严寒地区，主要是保温。在该地区获得足够采光性能条件下，需要控制窗户在没有太阳照射时减少热量流失，即要求窗户传热系数低；在有太阳光照射时合理得到热量，即要求窗户有高的太阳光获得系数。

对于夏热冬冷地区，室内空调的负荷主要来自太阳辐射，主要能耗也来自太阳辐射，隔热是主要问题。在该地区安装的窗户，主要的功能是在获得足够采光性能条件下，减少窗户阳光的热量，即要求窗户有低的遮阳系数和太阳光获得系数。

夏热冬冷地区不同于寒冷严寒地区和夏热冬暖地区，主要考虑单向的传热过程，既要满足冬季保温又要考虑夏季的隔热。该地区的门窗既要求有低的传热系数，又要求有低的遮阳系数。

由于不同地域气候差异，因此各地的外窗节能性能要求并不完全一致。对于断桥铝型材中空玻璃平开窗，其抗风压强度 $P \geqslant 2.5kPa$，气密性 $q \leqslant 1.5m^3/(m \cdot h)$，水密性 $\triangle P \geqslant 250Pa$，隔声性能 $Rw \geqslant 30dB$，传热系数 $K \leqslant 3.0W/(m^2 \cdot K)$，并符合当地建筑节能设计标准要求。

节能窗的设计与选用应遵照建筑节能国家和行业的标准和规范。

3）使用功能

使用功能包括隔声、采光、启闭力、反复启闭性能等几个方面。

（2）技术措施

断桥铝外窗要想满足上述性能，在技术措施上还应注意以下几个方面：

1）窗型结构

目前国内建筑中常用的窗型，一般为推拉窗、平（悬）开窗和固定窗。

推拉窗是目前应用最多的一种窗型，其窗扇在窗框上下滑轨中开启和关闭，热、冷气对流的大小和窗扇上下空隙大小成正比，因使用时间的延长，密封毛条表面毛体磨损、窗上下空院加大导致对流也加大，能量消耗更为严重。故推拉窗的结构不是理想的节能窗。

平（悬）开窗主要有内平（悬）开和外平（悬）开两种结构形式，平（悬）开窗的框与扇之间采用外中内三级阶梯密封，形成气密性和水密性两个各自独立的系统，水密系统开设排气孔、气压平衡孔，可使窗框、窗扇腔内雨水及时排出，而独立的气密系统可有效地保证窗户的气密性。这种窗型的热量流失主要是玻璃和窗体的热传导和辐射。从结构方面比较，平（悬）开窗要比推拉窗有明显的优势，是比较理想的节能窗，尤其是平开—悬开复合窗型具有更方便舒适的使用性能。

固定窗的窗框嵌在墙体内，玻璃直接安在窗框上。正常情况下，有良好的气密性，空气很难通过密封胶形成对流，因此对流热损失极少。固定窗是保温效果最理想的窗型。为了满足窗户的节能要求和自然通风要求，应该将固定窗和平（悬）开窗复合使用，合理控制窗户开启部分与固定部分的比例；进一步开发新型门窗产品，比如呼吸窗、换气窗等。

2）玻璃的选择

窗户的玻璃约占整窗面积的80%，是窗户保温隔热的主体。普通透明玻璃对可见光和进红外波段具有很高的透射性，而对中远红外波段的反射率很低、吸收率很高，这就使得热能很快地从热的空间传递到冷的空间，不论是寒冷还是炎热地区，其保温隔热性能都极低。

3.提高玻璃的保温隔热性能的方法

（1）选用低辐射镀膜玻璃（LOW-E玻璃）降低热辐射或控制太阳辐射

1）新近普及的低辐射镀膜玻璃（LOW-E）以其独特的光学特性，集优异的保温隔热性能、无反射光污染的环保性能、简单方便的加工性能于一体，为建筑节能领域提供了一种理想的节能玻璃产品。

2）在炎热气候地区，室内空调的主要能耗来自太阳辐射，选用阳光控制低辐射镀膜玻璃，能有效地阻挡太阳光中的大部分近红外波辐射（太阳辐射）和室外中红外波辐射（热辐射），选择性透过可见光，降低遮阳系数，从而降低空调消耗。

3）在寒冷气候地区，选用高透光低辐射镀膜玻璃，能有效阻止室内红外波辐射，可见光透过率高且无反射光污染，对太阳辐射中的近红外波具有高透过性（可补充室内取暖能量），从而降低取暖能源消耗。

4）中部过渡地区，选用合适的LOW-E玻璃，在寒冷时减少室内热辐射的外泄，降低取暖消耗；在炎热时控制室外热辐射的传入，节约制冷费用。

（2）降低玻璃的传热系数

虽然玻璃的导热系数较低，但由于玻璃厚度很小，自身的热阻非常小，传热量十分可观，故应采用优质中空玻璃降低玻璃的传热系数，减小热传导。中空玻璃内密闭的空气或惰性气体的导热系数很低，具有优异的隔热性能，同时其热阻作用随内腔（体层厚度）的变化而变化，在内腔没有增大到产生对流并成为通风道之前，玻璃间距越大，隔热性越好，但当内腔增大到出现对流时，隔热性反而降低，因此应尽可能合理地确定玻璃间距，普通中空玻璃充灌氪气、氩气和空气的最佳间距分别是9mm、12mm和15mm，镀膜中空玻璃，充灌氪气、氩气和空气的最佳间距分别为 9 mm、12 mm 和 15 mm。

氩气比空气的导热系数低可以减少热传导损失，氩气比空气密度大（在玻璃层间不流动）可以减少对流损失，氩气比较容易获得，价格相对较低，因而中空玻璃内腔应优先选择充灌氩气。

另外还需注意的一点是玻璃间的隔条问题，采用非金属隔条（暖边隔条）的中空玻璃的传热系数低于金属隔条的中空玻璃，因为金属隔条起了明显的热桥作用，它使普通中空玻璃损失通过边部隔条整个热流的 7% 左右，使镀膜中空玻璃损失 14% 左右，使充灌氩气中空玻璃损失 23% 左右。

（3）密封材料

对于外窗来说，还有对性能影响比较大的部分是密封材料，主要包括三个方面。一是窗体与玻璃之间。玻璃装配主要有湿法和干法两种镶嵌形式。湿法镶嵌玻璃，即玻璃与窗体之间采用高黏度聚氨酯双面胶带和（或）硅酮结构玻璃胶粘为一体，在保证了极好的密封性能的同时提高了窗体的整体刚度；干法镶嵌玻璃，即玻璃与窗体之间采用耐久性好的弹性密封胶带。二是窗框与窗扇之间。平（悬）开窗一般采用胶条密封，目前国内优质胶条一般采用三元乙丙橡胶、氯丁橡胶和硅橡胶等制造，目前还在开发采用尼龙板（或硬质塑料地板）与三元乙丙橡胶复合而成的优质胶条，其效果更好，可以长久保证窗户的气密和水密性能。三是窗框与墙体之间。窗框与墙体之间需采用高效、保温、隔声的弹性材料（硬质聚氨酯泡沫塑料、硬质聚苯乙烯泡沫塑料等）填充，密封采用与基体相容并且黏结性能良好的中性耐候密封胶。

（4）五金配件

五金配件的好坏直接影响到门窗的气密性能，从而降低门窗的节能效果。选择质量可靠的五金配件，对门窗的节能也影响巨大。

（5）安装

安装是确保窗户各项指标的最后一个环节，外窗只有完成安装后才能实现其所有功能，因此安装的重要性也是不言而喻的。在安装中重点要注意以下几个环节：

1）窗户洞口墙体砌筑的施工质量，应符合现行的相关规定，洞口尺寸容许偏差为 ±5 mm。

2）窗户洞口墙体抹灰及饰面板（砖）的施工质量，应符合现行的相关规定，洞口墙体的立面垂直度、表面水平度及阴阳角方正等容许偏差，以及洞口上檐、窗台的流水坡度、滴水线或滴水槽等均应符合相应的要求。

3）窗户的品种、规格、开启形式和窗体型材应符合设计要求，各种配件配套齐全，并有产品出厂合格证书。

4）安装使用所有材料均应符合设计要求和有关标准的规定，相互接触的材料应相容。

5）干法安装窗户时，应根据洞口墙体面层装饰材料厚度，具体确定窗户洞口墙体砌筑时预埋副框的尺寸及埋设深度，或确定窗户洞口墙体后置副框的尺寸及其墙体的安装缝隙（一般可按 5~10 mm 采用）。

6）窗框与洞口之间的间隙要根据窗框材料合理确定，特别是顶部应保留足够的间隙。

7）窗的安装要确保窗框与洞口之间保温隔热层、隔气层的连续性，确保窗户的水密性。

8）窗框在洞口墙体就位，用木楔、垫块或其他器具调整定位并临时楔紧固定时，不得使窗框型材变形和损坏；安装紧固件或紧固装置不应引起任何框构件的变形，也不可以阻碍窗的正常工作。

9）窗框与洞口之间安装缝隙的填塞，宜采用保温、隔热、隔声、防潮、无腐蚀性的材料，如聚氨酯泡沫、玻璃纤维或矿物纤维等，推荐使用聚氨酯泡沫。填塞时不能使窗框胀突变形，临时固定用的木楔、垫块不得遗留在洞口缝隙内，要保证填塞的连续性。

10）窗框与洞口墙体密封施工前，应先对待粘接表面进行清洁处理，窗框型材表面的保护材料应去除，表面不应有油污、灰尘；墙体部位应洁净平整干净；窗框与洞口墙体的密封，应符合密封材料的使用要求。窗框室外侧表面与洞口墙体间留出密封槽，确保墙边防水密封胶胶缝的宽度和深度不小于 6mm，密封胶施工应挤填密实、表面平整；组合窗拼樘料必须直接可靠地固定在洞口基体上。

4. 使用范围与应用前景

断桥铝合金窗根据采用不同组合的玻璃可使用于各类气候区域的新建、扩建、改建的住宅建筑和公共建筑。

断桥铝合金窗采用断桥铝型材和各种节能玻璃组合，除了具有节能效果好、安全性高的特点外，还有外形美观、重量轻、刚度强、耐腐蚀、可塑性好、防雷电、无毒无污染、回收性能好等优点。逐步扩大断桥铝合金窗在国内建筑市场的份额，其应用前景是极为广阔的。

第二节 绿色施工方案点评

一、绿色施工创新管理的实施

绿色施工创新管理需要在工程项目中明确绿色施工的任务，在施工组织设计、绿色施工专项方案中做好绿色施工策划，在项目运行中有效实施并全过程监控绿色施工，在绿色施工中严格按照 PDCA 循环（Plan—Do—Check—Action）持续改进，最终保障绿色施工取得成效。

（一）绿色施工的任务

1. 概述

在工程项目建设中实施绿色施工需要将绿色施工的理念、思想方法贯穿于整个工程施工的全过程，确保在施工过程中能够更好地提高资源利用率和保护环境。绿色施工需要遵守现行的法律、法规和合同，满足顾客及其他方的相关要求，持续改进实现绿色施工承诺；绿色施工管理应适合工程的施工特点和本单位的实际情况。绿色施工管理能为制定管理目标和指标提供总体要求，其所对应的制定过程应该以文件、会议、网络等形式与员工协商，形成正式文件并予以发布，通过墙报、网站等多种形式进行广泛宣传，传达到全体员工。

2.绿色施工的目标与任务

工程项目要在绿色施工管理方针的指导下，根据企业和项目的实际情况制定具体的绿色施工目标，明确绿色施工任务，进行绿色施工策划、实施、控制和评价，通过对施工策划、材料采购、现场施工、工程验收等各个关键环节加强控制，实现绿色施工目标和任务。绿色施工所对应的主要任务由以下五方面组成：环境保护；节材与材料资源利用；节水与水资源利用；节能与能源利用；节地与施工用地保护。其中，环境保护可分解为扬尘控制、噪声振动控制、光污染控制、水污染控制、建筑垃圾控制、土壤保护、地下设施文物和资源保护；节材与材料资源利用主要包括节材措施，材料资源利用有结构材料、维护材料、装饰装修材料、周转材料等方面；节水与水资源利用主要包括提高用水效率、非传统水源利用和安全用水等方面；节能与能源利用主要包括机械设备与机具的节能、生产生活及办公临时设施和施工用电及照明的节能；节地与施工用地保护主要包括临时用地指标、临时用地保护和施工总平面布置三方面任务。

以上五方面涵盖了绿色施工的基本内容，同时包括施工策划、材料采购、现场施工、工程验收等各阶段指标的子集，而绿色施工管理运行系统包括绿色施工策划、绿色施工实施、绿色施工评价等环节，其内容涉及绿色施工组织管理、规划管理、实施管理、评价管理和人员安全与健康管理等若干方面。

（二）绿色施工的策划

绿色施工策划主要是在明确绿色施工目标和任务的基础上，进行绿色施工组织管理和绿色施工。实施的策划必须明确其所对应的指导思想、绿色施工的影响因素、组织理策划和所对应的策划文件等内容。

1.指导原则

绿色施工应按照计划工作体现"5W2H"的指导原则，其策划是对绿色施工的目的、内容、实施方式、组织安排等在空间和时间上的配置的确定，以相关规范标准为依据，紧密结合工程实际确定工程项目绿色施工各阶段的方案与要求、组织管理保障措施和绿色施工保证措施等内容，以实现有效指导绿色施工实施的目的。

绿色施工策划的基本思路和方法可以参考计划制订法，即"5W2H"分析法，该方法简单、方便，易于理解和使用，富有启发意义，有助于理解和使用，也有利于考虑问题的疏漏。"5W2H"即是：What、Who、Why、When、Where 和 How、How。应用"5W2H"的方法开展绿色施工策划，可有效保证策划方案从多个维度全面落实绿色施工。

其所对应的策划流程可以分解为：

第一步：影响因素调查和分析。

第二步：归纳和系统化研究。

第三步：绿色施工对策的制定。

第四步：绿色施工组织设计和绿色专项施工方案的制订。

第五步：绿色施工评价方案的制订。

第六步：结合分步分项工程进行绿色施工技术交底。

2. 绿色施工影响因素

绿色施工影响因数可以参考影响因素识别、影响因素分析和评价、对策的制定等步骤进行，具体展开为下列三个方面。

（1）绿色施工影响因素识别

参考风险管理理论方法，可采取模拟分析法、统计数据法和专家经验法等来识别绿色施工影响因素。模拟分析法主要针对庞大复杂、涉及因素多、因素之间的关联性复杂的大型工程项目，可以借助系统分析的方法，构建模拟模型，通过系统模拟识别并评价绿色施工影响因素。统计数据法主要是指企业层面可以按照主要分部分项工程结合项目所在区域、结构形式等因素，对施工各环节的绿色施工影响因素进行识别和归类，通过大量收集、归纳和统计相关数据与信息，能够为后续工程绿色施工因素识别提供信息积累。专家经验法主要是指借助专家的经验、知识等分析工程施工各环节的绿色施工影响因素，这在实践中是非常简便有效的方法。因此，绿色施工影响因素识别是制定绿色施工策划文件的前提，更是极其重要的方面。

（2）绿色施工影响因素分析和评价

在绿色施工影响因素识别完成后，应对绿色施工影响因素进行分析和评价，以确定其影响程度的大小和发生的概率等，在统计数据丰富的条件下，可以利用统计数据进行定量分析和评价，一般情况下可以借助专家经验进行评价。

（3）绿色施工过程制定的对策

根据绿色施工影响因素识别和评价的结果可以制定治理措施，所制定的治理措施要在绿色施工策划文件中有所体现，并将相应的落实责任、监管责任等依托项目管理体系予以落实。对那些环境危害小、容易控制的影响因素可采取一般措施，而对那些环境危害大的影响因素要制定严密的控制措施并强化落实与监管。

3. 绿色施工组织管理策划

（1）以目标管理为指导的组织方式

以推进绿色施工实施为目标，将实现绿色施工的各项目标及责任进行分解，建立"横向到边"和"纵向到底"的岗位责任体系，建立责任落实与实施的考核节点，建立目标实现的激励制度，结合绿色施工评价的要求，通过项目目标管理的若干环节控制以促使绿色施工落实。该方式任务明确，强调强调自我管理与控制形成良好的激励机制，有利于绿色施工齐抓共管和全员参与，但尚需建立完整的考核与沟通机制，以便实现绿色施工本身的要求。

（2）将监督管理责任分配到特定部门的组织方式

绿色施工主要是针对资源节约和环境保护等要素进行的施工活动，在施工中传统的材料管理、施工组织设计等环节比较重视对资源的节约，但对绿色施工要求的资源高效利用和有效保护的重视是不够的，特别是对绿色施工强调的施工现场及周边环境保护和场内外工作人员安全健康顾及较少，而将绿色施工监管的责任落实到质量安全管理部门的做法具有一定的借鉴性。因此，将环境管理的职责明确到安全部门的责任分配方式，相比成立"绿色施工委员会"的方式，可使得责任更加清晰，相应的管理任务更能得到清晰的贯彻和落实，因此，采用这样的组织责任分配方式更加合理，但该方式存在着横向沟通弱、相关方参与不充分的缺陷。

（3）绿色施工委员会的组织方式

项目中成立"绿色施工委员会"，可以广泛吸纳项目各相关方的参与，在各部门中任命相关绿色施工联系人，负责对本部门绿色施工相关任务的处理，在部门内指导具体实施，对外履行和其他相关部门的沟通，将各部门不同层次的人员融入绿色施工管理中。为实现良好沟通，项目部和绿色施工管理委员会应该设置专人负责协调、沟通和监控，可以邀请外部专家作为委员会顾问，促使顺利实施。该组织方式有助于发挥部门之间的协调功能，有助于民主管理且维护各方利益，有助于集思广益。而存在的不足主要体现在以下几个方面：消耗的时间比较多；成员之间容易妥协和犹豫不决；职责分离易导致责任感下降；个别人的行为可能影响民主管理。同时存在着成本管理过高职责不够清晰等缺陷，在使用过程中应辩证使用。

在实践中应根据企业和项目的组织体系特点来选择组织方式，可以探索成立"绿色施工管理委员会"，或者采取以目标管理原理为指导的组织方式与设置专职管理部门相结合的方法。

4. 绿色施工策划文件

（1）绿色施工策划文件种类

绿色施工策划融入工程项目施工整体策划体系，既可以保证绿色施工有效实施，也可以很好地保持项目策划体系的统一性。绿色施工策划文件包括两大等效体系：绿色施工专项方案体系，即传统施工组织设计结合施工方案、绿色施工专项方案、绿色施工技术交底等四部分组成；绿色施工组织设计体系，即绿色施工组织设计结合施工方案、技术交底等三部分组成。两类绿色施工策划文件各有特色，对比而言绿色施工组织设计体系有利于文件简化，可使绿色施工策划文件与传统策划文件合二为一，最终有利于绿色施工的实施。

（2）绿色施工专项方案文件体系

绿色施工专项方案策划文件体系由传统工程项目策划文件与绿色施工专项方案文件简单叠加而形成，实质是传统意义的施工组织设计和施工方案与绿色施工专项方案的编制分别进行，工程实施中要求项目部相关人员同时对两个文件内容进行认真研究，并形成新的技术交底文件以付诸实施，该文件体系容易造成相互矛盾与重叠的情况，客观上增加了一线施工管理的工作量，因此不利于绿色施工的高效开展。

（3）绿色施工组织设计文件体系

绿色施工组织设计文件体系编制的基本思路是以传统施工组织设计的内容要求和组织结构为基础，将绿色施工的目标、原则、指导思想、内容要求及治理措施等融入其中，以形成绿色施工的一体化策划文件体系。该策划思路更有利于工程项目绿色施工的推进和实施，但将上述要素真正融入施工部署、平面布置和各个分部分项工程施工的各个环节中，还需要进行各个层面的绿色施工影响因素分析，需要建立完整的管理思路和工艺技术，该绿色施工组织设计文件的编制工作具有一定的难度，但非常实用。

二、建设工程绿色施工评价标准

1. 绿色施工的基本要求

（1）建立绿色施工管理体系和管理制度，实施目标管理。

（2）根据绿色施工要求进行图纸会审和深化设计。

（3）施工组织设计及施工方案应有专门的绿色施工章节，绿色施工目标明确，内容应涵盖"四节—环保"要求。

（4）工程技术交底应包含绿色施工内容。

（5）采用符合绿色施工要求的新材料、新工艺、新技术、新机具进行施工。

（6）建立绿色施工培训制度，并有实施记录。

（7）根据检查情况，制定持续改进措施。

（8）采集和保存过程管理资料、见证资料和自检评价记录等绿色施工资料。

（9）在评价过程中，应采集反映绿色施工水平的典型图片或影像资料。

2. 绿色施工禁评条件

发生下列事故之一，不得评为绿色施工合格项目：

（1）发生安全生产死亡责任事故。

（2）发生重大质量事故，并造成严重影响。

（3）发生群体传染病、食物中毒等责任事故。

（4）施工中因"四节—环保"问题被政府管理部门处罚。

（5）违反国家有关"四节—环保"的法律法规，造成严重的社会影响。

（6）施工扰民造成严重的社会影响。

3. 绿色施工评价的框架体系、评价组织和程序

（1）绿色施工评价的框架体系

1）评价阶段宜按地基与基础工程、结构工程、装饰装修与机电安装工程进行。

2）建筑工程绿色施工应根据环境保护、节材与材料资源利用、节水与水资源利用、节能与能源利用和节地与土地资源保护五个要素进行评价。

3）评价要素应由控制项、一般项、优选项三类评价指标组成。

4）评价等级应分为不合格、合格和优良。

5）绿色施工评价框架体系应由评价阶段、评价要素、评价指标、评价等级构成。

（2）绿色施工的评价组织

1）单位工程绿色施工评价应由建设单位组织，项目施工单位和监理单位参加，评价结果应由建设、监理、施工单位三方签字确认。

2）单位工程施工阶段评价应由监理单位组织，项目建设单位和施工单位参加，评价结果应由建设、监理、施工单位三方签字确认。

3）单位工程施工批次评价应由施工单位组织，项目建设单位和监理单位参加，评价结果应由建设、监理、施工单位三方签字确认。

4）企业应进行绿色施工的随机检查，并对绿色施工目标的完成情况进行自评。自评次数每月不少于1次，且每阶段不应少于1次。

5）项目部会同建设和监理单位应根据绿色施工情况，制定改进措施，由项目部实施改进。

6）项目部应接受建设单位、政府主管部门及其委托单位的绿色施工检查。

（3）绿色施工的评价程序

1）单位工程绿色施工评价应在批次评价和阶段评价的基础上进行。

2）单位工程绿色施工评价应由施工单位书面申请，在工程竣工验收前进行评价。

3）单位工程绿色施工评价应检查相关技术和管理资料，并应听取施工单位《绿色施工总体情况报告》，综合确定绿色施工评价等级。

4）单位工程绿色施工评价结果应在有关部门备案。

三、绿色施工评价管理

绿色施工管理体系中应该有自评价体系。根据编制的绿色施工专项方案，结合工程特点，对绿色施工的效果及采用的新技术、新设备、新材料和新工艺，进行自评价。自评价分项目自评价和公司自评价两级，分阶段对绿色施工实施效果进行综合评价，根据评价结果对方案、措施以及技术进行改进、优化。

1. 绿色施工项目自评价

项目自评价由项目部组织，分阶段对绿色施工各个措施进行评价。

绿色施工自评价一般分三个阶段进行，即地基与基础工程、结构工程、装饰装修与机电安装工程阶段。原则上每个阶段不少于一次自评，且每个月不少于一次自评。

绿色施工自评价分四个层次进行：绿色施工要素评价、绿色施工批次评价、绿色施工阶段评价和绿色施工单位工程评价。

（1）绿色施工要素评价

绿色施工的要素按"四节一环保"分五大部分，绿色施工要素评价就是按这五大部分分别制表进行评价。

（2）绿色施工批次评价

将同一时间进行的绿色施工要素评价进行加权统计，得出单次评价的总分。

（3）绿色施工阶段评价

将同一施工阶段内进行的绿色施工批次评价进行统计，得出该施工阶段的平均分。

（4）单位工程绿色施工评价

将所有施工阶段的评价得分进行加权统计，得出本工程绿色施工评价的最后得分。

2. 绿色施工公司自评价

在项目实施绿色施工管理过程中，公司应对其进行评价。评价由专门的专家评估小组进行，原则上每个施工阶段都应该进行至少一次公司评价。

公司评价的表格可以采用标准表，或者自行设计更符合项目管理要求的表格。但每次公司评价后，应该及时与项目自评价结果进行对比，差别较大的工程应重新组织专家评价，找出差距原因，制定相关措施。

绿色施工评价是推广绿色施工工作中的重要一环，只有真实、准确、及时地对绿色施工进行评价，才能了解绿色施工的状况和水平，发现其中存在的问题和薄弱环节，并在此基础上持续改进，使绿色施工的技术和管理手段更加完善。

3. 注重减少建设场地干扰、保护生态环境

工程施工过程可能会扰乱场地环境，这一点对于未开发区域的新建项目尤其严重。场地平整、土方开挖、施工降水、永久及临时设施建造、场地废物处理等均会对场地上现存的动植物资源、地形地貌、地下水位等造成影响，还会对场地内现存的文物、地方特色资源等带来破坏，影响当地文脉的继承和发扬。因此，施工中减少场地干扰、尊重施工场地环境对于保护生态环境、维持地方文脉具有重要的意义。承包商应当识别场地内现有的自然、文化和构筑物特征，通过合理施工和管理将这些特征保存下来。可持续的场地施工设计对于减少这种干扰具有重要的作用。但这方面，就工程施工方而言，能尽量减少场地干扰的绿色施工方案不多见。

4. 注重施工过程与当地气候的有效结合

施工单位在选择施工方法、施工机械，安排施工顺序，布置施工场地时应结合气候特征。这样可以减少由于气候原因带来施工措施费的增加、资源和能源用量的增加，有效地降低施工成本；可以减少因为额外措施对施工现场及环境的干扰，有利于施工现场环境质量品质的改善和工程质量的提高。承包商要能做到施工结合气候，首先要了解现场所在地区的气象资料及特征，主要包括降雨资料、降雪资料、气温资料、风的资料。两个施工方案都没有这方面的管理内容。

5. 注重环境保护，减少或避免环境污染

工程施工中产生的大量灰尘、噪声、有毒有害气体、废物等会对环境品质造成严重的影响，也将有损于现场工作人员、使用者以及公众的健康。减少环境污染，提高环境品质是绿色施工的重要工作之一（提高与施工有关的室内外空气品质）。施工过程中，扰动建筑材料和系统所产生的扬尘，从材料、施工设备或施工过程中散发出来的挥发性有机化合物会恶化室内外空气品质。有些挥发性有机化合物或微粒会对健康构成潜在的威胁和损害，需要特殊的安全防护。这些威胁和损伤有些是长期的，甚至是致命的。而且在建造过程中，这些污染物也有可能渗入邻近的建筑物，并在施工结束后继续留在建筑物内。这种影响尤其对那些需要在房屋使用者在场的情况下进行施工的改建项目更需引起重视。控制噪声也是防止环境污染、提高环境品质的一个方面。

6. 应注重科学管理，提高绿色施工经济效果

实施绿色施工，必须实施科学管理，提高绿色管理水平，使施工单位从被动地适应转变为主动地响应。工程项目实施绿色施工制度化、规范化，使施工单位意识到，绿色施工不仅仅是为了环境保护、为了社会公众利益，也涉及自身的发展，有利于提高绿色施工的经济效果。

7. 改变传统施工理念，建立全过程的"绿色施工"管理模式

传统施工理念在注重节约资源和环保指标时，往往局限于选用环保型施工机具和实施降噪、降尘的环保型封闭施工等局部环节。施工单位在编制施工组织设计时，施工全过程都要贯彻绿色施工的原则，主动建立绿色施工责任制。要建立社会承诺保证机制、社会各界共同参与监督的制约机制，使其范围更广、内容更丰富，把绿色施工纳入工程保险与工程合同索赔制度，为绿色施工创造良好的运行环境。

第六章 绿色施工的主要措施

在建筑工程传统的施工管理工作中，必然会产生废水、废气和废渣等废弃物，如果不及时有效地处理，而是直接排放在周围环境中，会对空气、水体和土壤造成很大的污染。因此需要在绿色施工管理工作开展中强调对环境的友好。对环境的友好原则还包含粉尘管理和噪声管理等，避免对周围的居民正常生活造成影响。本章主要对绿色施工的主要措施进行详细的讲解。

第一节 环境保护

一、扬尘控制

据调查，建筑施工是产生空气扬尘的主要原因。施工中出现的扬尘主要来源于：渣土的挖掘和清运、回填土、裸露的料堆，拆迁施工中由上而下抛撒的垃圾、堆存的建筑垃圾，现场搅拌砂浆以及拆除爆破工程产生的扬尘等。扬尘的控制应该进行分类，根据其产生的原因采取适当的控制措施。

1. 扬尘控制管理措施

（1）确定合理的施工方案

施工前，充分了解场地四周环境，对风向、风力、水源、周围居民点等充分调查分析后，制定相应的扬尘控制措施，纳入绿色施工专项施工方案。

（2）尽量选择工业化加工的材料、部品、构件工业化生产，减少现场作业量，大大降低现场扬尘。

（3）合理调整施工工序

将容易产生扬尘的施工工序安排在风力小的天气进行，如拆除、爆破作业等。

（4）合理布置施工现场

将容易产生扬尘的材料堆场和加工区远离居民住宅区布置。

（5）制定相关管理制度

针对每一项扬尘控制措施制定相关管理制度，并宣传贯彻到位。

（6）配备相应的奖惩、公示制度

奖惩、公示不是目的而是手段。奖惩、公示制度配合宣传教育进行，才能将具体措施落实到位。

2. 场地处理

（1）硬化措施

施工道路和材料加工区进行硬化处理，并定期洒水，确保表面无浮土。

（2）裸土覆盖

短期内闲置的施工用地采用密目铁丝网临时覆盖；较长时期内闲置的施工用地采用种植易存活的花草进行覆盖。

（3）设置围挡

1）施工现场周边设置一定高度的围挡，且保证封闭严密，保持整洁完整。

2）现场易飞扬的材料堆场周围设置不低于堆放物高度的封闭性围挡，或使用密目铁丝网覆盖。

3）有条件的现场可设置挡风抑尘墙。

3. 降尘措施

（1）定期洒水

不管是施工现场还是作业面，保持定期洒水，确保无浮土。

（2）密目安全网

工程脚手架外侧采用合格的密目式安全立网进行全封闭，封闭高度要高出作业面，并定期对立网进行清洗和检查，发现破损立即更换。

（3）施工车辆控制

1）运送土方、垃圾、易飞扬材料的车辆必须封闭严密，且不应装载过满；定期检查，确保运输过程不抛不洒不漏。

2）施工现场设置洗车槽。驶出工地的车辆必须进行轮胎冲洗，避免污损场外道路。

3）土方施工阶段，大门外设置吸湿垫，避免污损场外道路。

（4）垃圾运输

1）浇筑混凝土前清理灰尘和垃圾时尽量使用吸尘器，避免使用吹风器等易产生扬尘的设备。

2）高层或多层建筑清理垃圾应搭设封闭性临时专用道路或采用容器吊运，禁止直接抛洒。

（5）特殊作业

1）岩石层开挖尽量采用凿裂法，并采用湿作业减少扬尘。

2）机械剔凿作业时，作业面局部遮挡，并采取水淋等措施，减少扬尘。

3）清拆建（构）筑物时，提前做好扬尘控制计划。对清拆建（构）筑物进行喷淋除尘，并设置立体式遮挡尘土的防护设施，宜采用安静拆除技术降低噪声和粉尘。

4）爆破拆除建（构）筑物时，提前做好扬尘控制计划，可采用清理积尘、淋湿地面、预湿墙体、屋面覆水袋、楼面蓄水、建筑外设高压喷雾状水系统、搭设防尘排栅和直升机投水弹等综合降尘。

二、噪声与振动控制

建筑施工噪声是指在建筑施工过程中产生的干扰周围生活环境的声音，建筑施工场界环境噪声排放昼间不大于 70dB、夜间不大于 55dB。

1. 噪声与振动控制管理措施

（1）确定合理的施工方案

施工前，充分了解现场及拟建建筑基本情况，针对拟采用的机械设备，制定相应的噪声、振动控制措施，纳入绿色施工专项施工方案。

（2）合理安排施工工序

严格控制夜间作业时间，大噪声工序严禁夜间作业。

（3）合理布置施工现场

将噪声大的设备远离居民区布置。

（4）尽量选择工业化加工的材料、部品、构件

工业化生产，减少了现场作业量，大大降低了现场噪声。

（5）建立噪声控制制度，降低人为噪声

1）塔式起重机指挥使用对讲机，禁止使用大喇叭或直接高声叫喊。

2）材料的运输轻拿轻放，严禁抛弃。

3）机械、车辆定期保养，并在闲置期间及时关机减少噪声。

4）施工车辆进出现场，禁止鸣笛。

2. 控制源头

（1）选用低噪声、低振动环保设备

在施工中，选用低噪声搅拌机、钢筋切断机、风机、电动空压机、电锯等设备，振动棒选用环保型，低噪声低振动。

（2）优化施工工艺

用低噪声施工工艺代替高噪声施工工艺，如桩施工中将垂直振打施工工艺改变为螺旋、静压、喷注式打桩工艺。

（3）安装消声器

在大噪声施工设备的声源附近安装消声器，通常将消声器设置在通风机、鼓风机、压缩机、燃气轮机、内燃机等各类排气放空装置的进出风管适当位置。

3. 控制传播途径

（1）在现场大噪声设备和材料加工场地四周设置吸声降噪屏。

（2）在施工作业面强噪声设备周围设置临时隔声屏障，如打桩机、振动棒等。

4. 加强监管

在施工现场根据噪声源和噪声敏感区的分布情况，设置多个噪声监控点，定期对噪声进行检测，发现超过建筑施工场界环境噪声排放限制的，及时采取措施，降低噪声排放至满足要求。

三、光污染控制

光污染是通过过量的或不适当的光辐射对人类的生活和生产环境造成不良影响。在施工过程中，夜间施工的照明灯及施工中电弧焊、闪光对接焊工作时发出的弧光等形成光污染。

1. 灯具选择以日光型为主，尽量减少射灯及石英灯的使用。

2. 夜间室外照明灯加设灯罩，使透光方向集中在施工范围。

3. 钢筋加工棚远离居民区和生活办公区，必要时设置遮挡措施。

4. 电焊作业尽量安排在白天阳光下，如夜间施工，需设置遮挡措施，避免电焊弧光外泄。

5. 优化施工方法，钢筋尽量采用机械连接。

四、水污染控制

水污染是指水体因某种物质的介入，而导致其化学、物理、生物或者放射性等方面特性的改变，从而影响水的有效利用，危害人体健康或者破坏生态环境，造成水质恶化的现象。施工现场产生的污水主要包括雨水、污水（生活污水和生产污水）两类。

1. 保护地下水

（1）基坑降水尽可能少地抽取地下水。

1）基坑降水优先采用基坑封闭降水措施。

2）采用井点降水施工时，优先采用疏干井利用自渗效果将上层滞水引渗到下层潜水层，使大部分水资源重新回灌至地下。

3）不得已必须抽取基坑水时，应根据施工进度进行水位检测，发现基坑抽水对周围环境可能造成不良影响，或者基坑抽水量大于 50 万 m^3 时，应进行地下水回灌，回灌时注意采取措施防止地下水被污染。

（2）现场所有污水有组织地排放。

现场道路、材料堆场、生产场地四周修建排水沟、集水井，做到现场所有污水不随意排放。

（3）化学品等有毒材料、油料的储存地，有严格的隔水层设计，并做好渗漏液收集和处理工作。

（4）施工机械设备使用和检修时，应控制油料污染；清洗机具的废水和废油不得直接排放。

（5）易挥发、易污染的液态材料，应使用密闭容器单独存放。

2. 污水处理

（1）现场优先采用移动式厕所，并委托环卫单位定期清理。固定厕所配置化粪池，化粪池应定期清理并有防满溢措施。

（2）现场厨房设置隔油池，隔油池定期清理并有防满溢措施。

（3）现场其他生产、生活污水经有组织排放后，配置沉淀池，经沉淀池沉淀处理后的污水，有条件的可以进行二次使用，不能二次使用的污水，经检测合格后排入市政污水管道。

（4）施工现场雨水、污水分开收集、排放。

3. 水质检测

（1）不能二次使用的污水，委托有资质的单位进行废水水质检测，满足国家相关排放要求后才能排入市政污水管道。

（2）有条件的单位可以采用微生物污水处理、沉淀剂、酸碱中和等技术处理工程污水，实现达标排放。

五、废气排放控制

施工现场的废气主要包括汽车尾气、机械设备废气、电焊烟气以及生活燃料排气等。

1. 严格机械设备和车辆的选型，禁止使用国家、地方限制或禁止使用的机械设备。优先使用国家、地方推荐使用的新设备。

2. 加强现场内机械设备和车辆的管理，建立管理台账，跟踪机械设备和车辆的年检和修理情况，确保合格使用。

3. 现场生活燃料选用清洁燃料。

4. 电焊烟气的排放符合国家相关标准的规定。

5. 严禁在现场熔化沥青或焚烧油毡、油漆以及其他产生有毒、有害烟尘和恶臭气体的物质。

六、建筑垃圾控制

工程施工过程中会产生大量废物，如泥沙、旧木板、钢筋废料和废弃包装物等，基本用于回填。大量未处理的垃圾露天堆放或简易填埋占用了大量的宝贵土地并污染环境。

1. 建筑垃圾减量

（1）开工前制定建筑垃圾减量目标。

（2）通过加强材料领用和回收的监管、提高施工管理，减少垃圾产量以及重视绿色施工图纸会审，采取避免返工、返料等措施。

2.建筑垃圾回收再利用

（1）回收准备

1）制定工程建筑垃圾分类回收再利用目标，并公示

2）制定建筑垃圾分类要求

分几类、怎么分类、各类垃圾回收的具体要求是什么都要明确规定，并在现场合适位置修建满足分类要求的建筑垃圾回收池。

3）制订建筑垃圾现场再利用方案

建筑垃圾应尽可能在现场直接再利用，减少运出场地的能耗和对环境的污染。

4）联系回收企业

以就近的原则联系相关建筑垃圾回收企业，如再生骨料混凝土、建筑垃圾砖、再生骨料砂浆生产厂家、金属材料再生企业等，并根据相关企业对建筑垃圾的要求，提出现场建筑垃圾回收分类的具体要求。

（2）实施与监管

1）制定尽可能详细的建筑垃圾管理制度，并落实到位。

2）制定配套表格，确保所有建筑垃圾受到监控。

3）对职工进行教育和强调，建筑垃圾尽可能全数按要求进行回收；尽可能在现场直接再利用。

4）建筑垃圾回收及再利用情况及时分析，并将结果公示。发现与目标值偏差较大时，及时采取纠正措施。

七、地下设施、文物和资源保护

地下设施主要包括人防地下空间、民用建筑地下空间、地下通道和其他交通设施、地下市政管网等设施，这类设施处于隐蔽状态，在施工中采取必要措施避免其受到损害。文物作为我国古代文明的象征，采取积极措施保护地下文物是每一个人的责任。

世界矿产资源短缺，施工中做好矿产资源的保护工作也是绿色施工的重要环节。

1.前期工作

（1）施工前对施工现场地下土层、岩层进行勘察，探明施工部位是否存在地下设施、文物或矿产资源，并向有关单位和部门进行咨询和查询，最终认定施工场地存在地下设施、文物或矿产资源具体情况和位置。

（2）对已探明的地下设施、文物或矿物资源，制定适当的保护措施，编制相关保护方案。方案需经相关部门同意并得到监理工程师认可后方可实施。

（3）对施工场区及周边的古树名木优先采取避让方法进行保护，不得已需进行移栽的应经相关部门同意并委托有资质的单位进行。

2. 施工中的保护

（1）开工前和实施过程中，项目部应认真向每一位操作工人进行管线、文物及资源方面的技术交底，明确各自责任。

（2）应设置专人负责地下相关设施、文物及资源的保护工作，并需要经常检查保护措施的可靠性。当发现场地条件变化、保护措施失效时应立即采取补救措施。

（3）督促检查操作人员，遵守操作规程，禁止违章作业、违章指挥和违章施工。

（4）开挖沟槽和基坑时，无论人工开挖还是机械开挖均需分层施工。每层挖掘深度宜控制在 20~30cm。一旦遇到异常情况，必须仔细而缓慢地挖掘，把情况弄清楚后并采取措施后方可按照正常方式继续开挖。

（5）施工过程中如遇到露出的管线，必须采取相应的有效措施，如进行吊托、拉攀、砌筑等固定措施，并与有关单位取得联系，配合施工，以求施工安全可靠。一旦发现文物，立即停止施工，保护现场并尽快通报文物部门并协助文物部门做好相应的工作。

（6）施工过程中发现现状与交底或图纸内容、勘探资料不相符时或出现直接危及地下设施、文物或资源安全的异常情况时，应及时通知相关单位到场研究，商议制定补救措施，在未做出统一结论前，施工人员不得擅自处理。

（7）施工过程中一旦发生地下设施、文物或资源损坏事故，必须在 24h 内报告主管部门和业主，不得隐瞒。

八、人员安全与健康管理

绿色施工讲究以人为本。在国内安全管理中，已引入职业健康安全管理体系，各建筑施工企业也都积极地进行职业健康安全管理体系的建立并取得体系认证，在施工生产中将原有的安全管理模式规范化、文件化、系统化地结合到职业健康安全管理体系中，使安全管理工作成为循序渐进、有章可循、自觉执行的管理行为。

1. 制度体系

（1）绿色施工实施项目应按照国家法律、法规的有关要求，做好职工的劳动保护工作，制订施工现场环境保护和人员安全等突发事件的应急预案。

（2）制定施工防尘、防毒、防辐射等职业危害的措施，保障施工人员的长期职业健康。

（3）施工现场建立卫生急救、保健防疫制度，在安全事故和疾病疫情出现时提供及时救助。

（4）现场食堂应有卫生许可证，炊事员应持有效健康证明。

2. 场地布置

（1）合理布置施工场地，保证生活及办公区不受施工活动的有害影响。

（2）高层建筑施工宜分楼层配备移动环保厕所，定期清运、消毒。

（3）现场设置医务室。

3. 管理规定

（1）提供卫生、健康的工作与生活环境，加强对施工人员的住宿、膳食、饮用水等生活与环境卫生等管理，明显改善施工人员的生活条件。

（2）生活区有专人负责，提供消暑或保暖措施。

（3）现场工人劳动强度和工作时间符合国家标准的有关规定。

（4）从事有毒、有害、有刺激性气味和在强光、强噪声施工的人员佩戴与其相应的防护器具。

（5）深井、密闭环境、防水和室内装修施工有自然通风或临时通风设施。

（6）现场危险设备、地段、有毒物品存放地配置醒目安全标志，施工应采取有效防毒、防污、防尘、防潮、通风等措施，加强人员健康管理。

（7）厕所、卫生设施、排水沟及阴暗潮湿地带定期消毒。

（8）食堂各类器具清洁，个人卫生、操作行为规范。

4. 其他

（1）提供卫生清洁的生活饮用水。施工期间，派人送到施工作业面。茶水桶应安全、清洁。

（2）提供生活热水。

第二节 节材与材料资源利用

节材与材料资源利用是指材料生产、施工、使用以及材料资源利用各环节的节材技术，包括绿色建材与新型建材、混凝土工程节材技术、钢筋工程节材技术、化学建材技术、建筑垃圾与工业废料回收应用技术等。

一、建材的选用

1. 使用绿色建材

选用对人体危害小的绿色、环保建材，满足相关标准要求。绿色建材是指采用清洁生产技术、少用天然资源和能源、大量使用工业或城市固态废物生产的无毒害、无污染、无放射性、有利于环境保护和人体健康的建筑材料。它具有消磁、消声、调光、调温、隔热、防火、抗静电的性能，并具有调节人体机能的特种新型功能建筑材料。

2. 使用可再生建材

可再生建材是指在加工、制造、使用和再生过程中具有最低环境负荷的，不会明显的损害生物的多样性，不会引起水土流失和影响空气质量，并且能得到持续管理的建筑材料。主要是在当地形成良性循环的木材和竹材以及不需要较大程度开采、加工的石材和在土壤资源丰富地区，使用不会造成水土流失的土材料等。

3. 使用再生建材

再生建材是指材料本身是回收的工业或城市固态废物，经过加工再生产而形成的建筑材料，如建筑垃圾砖、再生骨料混凝土、再生骨料砂浆等。

4. 使用新型环保建材

新型环保建材是指在材料的生产、使用、废弃和再生循环过程中以与生态环境相协调，满足最少资源和能源消耗，最小或无环境污染，最佳使用性能，最高循环再利用率要求设计生产的建筑材料。现阶段主要的新型环保建材主要有以下几种：

（1）以最低资源和能源消耗、最小环境污染代价生产传统建筑材料。

是对传统建筑材料从生产工艺上的改良，减少资源和能源消耗，降低环境污染，如用新型干法工艺技术生产高质量的水泥材料。

（2）发展大幅度减少建筑能耗的建材制品。

采用具有保温、隔热等功效的新型建材，满足建筑节能率要求，如具有轻质、高强、防水、保温、隔热、隔声等优异功能的新型复合墙体。

（3）开发具有高性能长寿命的建筑材料。

研究能延长构件使用寿命的建筑材料，延长建筑服务寿命，是最大的节约，如高性能混凝土等。

（4）发展具有改善居室生态环境和保健功能的建筑材料。

我们居住的环境或多或少都会有噪声、粉尘、细菌、放射性等环境危害，发展此类新型建材，能有效改善我们的居住环境，如抗菌、除臭、调温、调湿、屏蔽有害射线的多功能玻璃、陶瓷、涂料等。

（5）发展能替代生产能耗高，对环境污染大，对人体有毒、有害的建筑材料。

水泥因为在其生产过程中能耗高、环境污染大，一直是材料研究人员迫切想找到合适替代品替代的建材，现阶段主要依靠在水泥制品生产过程中添加外加剂，减少水泥用量来实现。如利用粉煤灰、矿渣、外加剂等新材料降低混凝土和砂浆中的水泥用量等。

5. 图纸会审时，应审核节材与材料资源利用的相关内容

（1）根据公司提供的《绿色建材数据库》结合现场调查，审核主要材料生产厂家距施工现场的距离，尽量减少材料运距，降低运输能耗和材料运输损耗，绿色施工要求距施工现场 500km 以内生产的建筑材料用量占建筑材料总重量的 70% 以上。

（2）在保证质量、安全的前提下，尽量选用绿色、环保的复合新型建材。

（3）在满足设计要求的前提下，通过优化结构体系，采用高强钢筋、高性能混凝土等措施，减少钢筋、混凝土的用量。

（4）结合工程和施工现场周边情况，合理采用工厂化加工的部品和构件，减少现场材料生产，降低材料损耗，提高施工质量，加快施工进度。

6. 编制材料进场计划

根据进度编制详细的材料进场计划。明确材料进场的时间、批次，减少库存，降低材料存放损耗并减少仓储用地，同时防止到料过多造成退料的转运损失。

7. 制定节材目标

绿色施工要求主要材料损耗率比定额损耗率降低30%。开工前应结合工程实际情况、项目自身施工水平等制定主要材料的目标损耗率，并予以公示。

8. 限额领料

根据制定的主要材料目标损耗率和经审定的设计施工图，计算出主要材料的领用限额，根据领用限额控制每次的领用数量，最终实现节材目标。

9. 动态布置材料堆场

根据不同施工阶段特点，动态布置现场材料堆场，以就近卸载、方便使用为原则，避免和减少二次搬运，降低材料搬运损耗和能耗。

10. 场内运输和保管

（1）材料场内运输工具适宜，装卸方法得当，有效避免损坏和遗洒造成的浪费。

（2）现场材料堆放有序，储存环境适宜，措施得当。保管制度健全，责任落实。

11. 新技术节材

（1）施工中采取技术和管理措施提高模板、脚手架等周转次数。

（2）优化安装工程中预留、预埋、管线路径等方案，避免后凿后补，重复施工。

（3）现场建立废弃材料回收再利用系统，对建筑垃圾分类回收，尽可能在现场再利用。

二、结构材料

1. 混凝土

（1）推广使用预拌混凝土和商品砂浆

预拌混凝土和商品砂浆大幅度降低了施工现场的混凝土、砂浆生产，在减少材料损耗、降低环境污染、提高施工质量方面有绝对优势。

（2）优化混凝土配合比

利用粉煤灰、矿渣、外加剂等新材料降低混凝土和砂浆中的水泥用量。

（3）减少普通混凝土的用量，推广轻骨料混凝土

与普通混凝土相比，轻骨料混凝土具有自重轻、保温隔热性、抗火性、隔声性好等特点。

（4）注重高强度混凝土的推广与应用

高强度混凝土不仅可以提高构件承载力，还可以减小混凝土构件的截面尺寸，减轻构件自重，延长使用寿命，减少装修次数。

（5）推广预制混凝土构件的使用

预制混凝土构件包括新型装配式楼盖、叠合楼盖、预制轻混凝土内外墙板和复合外墙

板等，使用预制混凝土构件，可以减少现场生产作业量，节约材料，减少污染。

（6）推广清水混凝土技术

清水混凝土属于一次性浇筑成型的材料，不需要其他外装饰，既节约材料又减少污染。

（7）采用预应力混凝土结构技术

据统计，工程采用无黏结预应力混凝土结构技术，可节约钢材约25%、混凝土约1/3，同时减轻了结构自重。

2. 钢材

（1）推广使用高强钢筋

使用高强钢筋，减少资源消耗。

（2）推广和应用新型钢筋连接方法

采用机械连接、钢筋焊接网等新技术。

（3）优化钢筋配料和钢构件下料方案

利用计算机技术在钢筋及钢构件制作前对其下料单及样品进行复核，无误后方可批量下料，减少下料不当造成的浪费。

（4）采用钢筋专业化加工配送

钢筋专业化加工配送，减少钢筋余料的产生。

（5）优化钢结构制作和安装方法。大型钢结构宜采用工厂制作，现场拼装；宜采用分段吊装、整体提升、滑移、顶升等安装方法，减少方案的措施用材量。

3. 围护材料

（1）门窗、屋面、外墙等围护结构选用耐候性、耐久性较好的材料。

一般来讲屋面材料、外墙材料要具有良好的防水性能和保温隔热性能，而门窗多采用密封性、保温隔热性能、隔声性能良好的型材和玻璃等材料。

（2）屋面或墙体等部位的保温隔热系统采用配套专用的材料，确保系统的安全性和耐久性。

（3）施工中采取措施确保密封性、防水性和保温隔热性。

特别是保温隔热系统与围护结构的节点处理，尽量降低热桥效应。

三、装饰装修材料

1. 装饰装修材料购买前，应充分了解建筑模数。尽量购买符合模数尺寸的装饰装修材料，减少现场裁切量。

2. 贴面类材料在施工前应进行总体排版，尽量减少非整块材料的数量。

3. 尽量采用非木质的新材料或人造板材代替木质板材。

4. 防水卷材、壁纸、油漆及各类涂料基层必须符合国家标准要求，避免起皮、脱落。各类油漆及黏结剂应随用随开启，不用时应及时封闭。

5.幕墙及各类预留预埋应与结构施工同步。

6.对于木制品及木装饰用料、玻璃等各类板材等宜在工厂采购或定制。

7.尽可能采用自黏结片材，减少现场液态黏结剂的使用量。

8.推广土建装修一体化设计与施工，减少后凿后补。

四、周转材料

周转材料，是指企业能够多次使用、逐渐转移其价值但仍保持原有形态不确认为固定资产的材料，在建筑工程施工中可多次利用使用的材料，如钢架杆、扣件、模板、支架等。施工中的周转材料一般分为四类。

模板类材料：浇筑混凝土用的木模、钢模等，包括配合模板使用的支撑材料、滑模材料和扣件等。按固定资产管理的固定钢模和现场使用固定大模板则不包括在内。

挡板类材料：土方工程用的挡板等，包括用于挡板的支撑材料。

架料类材料：搭脚手架用的竹竿、木杆、竹木跳板、钢管及其扣件等。

其他：除以上各类之外，作为流动资产管理的其他周转材料，如塔式起重机使用的轻轨、枕木（不包括附属于塔式起重机的钢轨）以及施工过程中使用的安全网等。

1.管理措施

（1）周转材料企业集中规模管理

周转材料归企业集中管理，在企业内灵活调度，减少材料闲置率，提高材料的使用功效。

（2）加强材料的管理

周转材料采购时，尽量选用耐用、维护与拆卸方便的周转材料和机具。同时，加强周转材料的维修和保养，金属材料使用后及时除锈、上油并妥善存放；木质材料使用后按大小、长短码放整齐，并确保存放条件，同时在全公司积极调度，避免周转材料存放过久。

（3）严格使用要求

项目部应该制定详细的周转材料使用要求，包括建立完善的领用制度、严格周转材料使用、制度（现场禁止私自裁切钢管、木枋、模板等）、周转材料报废制度等。

（4）优先选用制作、安装、拆除一体化的专业队伍进行模板施工。

2.技术措施

（1）优化施工方案，合理安排工期，在满足使用要求的前提下，尽可能减少周转材料租赁时间，做到"进场即用，用完即还"。

（2）推广使用定型钢模、钢框胶合板、铝合金模板、塑料模板等新型模板。

（3）推广使用管件合一的脚手架体系。

（4）在多层、高层建筑建设过程中，推广使用可重复利用的模板体系和工具式模板支撑。

（5）高层建筑的外脚手架，采用整体提升、分段悬挑等方案。

（6）采用外墙保温板替代混凝土模板、叠合楼盖等新的施工技术，减少模板用量。

3. 临时设施

（1）临时设施采用可拆迁、可回收材料。

（2）临时设施应充分利用既有建筑物、市政设施和周边道路。

（3）最大限度地利用已有围墙做现场围挡，或采用装配式可重复使用围挡封闭的方法。

（4）现场办公和生活用房采用周转式活动房。

（5）现场钢筋棚、茶水室、安全防护设施等应定型化、工具化、标准化。

（6）力争工地临时用房、临时围挡材料的可重复使用率达到70%。

第三节　节水与水资源利用

一、绿色建筑保水技术

1. 生态保水与城市防洪

最近许多南方多雨地区，每逢台风季节，即提心吊胆于泥石流灾难与城市淹水。许多人都把灾难的矛头指向河川整治不力，或山坡地的小区滥建。事实上，这些灾难部分起因于城乡环境丧失了原有的保水功能，使土壤缺乏水涵养能力，断绝了大地水循环机能，使得地表径流量暴增，导致水灾频仍。然而这些灾难并非不可避免，山坡地小区也并非完全不可开发，只要加强建筑基地的保水、透水设计就大可减少其弊害。过去的都市防洪观念，都希望把自家的雨水尽速往邻地排出，并认为政府必须设置足够的公共排水设施，尽速把城市雨水排至河川大海。因此，所有住家大楼都希望把自家基地垫高，或者设置紧急电动机以排除积水。这种"以邻为壑"的想法，给城市公共排水设施造成了莫大的负担，每到大雨，永远有低洼住家汇集众人之雨水而淹水。

事实上，不考虑土地保水、渗透、储集的治水对策，是一种很不生态的防洪方式。常将水池埤塘填塞，把地面铺上水泥沥青，让大地丧失透水与分洪的功能，再耗费巨资建设大型排水与抽水站，来作为洪水之末端处理。此巨型化、集中化的防洪设施，常伴随很大的社会风险。现在欧美最新的生态防洪对策，均规定建筑及小区基地必须保有储集雨水的能力，以更经济、更生态的小型分散系统进行源头分洪管制，以达到软性防洪的目的。其具体方法是在基地内广设雨水储集水池，甚至兼作景观水池，以便在大雨时储集洪峰水量，而减少城市洪水。美国有些城市更规定公共建筑物之屋顶、车库屋顶、都市广场必须设置雨水储集池，在大雨时紧急储存雨水量，待雨后再慢慢释出雨水。这种配合景观、城市、建筑场地的保水设计，就是以分散化、小型化生态化的分洪，来替代过去集中化、巨型化、水泥化的治水方式，不但能美化环境，又能达到都市生态防洪的目的。

2. 不透水场地与城市热岛效应

姑且不论城市防洪的问题，居住环境的不透水化也是土壤生态的一大伤害。过去的城乡环境开发，由于人行道、柏油路、水泥地、停车场乃至游乐场、城市广场常采用不透水铺面设计，使得大地丧失良好的吸水、渗透、保水能力，更剥夺了土壤内微生物的活动空间，减弱了滋养植物的能力。尤其在城市发展失控与地价人为炒作下的东亚国家，更造成土地超高密度使用，使居住环境呈现高度不透水化现象。不透水化的大地，使土壤失去了蒸发功能，进而难以调节气候，引发居住环境日渐高温化的"城市热岛效应"。为了应对炎热的城市气候，家家户户加速使用空调、加速排热，造成城市更加炎热的恶性循环。

根据中国台湾学者林宪德对台湾四大都会区气候的研究发现，只要降低都市内非透水性的建蔽率10%，会使周围夏季尖峰气温下降0.14℃~0.46℃，相当于减少了空调用电的0.84%~2.76%，可见透水环境对于调节气候的功能。鉴于此，以都市透水化来缓和都市热岛效应的政策已积极展开。例如，在德国有些地方政府规定建筑基地内必须保有40%以上的透水面积，甚至规定空地内除了两条车道线之外必须全面透水化。又如日本建设省与环境厅已宣誓，全面推动都市地面与道路的透水化来改善都市热岛效应。为此，东京已将全人行步道之40%改换成透水铺面，并在东京之政府步道工程90%指定透水铺面施作，即使是日本民间的一般工程，透水铺面工程也高达40%。

3. 绿色建筑场地设计

绿色建筑的水循环设计，要求大地必须有涵养雨水的能力，即要求直接渗透与储集渗透两大部分的基地保水设计。其中直接渗透设计法乃利用土壤的高渗透性来涵养水分，其透水的功能系于土壤的渗透能力。适合于直接渗透的土质渗透系数最好在10^{-6}cm/s（粉砂土质）以上，假如为黏土质土壤，则必须靠基层之土质改良才具备部分保水与排水效果。

（1）直接渗透设计

1）绿地被覆地或草沟设计

雨水渗透设计最直接的方法是保留自然土壤地面，即留设绿地、被覆地、草沟作为雨水直接入渗之面积。由于绿地可让雨水渗入土壤，对土壤的微生物活动及绿化光合作用有很大帮助，同时植物的根部活动可以活化土壤、提高土壤孔隙率，对涵养雨水有所贡献，因此绿地是属于最自然、最环保的保水设计。被覆地是地被树皮、木屑、砾石所覆盖之地面，这些有机或无机覆盖物均有多孔隙特性，具备孔隙保水之功能，并且可防止灰尘与蒸发。草沟通常被用于无污染疑虑之庭园或广场之排水设计，是巧妙利用地形坡度来设计的自然排水路，是最佳的生态排水工法。为了防止尘土飞扬、土壤流失，因此并不鼓励直接裸露之地面。裸露地被长期重压后会变成坚固不透水的地面，因此对于坚硬的裸露地面，应视同不透水地面来评估。裸露地面、裸露道路应善用碎石踏脚石、枕木等良好的被覆设计，才能长久保持大地的水循环功能。

2）透水铺面设计

透水铺面设计是满足人类活动机能与大地透水功能的双赢设计，尤其在高密度使用的城市空间是必要的生态措施。透水铺面是表层及基层均具有良好透水性能的铺面，其表层通常由连锁砖、石块、水泥块、瓷砖块、木块、高密度聚乙烯格框（HDPE）等硬质材料以干砌方式拼成，表层下的基层则由透水性良好的砂石级配构成。依地面的承载力要求，其表层材料及基层砂石级配的耐压强度有所不同，但绝不能以不透水的混凝土作为基层结构，以阻碍雨水之渗透。

有些人不了解透水铺面的功能，先以钢筋水泥作为打底的地面，然后在上面铺上连锁砖、彩虹石乱石片，如此就完全失去了大地透水的功能。为了判断透水铺面，可在下大雨后去观察地面的积水情形，可发现不透水的沥青水泥铺面常常积水不退，而连锁砖、彩虹石、植草砖之类的透水地面则干爽宜人。人行步道与庭园小道更应该进行透水设计，尤其在没有高载重的要求下，步道材质配合图案设计更可发挥美学之极致，许多利用木头、石块、卵石、水泥砖与绿地景观结合的透水铺面设计，不但可达到透水功能，更具有优美的庭园意境。

另外，有整体型透水沥青混凝土铺面，是以沥青与粗细骨材之调整，将孔隙率提高至20%左右。透水性混凝土又称无细骨材混凝土，即以无足量水泥浆及粗骨材、微量细骨材组成的混凝土，它可借由配比设计与施工控制来达成各种强度与透水性之铺面要求，其渗透系数一般均大于 1.0×10^{-4}。然而，这些高孔隙率铺面常因孔隙被泥浆、青苔、异物阻塞而降低透水性，因此定期清洗维护是很重要的。通常每年定期 2~4 次，以吸尘器与高压水柱冲洗来清洗，每次清洗后可恢复 70%~85% 的透水性能。

一般的透水铺面由于耐磨性与载重量较小，因此常使用于人行道、停车场、广场、轻载重车道等。基本上，除非超重型车辆进出频繁的道路之外，一般中小车辆的道路均可采用透水铺面，其诀窍仅在于表层铺面材与基层级配砾石的强度是否符合载重而已，铺面下必须有 20cm 以上压实的砾石级配才行。至于更高载重的车道，也有采用坚实的大块钢筋水泥板块，或是以钢筋水泥大枕木来铺设路面，只要中间留设充分透水的砾石孔洞或缝隙，也可达到高载重兼透水的要求。中国台湾业界也发明了一种"高载重透水混凝土铺面工法"，以正反漏斗型透水透气导管与钢纤维丝加劲混凝土，做成兼顾透水与高载重铺面，其载重强度可以基层强度与混凝土强度来调整，其高透水性能如砾石地一般好，其维修只要每一两年通一次透水孔即可。

3）透水管路设计法

在都市高密度开发地区，往往无法提供足够的裸露地及透水铺面来供雨水入渗，此时便需要人工设施来加速降水渗透地表下，目前较常用的设施可有水平式渗透排水管、垂直式渗透阴井，及属于大范围收集功能的渗透沟。渗透排水管是将基地降水集中于渗透排水管内后，再慢慢往土壤内入渗至地表中，达到辅助入渗的效果。透水管的材料从早期的陶管、瓦管、多孔混凝土管、有孔塑料管进化为蜂巢管、网式渗透管、尼龙纱管、不织布透水管等，利用毛细现象将土壤中的水引导入管后，再缓缓排除。渗透阴井与渗透排水管都是利用透水涵管来容纳土壤中饱和雨水，待土壤中含水量降低时再缓缓排除。渗透阴井属于垂直式辅助入渗设施，不仅有较佳的储集渗透效果，也可作为渗透排水管间之连接节点，可拦截排水过程中产生的污泥杂物，以利于定期清除来保持排水的通畅。渗透阴井可与渗透排水管配合，运用于各类运动场、公园绿地以及土壤透水性较差的建筑基地中。渗透沟则是收集经由渗透排水管及渗透阴井所排出的雨水，以组成整个渗透排水系统，也可以单独使用于较大面积的排水区域边缘，来容纳较大之水量，因此，渗透沟的管沟断面积也较上述两者为大。在管沟材料的选择上，必须以多孔隙的透水混凝土为材料，或将混凝土管沟之沟壁与沟底设计为穿孔性构造以利于雨水入渗。由于透水管路之孔隙很容易阻塞，必须设计好维修口、清理活塞、防污网罩等维护设施，同时必须定期清洗孔隙以防青苔、树叶、泥沙阻塞孔隙而失去透水功能。

（2）储集渗透设计

储集渗透是让雨水暂时留置于基地上，然后再以一定流速让水循环于大地的方法。储集渗透设计无非在于模仿自然大地的沟塘、洼地、坑洞的多孔隙特性，以增加大地的雨水涵养能力。储集渗透设计最好的实例，就是兼具庭园景观与储集渗透之双重功能的景观渗透水池。其做法如下：通常将水池设计成高低水位两部分，低水位部分底层以不透水层为之，高水位部分四周则以自然渗透土壤设计做成，下大雨时可暂时储存高低水位间的雨水，然后让之慢慢渗透回土壤，水岸四周通常种满水生植物作为景观庭园之一部分。阿姆斯特丹 ABN 银行总部的生态景观水池，其水面与岸面高差约 1m，平时功能为一兼顾生物栖息的生态水池，在大雨时则可涨水至高处的溢洪口，形成一个可吸纳都市洪峰的渗透型调节水池。储集渗透设计另外的实例，是专门考虑水渗透的功能，以渗透良好的运动场、校园、公园以及屋顶、广场来作为储集渗透池的方法。它平时为一般的活动空间，在下大雨时则可暂时储存雨水，待雨水渗透入地下后便恢复原有的空间机能，是一种兼具防洪功能的生态透水设计。将车道旁的排水口设计置于车道分隔绿地之内，把车道的排水设计先导入绿地滋养绿地之后再排入城市雨水系统，是一个十分生态的储集渗透设计。又如美国丹佛市中心的 Skyline 广场平面被设计成比路面还低，以便容纳 10 年一次的大雨，在大雨时可储存数英寸高的积水，并以每小时下降 2.5cm 的慢速度排入下水道中，广场高处设有溢水口及通行步道，以便在广场低处淹水时可以让行人通行。作为储集渗透设计的基地，最好有透水良好的土质（渗透系数 10^{-5}cm/s 以上的粉土及沙土），同时广场、绿地之储集水，水深应维持在 30cm 以下，停车场、屋顶之储集水池水深应维持在 10~15cm 以下，储集水面应有充足的溢流口，以免造成危险或困扰。

二、绿色建筑节水技术

节水的目的是减少淡水的使用量，提高水的使用效率，用较少的水量满足人们日常的需要。当我们考虑节水时，有如下三种思路可以达到节水的目的：

减少用水量，首先要节流堵漏，要找出浪费水的各种根源，如高耗水的设备和器具，管道、设备的漏水，使用过程中的无效用水，以及因管理造成的浪费。

循环使用水是提高用水效率的好办法，梯级用水、一水多用，能充分发挥水资源的潜在效能。

使用非传统水资源，则是开源，将再生水、雨水、海水等传统水资源之外的水利用起来，以缓解淡水资源短缺的问题。

1. 减少跑冒滴漏

跑冒滴漏是最常见的浪费水的根源之一，在输水过程中，管道、设备和用水器具的漏水会造成很大的浪费。

一滴水微不足道，但是滴水成河就会造成很大的浪费。据测定，滴水在 1h 内可以漏掉 3.6kg 水；1 个月可漏掉 2.6t 水。这些水量，足以供给一个人一个月的生活所需。至于连续成线的小水流，每小时可流走 17kg 水，每月可流走 12t 水；"哗哗"响的大流水，每小时可流走 670kg 水，每月可流走 482t 水。所以，节约用水从点滴做起的潜力是很大的。

根据相关统计显示，自我国城市供水平均漏损率从 7.89% 上升至 16.71%，系统的管网漏损率总体上呈上升趋势，因漏损而流失的水量越来越大，导致城市水资源流失现象加剧。而建筑内的漏损则表现为跑、冒、滴、漏，主要发生在给水配件、给水附件和给水设备处。管道接头漏损主要是接头不严密和接头刚性太强。给水配件、给水附件和给水设备的漏损主要是质量原因，其次是安装时密闭不好导致漏损。

2. 用水必须计量

用水计量管理不善也会造成惊人的浪费。包费制的用水收费方式没有把用水量和收费直接挂钩，使得用水人无节水的意识，造成水的浪费。而分户、分用途设置用水计量仪表，可以方便地计量每个付费单元的用水量和各种用途的用水量，实现用者付费，杜绝浪费。

对用水实施计量简单易行、行之有效，取消包费制，实行分户装表、计量收费，一般可节水 20%~60%。

安装水表不仅要满足用水计量的要求，还应考虑水量平衡测试的需要。水量平衡测试是指对用户的用水体系进行实际测试，确定其用水参数的水量值，并根据其输入水量与输出水量之间的平衡关系分析用水合理程度的工作。通过水量平衡测试可以全面了解管网状况、各部位（单元）用水现状；画出水量平衡图，依据测定的水量数据，找出水量平衡关系和合理用水程度，采取相应的措施，挖掘用水潜力，达到加强用水管理、节约用水并提高合理用水水平的目的。

通过水量平衡测试，能达到以下目的：

（1）掌握单位用水现状，获取准确的实测数据。

（2）对单位用水现状进行合理化分析，找出薄弱环节和节水潜力，制定出切实可行的技术、管理措施和规划。

（3）找出单位用水管网和设施的泄漏点，并采取修复措施，堵塞跑冒滴漏。

（4）健全单位用水三级计量仪表，为今后的用水计量和考核提供技术保障。

（5）可以较准确地把用水指标层层分解下达到各用水单元，把计划用水纳入各级承包责任制或目标管理计划，定期考核，调动各方面的节水积极性。

（6）建立一套完整翔实的用水档案。

（7）提高单位管理人员的节水意识、节水水平和业务技术素质。

（8）为制定用水定额和计划用水量指标提供较准确的依据。

3. 采用节水器具

水龙头、洗衣机等配水装置和卫生设备是水的最终使用单元，节水性能的好坏直接影响着建筑节水工作的成效。节水器具是指在满足相同的饮用、厨用、冲厕、洗浴、洗衣等用水功能的情况下，较同类常规产品能减少用水量的用水器具。

大多数用水产品及设备的节水水平不高，部分用水产品及设备存在较为严重的跑、冒、滴、漏现象，用水效率低下是水浪费的重要因素之一。节水器具的节水潜力很大。普通水龙头与节水型龙头相比，相同效果下出水量大大不同，一般普通龙头的流量都大于 0.20L/s，节水龙头流量为 0.046L/s。目前，节水型水龙头大多采用陶瓷芯水龙头，与普通水龙头相比，节水量一般可达 20%~30%。这种水龙头已经代替了原来的铸铁阀门，避免因为阀门的磨损而产生跑、冒、滴、漏的现象。另外，该产品开关行程短，缩短了调节水流的时间，节省了出水量，从而加强了节水效果。目前已广泛使用这种节水龙头。

充气水龙头是在国外使用较广泛的节水龙头，我国正在逐步推广，其原理是在龙头的出水口安装充气稳流器（俗称气泡头），据相关报道可节水 25% 左右，并随着水压的增加，节水效果也更明显。由于空气注入和压力等原因，节水龙头的水束显得比传统龙头要大，水流感觉顺畅。延时自动关闭（延时自闭）水龙头适用于公共建筑与公共场所，有时也可用于家庭。使用延时自闭水龙头的最大优点是可以避免"长流水"现象，其节水效果约为 30%。

（1）节水龙头

节水龙头包括加气节水龙头、限流水龙头、陶瓷阀芯水龙头、停水自动关闭水龙头等。陶瓷阀芯水龙头、停水自动关闭水龙头是通过避免水龙头的漏水和跑水，达到节水的目的；加气节水龙头、限流水龙头是通过加气或者减小过流面积来降低通过水量，在同样的使用时间里，减少了用水量，达到节约用水的目的，是在国外使用较广泛的节水龙头，可节水 25% 左右。

（2）坐便器

我国目前在新建建筑中已淘汰 9L 坐便器，推广使用两挡 6L 水箱便器，并已有一次冲水量为 4.5L，甚至更少水量的大便器问世。以三口之家为例，若每人每天大便 1 次、小便 4 次，使用 9L 水箱，一天要用水 135L；使用 6L 水箱，一天用水 90L；而使用 6L 两挡水箱，一天用水 54L。使用 6L 坐便器比 9L 坐便器节水 14.3%，采用两挡式坐便器比 9L 节水 60%，可见，采用 6L 水箱比采用 9L 水箱更节水，使用 6L 两挡水箱节水效果更好。使用两挡水箱的另一个优点是不需要更换便器和对排水管道系统进行改造，因而尤其适用于现有建筑便器水箱的更新换代上。

节水便器包括：压力流防臭、压力流冲击式 6L 直排便器，3L/6L 两挡节水型虹吸式排水坐便器，6L 以下直排式节水型坐便器，感应式节水型坐便器，带洗手水龙头的水箱坐便器，无水真空抽吸坐便器等。

（3）延时自闭式水龙头、光电控制式水龙头和小便器、大便器水箱延时自闭式水龙头在出水一定时间后自动关闭，避免"长流水"现象。出水时间可在一定范围内调节，但出水时间固定后，不易满足不同使用对象的要求。光电控制式水龙头可以克服上述缺点，且不需要人触摸操作，光电控制小便器适合在公共建筑中安装使用。

另外，根据模糊控制原理生产的一体式小便器和大便器也已面世，其工作原理是将冲洗水量分为若干个区间，根据使用时间、使用频率自动判断需要的冲洗水量，比以往的系统节水 30%。

（4）不同出水量的水龙头

在不同场所采用不同出水量的水龙头，如新加坡规定洗菜盆用水 6L/min，淋浴用水 9L/min；我国台湾地区推出的喷雾型洗手专用水龙头，出流量仅为 1L/min，而我国各种水龙头的额定流量大部分是 12L/min，明显偏大。因此应合理规定各种水龙头的额定流量，根据用途安装不同出水量的水龙头。

（5）压力调节的节水龙头

水龙头的出水量随出水压力的升高而加大，即便使用节水龙头，在水压较高时，流量仍超过额定流量。如能保证出水压力恒定就能避免超压造成的浪费，可选用带压力调节功能的、适用于不同压力范围的节水龙头。

（6）有压水箱和带洗手龙头的水箱

有压水箱为密闭式水箱，利用管路中自来水的压力将水箱中的空气压缩，使水箱内的水具有一定压力。当冲洗时，水可高速冲洗大便器，冲洗清洁度比常压水箱高 40%，每次只需 3.5L 冲洗水量。

在日本很多家庭使用带洗手龙头的水箱，洗手用的废水全部流入水箱，回用于冲厕。水箱需水时，可打开水龙头直接放水。使用这种冲洗水箱，不但可以节水，而且可减少水箱本身的费用。

（7）节水淋浴器

根据各种用水统计，沐浴用水占生活用水的 30%~36%。节约淋浴用水可采用节水型淋浴器具，如采用灵敏度高、水温可随意调节的冷热水混合器、电磁式淋浴节水装置和非接触自动控制淋浴装置，配合低流量莲蓬头、充气式龙头使用，可节约用水 40% 以上。

（8）节水型电器：节水洗衣机、洗碗机等

采用节水器具可充分节约水资源，虽然初投资要高一些，但能有效节省日常用水开支，高效节水洗衣机节水可达 50%。

4. 采取减压限流

水大都是通过水泵的加压提升再送至千家万户，为满足使用功能，用水器具有额定流量的要求，为满足所需的流量需要提供足够的水压。水压和流量呈正比，同一个阀门，水压越大，流量也越大。

在水的提升过程中，为满足最高、最远一户用水点的压力要求，大部分用水点的压力都会高于实际使用所需要的压力，用水时会出现超压出流的现象。超压出流现象是指给水阀在单位时间内的出水量超过额定流量的现象。额定流量是满足使用要求的流量，因超压出流量未产生正常的使用效益，为无效用水，是对水资源的浪费，超压出流现象不易被人们察觉和认识，属隐形水量浪费，这种隐形水量浪费在各类建筑中不同程度地存在，其浪费的水量非常惊人。同时超压出流还破坏了给水系统中流量的正常分配，严重时会造成水的供需矛盾；而且由于水压过大，水龙头启闭时易产生水击及管道的震动，加快阀门和管道的磨损，造成接头和阀件松动、损坏、漏水。

采取减压的方法可避免趋压出流现象，在管道上设置减压装置（减压阀、减压孔板、节流塞等），或采用带压力调节装置的用水器具，使供水压力接近用水器具所需的最低工作压力，从而达到减压限流、节约用水的目的。研究表明，住宅的入户管或公共建筑的配水横支管的工作压力应限制在不高于 0.15MPa，压力大于上述限值时应采取减压措施。

5. 节水绿化

建筑区的绿地是建设用地生态环境的主要指标，也是控制建筑密度的基本要求之一。绿化能美化和改善建筑的室外环境，为创造宜人的建筑室外环境，绿化面积大都占到建筑用地的 30% 以上，但是，绿地的浇灌要消耗大量的水，绿化用水定额为 $1.0 \sim 3.0 \text{L/(m}^2 \cdot \text{d)}$，按浇洒面积计算。

植物对水的需求以草坪为最大，实验表明，乔灌木的耗水量远低于草坪，而生态效益却比草坪高得多，10m^2 树木产生的生态效益与 50m^2 生长良好的草坪相当。因此，在进行园林植物配置时，应以树木为主体，提倡乔木、灌木、草坪相结合的复层结构，杜绝以草代树现象。特别是在干旱地区，如果布置大片的草坪，草坪用水量要占到居民用水的 30%~50%。

除了通过乔木、灌木、草坪的合理配置达到节水的目的外，还有如下绿化节水的有效途径。

（1）采用耐旱植物

耐旱植物包括旱生植物、中生植物的耐旱种类，以及通过培育而成的耐旱园艺品种。耐旱植物的应用，不仅能节约大量绿化用水，还能营造独特的景观。有人提出"耐旱风景"的观念，即选用既耐旱又美观的植物来代替耗水量大的草坪，这样，可以节省水量 30%~80%，并可相应地减少化肥和农药的耗费和污染，一举多得。

金叶莸的耐旱性和耐寒性非常适合我国北方城市的气候特点。年降水量 300~400mm，最低温度在 - 30℃的地区，金叶莸也可正常生长并安全越冬。而且，一年只需要整形修剪 1~2 次、浇水 2~3 次，单位面积的耗水量仅为草坪的 1/10，养护成本非常低。正是基于这些特性，金叶苋不仅在新疆、甘肃、青海、内蒙古等自然环境比较恶劣的西北地区备受推崇，在北京、天津、山东等省市也得到了广泛应用。

"土生士长"在贺兰山区的醉鱼木、黄花矶松，其抗旱节水性则更加明显。醉鱼木可在年降雨量 180~220mm 的地区正常生长。黄花矶松不仅耐旱，而且金黄色的花耀眼夺目，花期可长达 6 个月。花期过后花瓣并不脱落，而是变为干花，干花的观赏期也可持续 2 个月，成为干旱地区替代草坪或地被植物的理想选择。

（2）节水灌溉（喷灌、微灌、滴灌等）

对于人工绿化，灌溉是保证适时适量满足植物生长发育所需水分的主要手段，在达到浇灌效果的前提下，不同的浇灌方式耗费的水量有很大差异，选择节水型的浇灌方式是实现绿化节水的一种重要方式。

节水型灌溉主要有喷灌、滴灌、微喷灌、雾灌、渗灌、管灌等几种形式。

1）喷灌

喷灌是利用加压设备或利用高处水源的自然水头，将水流通过管道，经过喷头喷射到空中并散成水滴来进行灌溉。喷灌分为固定式、半固定式和移动式。喷灌是根据植物品种、土壤和气候状况，适时适量地进行喷洒。喷灌比地面漫灌方式可节省 30%~50% 的用水，而且还节省劳力，工效较高。喷灌特别适于密植低矮植物（如草坪、灌木、花卉）的灌溉。喷灌有灌水均匀（均匀度达 0.8~0.9）、自动化程度高、可以控制灌水量，不易产生深层渗漏和地面径流不破坏土壤结构、可调节小气候等优点。据测定，喷灌水资源利用系数可达 0.72~0.93，但喷灌一次性投资高，受风和空气温度影响很大，对水质要求高。

2）滴灌

滴灌是通过安装在毛管上的滴管、孔口和滴头等灌水器，将水滴逐滴均匀缓慢地滴入作物根区附近土壤的灌水技术，有固定式和移动式两种。灌溉系统采用管道输水，输水损失很少，可有效地控制水量，水资源利用率高，用水量比喷灌节省 1/2。另外，由于滴灌实现自动化管理，不需要开沟等，可溶性肥料随水施到植物根区，水流滴入土壤后，靠毛细管力作用浸润土壤，不破坏土壤结构，具有省肥、省工和水资源利用率高等优点。但存在滴头容易堵塞、限制根系发展、一次性投资高等缺点。

滴灌除具有喷灌的主要优点外，比喷灌更节水（约 40%）、节能（50%~70%），但因管道系统分布范围大而增大了投资成本和运行管理的工作量。目前，滴灌主要应用在花卉、灌木及行道树的灌溉上，而在草坪及其他密植植物上应用较少。

3）微喷灌

微喷灌是在滴灌的基础上逐步形成的一种技术，是通过低压管道系统，以小的流量将水喷洒到土壤表面进行灌溉的方法。微喷灌通过网系直接将水输送到根部土壤表面，水分利用率高。实践证明，微喷灌系统一般比喷灌系统节省水 20%~30%。微喷灌管理方便，节省劳力，耗能少，不易堵塞，能防止土壤冲刷和板结，容易控制杂草生长，是一种较先进的灌溉技术，但仍有受风影响降低灌水均匀度、限制根系发展、水质要求高等缺点。

4）地下滴灌

地下滴灌是微灌技术的典型应用形式，是目前最新、最复杂、效率最高的灌溉方法。它直接供水于植物根部，水分蒸发损失小，不影响地面景观，同时还可以抑制杂草的生长，是园林绿地中极具发展潜力的灌溉技术。

5）渗灌

渗灌是利用修筑在地下的专门设施将水引入土壤层，借助毛细管的作用自上而下浸润作物根系附近土壤的技术。渗灌可分为无压渗灌和有压渗灌两种，除能使土壤湿润均匀、湿度适宜和保持土壤结构良好外，还具有减少地面蒸发、节约用水、提高灌溉效率、便于从事其他田间作业等优点。

第四节　节能与能源利用

施工节能是指建筑工程施工企业采取技术上可行、经济上合理、有利于环境、社会可接受的措施，提高施工所耗费能源的利用率。施工节能主要是从施工组织设计、施工机械设备及机具、施工临时设施等方面，在保证安全的前提下，最大限度地降低施工过程中的能量损耗，提高能源利用率。

一、节能措施

1.制定合理的施工能耗指标，提高施工能源利用率

施工能耗非常复杂，目前尚无一套比较权威的能耗指标体系供大家参考。因此，制定合理的施工能耗指标必须依靠施工企业自身的管理经验，结合工程实际情况，按照"科学、务实、前瞻、动态、可操作"的原则进行，并在实施过程中全面细致地收集相关数据，及时调整相关指标，最终形成比较准确的单个工程能耗指标供类似工程参考。

（1）根据工程特点，开工前制定能耗定额，定额应按生产能耗、生活办公能耗分开制定，并分别建立计量管理机制。一般能耗为电能，油耗较大的土木工程、市政工程等还包括油耗。

（2）大型工程应该分不同单项工程、不同标段、不同施工阶段、不同分包生活区制定能耗定额，并采取不同的计量管理机制。

（3）进行进场教育和技术交底时，应将能耗定额指标一并交底，并在施工过程中计量考核。

（4）专项重点能耗考核。

对大型施工机械，如塔式起重机、施工电梯等，单独安装电表，进行计量考核，并有

相关制度配合执行。

2.优先使用国家、行业推荐的节能、高效、环保的施工设备和机具。国家、行业和地方会定期发布推荐、限制和禁止使用的设备、机具、产品名录，绿色施工禁止使用国家、行业、地方政府明令淘汰的施工设备、机具和产品，推荐使用节能、高效、环保的施工设备和机具。

3.施工现场分别设定生产、生活、办公和施工设备的用电控制指标，定期进行计量、核算、对比分析，并有预防和纠正措施。按生产、生活、办公三区分别安装电表进行用电统计，同时，大型耗电设备做到一机一表单独用电计量。定期对电表进行读数，并及时将数据进行横向、纵向对比，分析结果，发现与目标值偏差较大或单块电表发生数据突变时，应进行专题分析，采取必要措施。

4.在施工组织设计中，合理安排施工顺序、工作面，以减少作业区域的机具数量，相邻作业区充分利用共有的机具资源。在编制绿色施工专项施工方案时，应进行施工机具的优化设计。

优化设计应包括以下几个方面：

（1）安排施工工艺时，优先考虑能耗较少的施工工艺。例如在进行钢筋连接施工时，尽量采用机械连接，减少采用焊接连接。

（2）设备选型应在充分了解使用功率的前提下进行，避免设备额定功率远大于使用功率或超负荷使用设备的现象。

（3）合理安排施工顺序和工作面，科学安排施工机具的使用频次、进场时间、安装位置、使用时间等，减少施工现场机械的使用数量和占用时间。

（4）相邻作业区应充分利用共有的机具资源。

5.根据当地气候和自然资源条件，充分利用太阳能、地热等可再生能源。太阳能、地热等作为可再生的清洁能源，在节能措施中应该利用一切条件。在施工工序和时间的安排上，应尽量避免夜间施工，充分利用太阳光照。另外在办公室、宿舍的朝向、开窗位置和面积等的设计上也应充分考虑自然光照射，节约电能。太阳能热水器作为可多次使用的节能设备，有条件的项目也可以配备，作为生活热水的部分来源。

二、机械设备与机具

1.建立施工机械设备管理制度

（1）进入施工现场的机械设备都应建立档案，详细记录机械设备名称、型号、进场时间、年检要求、进场检查情况等。

（2）大型机械设备定人、定机、定岗，实行机长负责制。

（3）机械设备操作人员应持有相应上岗证，并进行绿色施工专项培训，有较强的责任心和绿色施工意识，在日常操作中，有意识节能。

（4）建立机械设备维护保养管理制度，建立机械设备年检台账、保养记录台账等，做到机械设备日常维护管理与定期维护管理双到位，确保设备低耗、高效运行。

（5）大型设备单独进行用电、用油计量，并做好数据收集，及时进行分析比对、发现异常，及时采取纠正措施。

2. 机械设备的选择和使用

（1）选择功率与负载相匹配的施工机械设备，避免大功率施工机械设备低负载长时间运行。

（2）机电安装可采用节电型机械设备，如逆变式电焊机和能耗低、效率高的手持电动工具等，以利节电。

（3）机械设备宜使用节能型油料添加剂，在可能的情况下，考虑回收利用，节约油量。

3. 合理安排工序

工程应结合当地情况、公司技术装备能力、设备配置情况等确定科学的施工工序。工序的确定以满足基本生产要求，提高各种机械的使用率和满载率，降低各种设备的单位能耗为目的。

施工中，可编制机械设备专项施工组织设计。编制过程中，应结合科学的施工工序，用科学的方法进行设备优化，确定各设备功率和进出场时间，并在实施过程中严格执行。

三、生产、生活及办公临时设施

1. 利用场地自然条件，合理设计生产、生活及办公临时设施的体形、朝向、间距和窗墙面积比，使其获得良好的日照、通风和采光。可根据需要在其外墙窗设遮阳设施。

建筑物的体形用体形系数来表示，是指建筑物解除室外大气的外表面积与其所包围的体积的比值。体积小、体形复杂的建筑，体形系数较大，对节能不利，因此应选择体积大、体形简单的建筑。体形系数较小，对节能较为有利。

我国地处北半球，太阳光一般都偏南，因此建筑物南北朝向比东西朝向节能。窗墙面积比为窗户洞口面积与房间立面单元面积（房间层高与开间定位线围成的面积）的比值。加大窗墙面积比，对节能不利，因此外窗面积不应过大。

2. 临时设施宜采用节能材料，墙体、屋面使用隔热性能好的材料，减少夏季空调设备的使用时间及能耗。临时设施用房宜使用热工性能达标的复合墙体和屋面板，顶棚宜进行吊顶。

3. 合理配置采暖、空调、风扇数量，并有相关制度确保合理使用，节约用电。

应有相关制度保证合理使用，如规定空调使用温度限制、分段分时使用以及按户计量，定额使用等。

四、施工用电及照明

1.临时用电优先选用节能电线和节能灯具。采用声控、光控等节能照明灯具。

电线节能要求合理选用电线、电缆的截面。绿色施工要求办公、生活和施工现场，采用节能照明灯具的数量宜大于80%，并且照明灯具的控制可采用声控、光控等节能控制措施。

2.临时用电线路合理设计、布置，临时用电设备宜采用自动控制装置。

在工程开工前，对建筑施工现场进行系统的、有针对性的分析，针对施工各用电位置，进行临时用电线路设计。在保证工程用电就近的前提下，避免重复铺设和浪费铺设，减少用电设备与电源间的路程，降低电能传输过程的损耗。制定齐全的管理制度，对临时用电各条线路制定管理、维护、用电控制等措施，并落实到位。

3.照明设计应符合国家现行标准的规定。照明设计以满足最低照度为原则，照度不应超过最低照度的20%。

4.根据施工总进度计划，在施工进度允许的前提下，尽可能少地进行夜间施工。夜间施工完成后，关闭现场施工区域内大部分照明，仅留必要的和小功率的照明设施。

5.生活照明用电采用节能灯，生活区夜间规定时间内关灯并切断供电。办公室白天尽可能使用自然光源照明，办公室所有管理人员养成随手关灯的习惯，下班时关闭办公室内所有用电的设备。

第五节　节地与施工用地保护

临时用地是指在工程建设施工和地质勘查中，建设用地单位或个人需要临时使用，不宜办理征地和农用地转用手续的，或者在施工、勘察完毕后不再需要使用的国有或者农民集体所有的土地（不包括因临时使用建筑或者其他设施而使用的土地）。

临时用地就是临时使用而非长久使用的土地，在法规表述上可称为"临时使用的土地"，与一般建设用地不同的是：临时用地不改变土地用途和土地权属，只涉及经济补偿和地貌恢复等问题。

一、临时用地指标

1.临时设施要求平面布置合理、组织科学、占地面积小，在满足环境、职业健康与安全及文明施工要求的前提下尽可能减少废弃地和死角，临时设施占地面积有效利用率大于90%。

2.根据施工规模及现场条件等因素合理确定临时设施，如临时加工厂、现场作业棚及材料堆场、办公生活设施等的占地指标。临时设施的占地面积应按用地指标所需的最低面积设计。

3.建设工程施工现场用地范围，以规划行政主管部门批准的建设工程用地和临时用地范围为准，必须在批准的范围内组织施工。如因工程需要，临时用地超出审批范围，必须提前到相关部门办理批准手续后方可占用。

4.场内交通道路布置应满足各种车辆机具设备进出场、消防安全疏散要求，方便场内运输。场内交通道路双车道宽度不宜大于6m，单车道不宜大于3.5m，转弯半径不宜大于15m，且尽量形成环形通道。

二、临时用地保护

1.合理减少临时用地

（1）在环境和技术条件可能的情况下，积极应用新技术、新工艺、新材料，避开传统的、落后的施工方法，如在地下工程施工中尽量采用顶管、盾构、非开挖水平定向钻孔等先进施工方法，避免传统的大开挖，减少施工对环境的影响。

（2）深基坑施工，应考虑设置挡墙、护坡、护脚等防护设施，以缩短边坡长度。在技术经济比较的基础上，对深基坑的边坡坡度、排水沟形式与尺寸、基坑填料、取弃土设计等方案进行比选，避免高填深挖，尽量减少土方开挖和回填量，最大限度地减少对土地的扰动，保护周边自然生态环境。

（3）合理确定施工场地取土和弃土场地地点，尽量利用山地、荒地作为取、弃土场用地；有条件的地方，尽量采用符合技术标准的工业废料、建筑废渣填筑，减少取土用地。

（4）尽量使用工厂化加工的材料和构件，减少现场加工占地量。

2.红线外临时占地应环保

红线外临时占地应尽量使用荒地、废地，少占用农田和耕地。工程完工后，及时对红线外占地恢复原地形、地貌，使施工活动对周边环境的影响降至最低。

三、施工总平面布置

1.不同施工阶段有不同的施工重点，因此施工总平面布置应随着工程进展动态布置。

2.施工总平面布置应做到科学、合理，充分利用原有建筑物、构筑物、道路、管线为施工服务。

3.施工现场搅拌站、仓库、加工厂、作业棚、材料堆场等布置应尽量靠近已有交通线路或即将修建的正式或临时交通道路，缩短运输距离。

4.临时办公和生活用房应采用经济、美观、占地面积小、对周边地貌环境影响较小、且适合施工平面布置动态调整的多层轻钢活动板房、钢骨架多层水泥活动板房等可重复使用的装配式结构。

5. 生活区和生产区应分开布置，生活区远离有毒有害物质，并宜设置标准的分隔设施避免受生产影响。

6. 施工现场围墙可采用连续封闭的轻钢结构预制装配式活动围挡，减少建筑垃圾，保护土地。

7. 施工现场道路按照永久道路和临时道路相结合的原则布置，施工现场内形成环形通路，减少道路占用土地。

8. 临时设施布置注意远近结合（本期工程与下期工程），努力减少和避免大量临时建筑拆迁和场地搬迁。

9. 现场内裸露土方应有防水土流失措施。

第七章　绿色建筑评价

绿色建筑在实践领域的实施和推广有赖于建立明确的绿色建筑评估体系，一套清晰的绿色建筑评估体系对绿色建筑概念的具体化、使绿色建筑脱离空中楼阁真正走入实践，以及对人们真正理解绿色建筑的内涵起着极其重要的作用。本章主要对绿色建筑的评价进行详细的讲解。

第一节　绿色建筑评价概述

国际上对绿色建筑的评价大概经历了以下三个阶段：第一阶段主要是进行相关产品及技术的一般评价、介绍与展示；第二阶段主要是对与环境生态概念相关的建筑热、声、光等物理性能进行方案设计阶段的软件模拟与评价；第三阶段以"可持续发展"为主要评价尺度，对建筑整体的环境表现进行综合审定与评价。这一阶段在各个国家相继出现了一批作用相似的评价工具。今后，将对现阶段已有的评价工具与设计阶段的模拟辅助工具进行整合，并利用网络信息技术使评价方式与辅助设计手段得到更广泛和全面的应用与发展。

绿色建筑从理念到实践，在发达国家逐步完善，形成了成体系的设计方法、评估方法，各种新技术、新材料层出不穷。一些发达国家还组织起来，共同探索实现建筑可持续发展的道路，如加拿大的"绿色建筑挑战"行动，采用新技术、新材料、新工艺，实行综合优化设计，使建筑在满足使用需要的基础上所消耗的资源、能源最少。

绿色建筑评价体系的建立，由于其涉及专业领域的广泛性、复杂性和多样性，而成为一种非常重要却又复杂艰巨的工作。它不仅要求各个领域专家通力合作，共同制订一套科学的评价体系和标准，而且要求这种体系和标准在实际操作中能简单易行。

一、绿色建筑的评价内容

各国的国情以及对可持续的建筑与环境之间关系的理解不同，各国的绿色建筑评价具体内容和项目划分也不尽相同。目前，综合各国绿色建筑评价的内容，可以将其划分为以下五大类指标项目：

1. 环境。在对水、土地、能源、建材等自然资源消耗的同时对水、土地、空气等的污染，对生物物种多样性的破坏等。

2. 健康。主要指室内环境质量。

3. 社会。绿色建筑的经济性及其使用、管理等社会问题。

4. 规划。包括场址的环境设计、交通规划等。

5. 设计。设计中意在改进建设生态性能的手法等。

二、绿色建筑评价的基本原则与理论

（一）绿色建筑评价的基本原则

1. 科学性原则

绿色建筑的评价应符合人类、建筑、环境之间的相互关系，遵循生态学和生态保护的基本原理，阐明建筑环境影响的特点、途径、强度和可能的后果，在一个适当空间和时间范围内寻求有效地保护、恢复、补偿与改善建筑所在地原有生态环境，并预计其影响和发展趋势。评价过程应当有一套清晰明确的分类和组织体系，对一定数量的关键问题进行分析，采用标准化的衡量手段，为得出正确的评价结论提供有力支撑。

2. 可持续发展原则

绿色建筑评价的实质是建筑的可持续发展评价，必须考虑到当前和今后人们之间的平等和差异，将这种考虑与资源的利用、过度消耗、可获取的服务等问题恰当地结合起来，有效保护人类赖以生存的自然资源和生态系统。

3. 开放性原则

评价应注重公众参与，从评价的准备、实施、形成结论都应该和公众（包括社区居民、专业人士、社会团体、公益组织等）有良好的沟通渠道，公众能够从中获取足够的信息、表达共同意愿、监督运作过程，确保得到不同价值观的认可，吸取积极因素为决策者提供参考。

4. 协调性原则

绿色建筑评价体系应能够协调经济、社会、环境和建筑之间的复杂关系，协调长期与短期、局部与整体的利益关系，提高评价的有效性。

（二）绿色建筑评价的主要理论

1. 系统工程理论

绿色建筑评价体系是一个复杂的体系，各层级因子之间存在纵向的隶属关系和横向的制约关系。根据对评价系统的分析，将所含的因素分系统、分层次地构成一个完善、有机的层次结构，通过一定的方法达到总体效果最优的目标。

2. 可持续发展理论

可持续发展是指既满足当代人的需求又不对后代人满足其需求的能力构成危害的发展，包含两个基本观点：一是发展，二是发展要适当。绿色建筑就是要求建筑的发展与人类的需求相一致，尽量减少对生态环境产生的负面影响。它的发展能够与经济和社会的持续发展保持协调的步伐，而不是超越或滞后。绿色建筑评价标准中应该包含全面可持续发展理论的要求，站在更高的视野关注建筑对于生态环境的影响，追求建筑、人类、社会、环境的协调发展和综合效益。

3. 全生命周期评价理论

全生命周期评价（LCA）最初来自工业系统，是一种评价产品、工艺或活动从原材料采集，到产品生产、运输、销售、使用、回用、维护和最终处置整个生命周期有关的环境负荷的过程。它首先辨识和量化整个生命周期阶段中能量和物质的消耗以及环境释放，然后评价这些消耗和释放对环境的影响，最后评价减少这些影响的机会。生命周期评价注重研究系统在生态健康、人类健康和资源消耗领域内的环境影响。只有对产品整个生命周期的每一阶段都有详细的了解，才能对各阶段的环境影响做出客观公正的评价。

生命周期评价作为一个面向产品的环境管理工具，主要考虑在产品生命周期的各个阶段对环境造成的干预和影响，是对产品的整个生命周期进行环境影响分析，通过编制一个系统的物资投入与产出的清单来评价这些与投入产出有关的潜在环境影响，并根据生命周期评价的目的解释清单记录和环境影响的分析结果。

全生命周期评价可分为以下四个工作阶段：

（1）目标与范围的界定。将全生命周期评估研究的目的和范围予以明确，使其与预期的应用相一致。

（2）清单分析。编制一份与研究的产品系统有关的投入产出清单，包含资料搜集和运算，以便量化一个产品系统的相关投入与产出，这些投入与产出包括资源的使用以及对空气、水体及土地的污染排放等。

（3）影响评估。采用全生命周期清单分析的结果来评估因投入产出而导致的环境影响。

（4）结果说明。将清单分析及影响评估所发现的与研究目的有关的结果综合起来，形成最后的结论和建议。

对于建筑而言，其全生命周期可分为建筑原材料的开采、材料的加工制造、施工、运营和维护、最终的废弃物处理和再生利用阶段。

建筑原材料的开采阶段。这个阶段是建筑生产过程对生态环境冲击最严重的阶段之一，因人类的活动而使沉积地下多年的物质在短时间内加入了地球生物化学循环，剧烈地冲击着该物质的循环平衡。而且由于开采范围和深度不断扩大，对地球物理环境造成了深刻的不可逆变化，如岩层破坏、地下水位下降、水体破坏、地质灾害等。

材料的加工制造阶段。这个阶段一方面将绝大部分人暂时不需要的材料以废弃物的形式直接排入环境，另一方面通过许多复杂的过程制造了许多自然界并不存在的物质，因为降解困难而无法回归自然界参与物质循环。

施工阶段。这个阶段因直观而易于被人们认识和了解，施工过程中制造的粉尘、垃圾、噪声都被人们高度关注，并通过改善施工工艺明显地减少建筑垃圾和环境污染。

运营和维护阶段。这个阶段是建筑全生命周期中时间最长的阶段，虽然单位时间内对环境的影响容易被人忽略，但通过长时间的积累所形成的影响巨大。科学合理的设计方案、环保节约的生活方式都对降低环境的影响至关重要。

最终的废弃物处理和再生利用阶段。建筑物的拆除虽然意味着建筑物功能的结束，但并不代表建筑生命周期的结束。大量建筑废弃物对环境造成的压力可通过一些处理方式得到改善，比如可以重复使用的材料得到再利用、一些废弃物转为其他用途、无法再利用的做好妥善粉碎和掩埋，尽量减少对环境的压力和危害。

4.绿色建筑的评价机制与评价过程

（1）绿色建筑的评价机制

首先，根据当地的自然环境（包括气候、生态类型、地区需求等）及建筑因素（包括建筑形式、发展阶段、地区实践）等条件，确定在当地使用的建筑评价指标项目的构架。其次，对以上确立的各项指标项目确定评价标准。一般都以现行的国家或地区规范及公认的国际标准作为最重要的参照和准则。同时，在有些评价工具中，评价标准还被设为标尺的形式，用来动态地反映地区时间的最佳水平和最新进展。最后，根据标准对有关项目进行评价。

（2）绿色建筑的评价过程

首先要输入数据。根据评价指标项目，输入相关设计、规划、管理、运行等方面的数值与文件资料。其次是综合评分。由具有资格的评审人员根据有关评价标准，对评价项目进行评价，一般采用加权累积的方法评定最后得分。最后确定等级。根据得分的多少，确定该绿色建筑的等级并颁发相应的等级认定证书。

第二节　绿色建筑评价标识及其管理

一、绿色建筑评价标识

1.绿色建筑标识的等级和类别

标识评价适用于已竣工并投入使用的住宅建筑和公共建筑评价标识的组织实施与管理。评价标识的申请遵循自愿原则，评价标识工作遵循科学、公开、公平和公正的原则。绿色建筑等级由低到高分为一星级、二星级和三星级三个等级。绿色建筑评价分为规划设计阶段和竣工投入使用阶段标识。规划设计阶段绿色建筑标识有效期限为一年，竣工投入使用阶段绿色建筑标识有效期限为三年。

2.绿色建筑标识的管理机构

住房和城乡建设部负责指导和管理绿色建筑评价标识工作，制定管理办法监督实施、公示、审定、公布通过的项目。对审定的项目由住房和城乡建设部公布，并颁发证书和标志。住房和城乡建设部委托部科技发展促进中心负责绿色建筑评价标识的具体组织实施等日常管理工作，并接受住房和城乡建设部的监督与管理。住房和城乡建设部科技发展促进中心负责对申请的项目组织评审，建立并管理评审工作档案，受理查询事务。

具体做法为住房和城乡建设部负责指导全国绿色建筑评价标识工作和组织三星级绿色建筑评价标识的评审，研究制定管理制度，监制和统一规定标识证书、标志的格式、内容，统一管理各星级的标志和证书，指导和监督各地开展一星级和二星级绿色建筑评价标识工作。住房和城乡建设部选择确定具备条件的地区，开展所辖区域一星级和二星级绿色建筑评价标识工作。各地绿色建筑评价标识工作由当地住房和城乡建设主管部门负责。拟开展地方绿色建筑评价标识的地区，需由当地住房和城乡建设主管部门向住房和城乡建设部提出申请，经同意后开展绿色建筑评价标识工作。地方住房和城乡建设主管部门可委托中国城市科学研究会在当地设立的绿色建筑专委会或当地成立的绿色建筑学协会承担绿色建筑评价标识工作。

（1）申请开展绿色建筑评价标识工作的地区应具备的条件：

1）省、自治区、直辖市和计划单列城市。

2）依据《绿色建筑评价标准》制定出台了当地的绿色建筑评价标准。

3）明确了开展地方绿色建筑评价标识日常管理机构，并根据《绿色建筑评价标识管理办法（试行）》制订了工作方案或实施细则。

4）成立了符合要求的绿色建筑评价标识专家委员会，承担评价标识的评审。

（2）各地绿色建筑评价标识工作的技术依托单位应满足的条件：

1）具有一定从事绿色建筑设计与研究的实力，具有进行绿色建筑评价标识工作所涉及专业的技术人员，副高级以上职称的人员比例不低于30%。

2）科研类单位应拥有通过国家实验室认可（CNAS）或计量认证（CMA）的实验室及测评能力。

3）设计类单位应具有甲级资质。

（3）组建的绿色建筑评价标识专家委员会应满足的条件：

1）专家委员会应包括规划与建筑、结构、暖通、给排水、电气、建材、建筑物理等七个专业组，每一专业组至少由三名专家组成。

2）专家委员会设一名主任委员，七名分别负责七个专业组的副主任委员。

3）专家委员会专家应具有本专业高级专业技术职称，并具有比较丰富的绿色建筑理论知识和实践经验，熟悉绿色建筑评价标识的管理规定和技术标准，具有良好的职业道德。

4）专家委员会委员实行聘任制。

具备条件的地区申请开展绿色建筑评价标识工作，应提交申请报告，包括负责绿色建筑评价标识日常管理工作的机构和技术依托单位的基本情况、专家委员会组成名单及相关工作经历、开展绿色建筑评价标识工作实施方案等材料。住房和城乡建设部对拟开展绿色建筑评价标识工作的申请进行审查。

经同意开展绿色建筑评价标识工作的地区，在住房和城乡建设部的指导下，按照《绿色建筑评价标识管理办法（试行）》结合当地情况制定实施细则，组织和指导绿色建筑评价标识管理机构、技术依托单位、专家委员会，开展所辖区域一、二星级绿色建筑评价标识工作。开展绿色建筑评价标识工作应按照规定的程序科学、公正、公开、公平地进行。各地住房和城乡建设行政主管部门对评价标识的科学性、公正性、公平性负责，通过评审的项目要进行公示。省级住房和城乡建设主管部门应将项目评审情况及经公示无异议或有异议经核实通过评定、拟颁发标识的项目名单、项目简介、专家评审意见复印件、有异议项目处理情况等相关资料一并报住房和城乡建设部备案。通过评审的项目由住房和城乡建设部统一编号，省级住房和城乡建设主管部门按照编号和统一规定的内容、格式，制作颁发证书和标志（样式见附录），并公告。

住房和城乡建设部委托住房和城乡建设部科技发展促进中心组织开展地方相关管理和评审人员的培训考核工作，负责与各地绿色建筑评价标识相关单位进行沟通与联系。住房和城乡建设部对各地绿色建筑评价标识工作进行监督检查，不定期对各地审定的绿色建筑评价标识项目进行抽查，同时接受社会的监督。对监督检查中和经举报发现未按规定程序进行评价，评审过程中存在不科学、不公正、不公平等问题的，责令整改直至取消评审资格。被取消评审资格的地区自取消之日起一年内不得开展绿色建筑评价标识工作。各地要加强对本地区绿色建筑评价标识工作的监督管理，对通过审定标识的项目进行检查，及时总结工作经验，并将有关情况报住房和城乡建设部。

二、绿色建筑评价标识的申请

申请绿色建筑评价标识遵循自愿的原则，申请单位提出申请并由评价标识管理机构受理后应承担相应的义务。组织评审过程中，严禁以各种名义乱收费。

评价标识的申请应由业主单位、房地产开发单位提出，鼓励设计单位、施工单位和物业管理单位等相关单位共同参与申请。同时，要求申请评价标识的住宅建筑和公共建筑应当通过工程质量验收并投入使用一年以上，未发生重大质量安全事故，无拖欠工资和工程款。

申请单位应当提供真实、完整的申报材料，填写评价标识申报书，提供工程立项批件、申报单位的资质证书，工程用材料、产品、设备的合格证书、检测报告等材料，以及必需的规划、设计、施工、验收和运营管理资料。评价标识申请在通过材料审查后，由组成的评审专家委员会对其进行评审，并对通过评审的项目进行公示，公示期为 30 天。经公示后无异议或有异议但已协调解决的项目，由住房和城乡建设部审定；对有异议而且无法协调解决的项目，将不予审定并向申请单位说明情况，退还申请资料。

三、绿色建筑标识的使用

标识持有单位应规范使用证书和标志，并制定相应的管理制度。任何单位和个人不得利用标识进行虚假宣传，不得转让、伪造或冒用标识。

凡有下列情况之一者暂停使用标识：建筑物的个别指标与申请评价标识的要求不符；证书或标志的使用不符合规定的要求。

凡有下列情况之一者应撤销标识：建筑物的技术指标与申请评价标识的要求有多项（三项以上）不符的；标识持有单位暂停使用标识超过一年的；转让标识或违反有关规定、损害标识信誉的；以不真实的申请材料通过评价获得标识的；无正当理由拒绝监督检查的。被撤销标识的建筑物和有关单位，自撤销之日起三年内不得再次提出评价标识申请。

第三节　我国的几种绿色建筑评价体系

我国虽然引入了"绿色建筑"的理念，但长期处在没有正式颁布绿色建筑的相关规范和标准的状态。现存的一些评价体系和标准，如《中国生态住宅技术评估手册》《绿色生态住宅小区建设要点与技术导则》《绿色奥运建筑评估体系》等或侧重评价生态住宅的性能，或针对奥运建筑，没有真正明确绿色建筑概念和评估原则、标准的国家规范出台。《绿色建筑评价标准》首次以国标的形式明确了绿色建筑在我国的定义、内涵、技术规范和评价标准，并提供了评价打分体系，为我国的绿色建筑的发展和建设提供了指导，对促进绿色建筑及相关技术的健康发展有重要意义。

《绿色建筑评价标准》评价的对象为住宅建筑和公共建筑（包括办公建筑、商场、宾馆等）。其中对住宅建筑，原则上以住区为对象，也可以单栋住宅为对象进行评价，对公共建筑则以单体建筑为对象进行评价。

绿色建筑标识分为设计标识和运营标识，设计标识适用于新建建筑；运营标识适用于按标准要求设计并建成的新建建筑和按照标准要求进行节能改造的旧建筑。《绿色建筑评价标准》主要从节能、节地、节水、节材与环境保护等方面进行评价，同时注重以人为本，强调建筑的可持续发展。

就目前已公示的绿色建筑项目增量成本统计来看，一星级平均增量成本约为 100 元 /m²；二星级平均增量成本约为 200 元 /m²；三星级平均增量成本约为 400 元 /m²。其中公共建筑增量成本要比住宅建筑高出 10% 左右。其中，50% 的绿标项目来自华东的江苏、上海、浙江等省市；华北地区的项目占 20%，其他地区的省份也在大规模推广绿色建筑体系。

绿标项目的评审机构分为国家级和地方级，国家级评审机构隶属于住房和城乡建设部，具有评价一星到三星绿色建筑标识的权限，评审地点一般在北京；地方级评审机构隶属于地方建委，具有评价一星、二星绿色建筑标识的权限，评审地点在当地。

绿标项目主要投资主体为大型房地产开发商、工业企业园区和政府机构，其中大型房地产开发商的投资推广相对市场来说更具有典型意义。从目前市场反响分析，这部分开发商都不同程度上从绿色建筑投资中获益。目前绿标鼓励政策各地方政府有所不同，获得认证标识的奖励金额从 10 万到 100 万元不等。

《绿色建筑评价标识》从六个方面对绿色建筑提出了要求，项目采用的专项技术则需根据每个项目的地域和功能而定。绿色建筑评价由政府组织，社会自愿参与，评价的体系框架简单易懂，分为分项评价和综合评价。绿色建筑的评价以建筑群或建筑单体为对象，在评价单栋建筑时，凡涉及室外环境的指标，应以该栋建筑所处环境的评价结果为准。而对于新建、扩建或改建的住宅或公共建筑的评价，应在其投入使用一年后进行。同时，申请评价方应进行建筑全寿命周期技术和经济分析，合理确定建筑规模，选用适当的建筑技术、设备和材料，并提交相应分析报告。申请评价方应按本标准的有关要求，对规划、设计与施工阶段进行过程控制，并提交相关文档。

第四节　美国 LEED 评估体系

LEED 即由美国绿色建筑协会建立并推行的《绿色建筑评估体系》，是目前在世界各国的各类建筑环保评估、绿色建筑评估以及建筑可持续性评估标准中被认为最完善、最有影响力的评价体系。

一、LEED简介

（一）LEED 出现的时代背景

LEED 标准由美国绿色建筑先驱之一罗伯特·瓦松创立的美国绿色建筑协会制定。USGBC 的核心目标就是要转变建筑行业的习惯和企业的设计、建造、操作等的方法，使其对环境和社会更负有责任感，使建筑更健康、更繁荣，最终提高人们的生活质量。

LEED 能为建筑设计、建造、运营的相关人员提供达到其标准的手段与策略，能更好地指导绿色建筑的实践。LEED 目前也为加拿大、墨西哥、印度等多个国家和地区制定了符合其地方特性的标准，并进一步推动 LEED 在世界范围内的应用。

LEED 评价体系不是美国第一个绿色建筑评价体系，但是唯一一个在全美范围内被许多私人机构、地方政府、联邦政府团体所承认和采用的系统。

（二）LEED 的特点

LEED 标准是非政府行为，只是由美国的专业机构颁发，但由于获得美国环境保护署（EPA）的背书，并与 EPA 的"能源之星"（Energy Star）项目挂钩，美国一些联邦机构和地方政府在管理新的公共建筑时就采用了这个系统，并给予采用该系统的私人开发商以鼓励和批复的"快速通道"优惠。LEED 由此奠定了在美国绿色低碳地产业的权威地位。不仅如此，凡获得该机构认证的，就可以获得建筑所在州、市的税务减免待遇。美国建筑商希望获得 LEED 认证，其动力除能减税、贷款外，也是极有力的形象宣传，可吸引买主、租户及收取较高的租金。

虽然 LEED 为自愿采用的标准，但自从其发布以来，已被美国 48 个州和国际上 7 个国家所采用，在部分州和国家已被列为当地的法定强制标准加以实行，如俄勒冈州、加利福尼亚州、西雅图市，加拿大政府正在讨论将 LEED 作为政府建筑的法定标准。

许多学者提到 LEED 评定认证的三个典型特点：商业行为、第三方认证及企业自愿认证行为。LEED 一直保持高度权威性和自愿认证的特点，使得其在美国乃至全球范围内取得了很大成功，成为当前应用最为广泛的一种绿色建筑评估体系。

（三）LEED 的评价主体

USGBC 即美国绿色建筑委员会，是一个第三方、非政府、非营利机构。从建立之初，它就致力于推进建筑设计、建造、运营方式的变革，把绿色建筑的理念付诸实践。LEED 的成功与 USCBC 的努力是分不开的。

1.USGBC 组织架构

USGBC 的成员来自美国建筑行业和相关行业的著名机构，包括地方和国家的建筑设计公司（如 SOM）、建筑产品制造商、环境团体（如自然资源保护委员会，Global Green 和落基山脉研究所）、建筑行业组织（如施工规范研究院、美国建筑师协会）、建筑开发商、零售商和建筑业主、金融领袖（如美洲商业银行）以及众多联邦政府、州政府和地方政府机构。

USGBC 的会员制度是开放的、均衡的，即各种企业都可以申请加入委员会成为会员，而且来自不同类型企业的会员数量在委员会中也相对均衡，这就保证了整个委员会的运作及其制定的评估体系和各种策略不会偏向于某一类型的企业，而是均衡各方利益的结果，并且反映了各种类型企业不同需求的协调。

USGBC 会员制度为执行委员会的各项重要计划和活动提供了一个平台，各种政策和策略的制定、修订以及各项工作计划的安排，都是基于整个建筑行业中不同类型企业会员们的需要。委员会每年也都要进行年度回顾，以确保其各项工作是有助于解决会员们提出的各种问题，其实也就是协调整个美国建筑行业在绿色建筑发展中的各种矛盾，并逐步推进整个行业的变革。这种机制使得美国绿色建筑委员会的各种意见得到了整个美国社会的认可，具有相当大的影响力。

2. 委员会结构

作为一个有效运转的联合体，USGBC 的核心是其各个专业委员会，如管理委员会、教育委员会以及各种不同的 LEED 评估体系的专业委员会等。各个委员会的会员们（也就是来自不同类型公司的企业代表）共同制定各种有关的策略，并由 USCBC 的员工和外聘的专业顾问来进行具体执行。这些不同的专业委员会为其会员提供了一个讨论交流的场所，来自不同立场的各种不同观点在这里得以碰撞、沟通，求同存异、建立联盟、稳步推进各种合作的解决方案，最终逐步影响了建筑行业中各个方面的变革。

LEED 指导委员会在整个架构中处于核心的地位。在 LEED 指导委员会下面，是各个 LEED 横向市场产品（LEED-NC 等）的专业委员会，这些产品专业委员会同时也负责其自身产品的应用指南（Application Guides）的开发。同时，为了确保有关评估要求在不同 LEED 产品中的一致性和连贯性，LEED 指导委员会之下还成立了一个专业技术咨询委员会，这个委员会按照 LEED 评估系统的五个方面，分为五个专业技术咨询小组（Technical Advisory Groups，TAG），主要协助编写各得分点的释疑和 LEED 体系的技术改进。

（四）LEED 评估体系

LEED 评估体系也从最初的新建建筑建造标准（LEED-NC），发展到包括既有建筑的绿色改造标准（LEED-EB）、商业建筑内部装修标准（LEED-CI）、建筑主体结构建造标准（LEED-CS）、生态住居标准（LEED-Home）及社区规划标准（LEED-ND）等 5 个主要方面，其中新建建筑又可分为新建 / 大修项目、建筑群 / 校园与学校（LEED for school）、医疗养老院、零售业建筑及实验室建筑等不同类别。

1.LEED-NC——"新建 / 大修项目"分册

用于指导新建或者改建、高性能的商业和研究项目。例如，商业建筑（包括办公建筑）、公共建筑（图书馆、博物馆、教堂等）、旅馆、不低于 4 层的住宅等，尤其关注办公建筑和公共建筑。基于 LEED-NC 开发了一系列纵向市场工具，如 LEED-SC（LEED for School）用于学校项目、LEED-HC 用于医疗建筑评估、LEED-RE 用于零售业建筑，还有 LEED-MBC 用于多建筑和大学建筑、LEED 用于实验室建筑等 5 大方面。

（1）LEED for school——"学校项目"分册

该评价标准是在 LEED-NC 评价标准的基础上，加上教室声学、整体规划、防止霉菌生长和场地环境的评估，专门针对中小学校而制定的评价标准。

（2）LEED for retail——"商店"分册

该评价标准由两个评价体系构成，一个是以 LEED-NC2.0 版为基础，主要针对新建建筑和大修建筑；另一个是以 LEED-CI2.0 版为基础，主要针对室内装修项目。该评价标准针对商店设计和施工的特点，阐述了在灯光、项目场地、安全、能源和用水等方面的注意事项和可替代方法。

（3）LEED for healtheare——"疗养院"分册

该评价标准以 LEED-NC 为基础，针对疗养院的病人和医务人员的特点，进行技术指导。

评价体系主要用于指导设计高性能的商业和科研项目，侧重于商业建筑、公共建筑。

该分册已经更新了多次，越来越符合实际情况。

2.LEED-EB——"既有建筑"分册

用于现有建筑可持续运行性能的评价标准。该评价标准是 USGBC 用于 LEED 评价建筑在设计、施工、运行的全寿命周期内评价体系的一部分。可用于第一次要求认证的既有建筑项目，也可用于已获得 LEED-NC 认证的建筑。该评价标准给业主和维护人员实现可持续运行、保护环境提供了机会。

3.LEED-CI——"商业建筑室内"分册

用于办公楼、零售业、研究建筑等出租空间特殊开发的评价标准，如用于零售业建筑（LEED for retail）。该评价标准给予那些不能控制整幢大楼运行的租户和设计师一定的权利来做出可持续的选择。建筑内的绿色材料有利于健康和提高工作效率，减少运行维护费用，减少对环境的影响。该评价标准包括出租空间的选择、有效利用水资源、能源性能优化、照明控制、资源利用以及室内空气质量等。

4.LEED-CS——"建筑主体与外壳"分册

用于评估那些使用者不能控制的、涉及室内设计和设备选择的项目。该评价标准则应对设计师、施工人员、开发商和要求建筑主体和外壳进行可持续设计施工的业主。主体和外壳主要包括主体结构、围护结构和建筑系统，如空调系统等。该评价标准限制了开发商可以控制的部分，使开发商能够实施有利于租户的绿色策略。它是 LEED-CI 评价标准的补充完善，两者合在一起就建立了开发商或业主与租户的绿色建筑评价标准。LEED-CS 预认证是该评价标准的一个特点，预认证可以给开发商或业主提供潜在的客户，可以加大融资。申请 LEED-CS 认证的项目也可以申请预认证，但预认证不是 LEED 认证。

5.LEED-Home（LEED-HO）——"住宅"分册

用于住宅建筑开发的评价标准。此系统主要针对独立式住宅、联排住宅等，集合住宅一般由 LEED-NC 评价。该标准的特点是当地认证，建设单位与当地或附近的具有 LEED-Home 评价资质的机构联系，由该机构进行认证。

6.LEED-ND——"社区规划"分册

用于小区开发的评估体系。在结合已有绿色建筑设计要点的基础上，该评价标准将评估重点放在社区建设上，同时引入了可持续发展的城市设计理论。作为整个 LEED 的补充完善，LEED-ND 继承了单体绿色建筑实践中重视改善建筑室内环境质量、提高能源和用水效率等方面的内容，同时希望通过开发商以及社区领导者的通力合作，对现有社区进行改良，提高土地的利用率、减少汽车的使用、改善空气质量，为不同层次的居民创造和谐共处的环境。

二、典型评价工具LEED-NC

LEED-NC 评价体系以可持续的建设场地、水资源的利用、能源利用与大气保护、材料与资源的循环利用、室内环境质量、设计中的创新、地域优先等七大项评价建筑的环境性能构成。在每一大项中又分出若干小项，其中有的小项是必要项，如果建筑项目没有达到该项要求，则将不能获得认证；其他项为非必要项，建筑项目根据具体的评分要求得分，大部分非必要项为1分项，少部分为多分项，最终累计建筑项目得分，予以评级。

共有非必要项得分点110个，其中认证级（绿色标识）要求分数为40~49分、银级（浅蓝色标识）要求分数为50~59分、金级（金色标识）要求分数为60~79分、白金级（银白色标识）要求分数在80分以上。

（一）可持续的建设场地

可持续的建设场地，本项的设置主要针对的是建筑项目在场地范围内对环境的影响。

1. 必要项SSP1——建设中的污染防治

评价目的：建筑过程中控制污染以降低对水和空气质量的负面影响。

评价内容：在设计中，有具体的污染防治与沉降控制方案，包括地表土的再利用、尘埃和颗粒物的防治、施工期间的土壤损失保护等，并且必须符合美国环境保护局（EPA）或者地方性法规的相关条文规定。

技术手段与设计策略：考虑运用永久性的或临时性人性化策略，如地坪绿化、地膜覆盖、场地护坡等。

2. 非必要项SSC1——基地选择

评价目的：避免不适当的土地开发，以减少不适当的基地选址对环境造成的影响。

评价内容：不在以下的地区兴建建筑物、道路或停放场地：农业用地、濒危动物的栖息地、标高在百年一遇洪水水位以上0.5米以内的地区、湿地等。

技术手段与设计策略：选择合适的地点进行建设，优化建筑方案使建筑基地对环境的不利影响最小化。考虑地下停车场与相邻的项目共享设施。

3. 非必要项SSC2——开发强度

评价目的：将建筑项目纳入城市现有的基础设施体系之中，保护绿地、栖息地与自然资源。

评价内容：项目开发强度不超过600002每英亩。如有地方性规定，也应予以满足。

技术手段与设计策略：在项目选址的过程中考虑对城市的影响。

（二）水资源的利用

水资源的利用。美国是水资源较为丰富的国家之一。但由于洗衣机、冲水马桶等自来水设备的普及，在大幅提高现代人类日常生活的方便性与舒适性同时，也带来了大量的浪费，造成水资源枯竭的危机。为了缓解此危机，本大项强调建筑物使用节水器材，并且明确节水量标准，鼓励新技术在节水方面的使用，希望引导建筑在不影响使用者的生活需求下，有效改善用水效率。

1. 必要项 WEP1——降低用水量

评价目的：提高建筑物内用水效率，减轻城市供水和污水处理系统的负担。

评价内容：运用节水器具，节省建筑估算用水量的 20%，建筑用水计算是根据使用者人数估算，必须只包括以下装置和固定装置：冲便器、厕所水龙头、淋浴、厨房水槽水龙头。

技术手段与设计策略：使用替代水源（例如，雨水、中水、空气调节器凝结水），使用获得相关认证的节水器具。

2. 非必要项 WEC1——节水绿化景观

评价目的：限制使用自来水、地表水、浅层地下水对基地景观的灌溉。

评价内容：利用雨水、中水系统灌溉绿化景观，占灌溉用水 50% 的加 2 分，全部使用的加 4 分。

技术手段与设计策略：进行土壤气候分析，以确定适当的植物，使用高效率设备和控制器。

3. 非必要项 WEC2——废水处理技术创新

评价目的：减少废水的产生和自来水需求，同时扩大对当地含水层的补给。

评价内容：降低基地范围内废水产生量的 50%，或者处理基地范围内产生废水量的 50%，处理后的废水必须在本基地范围内再利用。

技术手段与设计策略：使用高效节水设备及干式设备（如干式小便器），以减少废水量。考虑使用中水系统、雨水收集系统。

第五节　各国绿色建筑评价体系对比

本节将对美国、英国、日本、加拿大等国的绿色建筑评价体系以及我国的《绿色建筑评价标准》（GBAS）进行比较分析。

一、评价对象

对于不同类型的建筑，各个评价体系采用的评价体系是不同的，所以绿色建筑评价都是相对评价，因此除非是相同类型的建筑，否则理论上其评价结果是不可比的。各评价体系主要面向对象见表 7-1。

表 7-1　各国评价体系主要对象对比

建筑类型		美国	英国	中国	日本	加拿大
公共建筑	办公	√	√	√	√	√
	学校				√	
	医院				√	
	酒店				√	
	商业					√
住宅	独立式				√	
	集合式	√		√	√	√
工业建筑						

表 7-1 中列出了我国和国外 5 种典型评价体系的初期版本评价对象，和目前各个评价体系的评价对象对比我们发现，在这 5 个评价体系中，绝大多数都是从针对某一种或者几种建筑类型进行评价开始，逐步进行扩充完善。这说明各个评价体系对于不同类型的建筑并没有按照完全相同的评价体系评价，而是针对比例较大、对环境影响比较严重的建筑类型开始制定评价体系，然后不断地扩展评价的建筑类型。

初期评价的建筑类型各国也有着显著区别，由于发达国家独立式住宅在住宅产业中占有较大比重，而独立式住宅与集合住宅在这些国家的经营方式、法规要求等方面都有较大差异，因此，这些国家的绿色建筑评价体系通常都非常明确地区分这两种住宅形式，用不同的评价版本进行评价。我国的 GBAS 评价对象主要集中在居住类建筑和办公类公建，由于我国独立住宅比重较小，开发模式与集合住宅差别不大，因此我国 GBAS 还是主要针对居住小区和集合住宅的；另外一个建筑类型就是耗能比较高的办公建筑。相信 GBAS 会逐步扩大评价范围，推出适应各种类型建筑的评价版本。

二、对比总结

通过对国外 4 个有代表性的绿色建筑评价体系和我国《绿色建筑评价标准》的对比，有几个结论是值得我们注意的。在评价内容上，5 个绿色建筑评价体系几乎是同质的，这就说明绿色建筑评价结果的不同应该是由具体指标阈值的差异和数学算法决定的。在评价对象上，尽管各个绿色建筑评价体系的最初版本都没有做到面面俱到，但随着其发展都会向不同类型的建筑延伸。

另外，通过研究各个绿色建筑评价体系我们还发现，绿色建筑的评价目标还带有推进绿色建筑普及的目的，这就是绿色建筑评价与普通的统计评价最大的区别。普通的统计评价只需强调评价结果的科学性和客观性，而绿色建筑评价在考虑评价结果客观性的同时，还必须考虑体系本身的可操作性，以及对绿色建筑的设计、实施和运行的指导作用，这就使本身已经很复杂的评价体系更加复杂。

推广绿色建筑评价目标的双重性，使得在考虑绿色建筑评价体系的效果时应该突出两点：它是否能够如实地反映建筑的环境性能？它的影响范围如何，是否推动了绿色建筑的发展？绿色建筑环境性能的实际效果很难通过客观的衡量得出，因此后一点是考察一个绿色建筑评价体系成功与否的最客观标准。在后一点上，美国的 LEED 是世界上最成功的绿色建筑评价体系；并且在体系推广与实施的过程中，LEED 也面临着在庞大的范围和复杂的市场内推广实施的问题。对 LEED 的研究与分析必然能为我国的绿色建筑评价的发展提供借鉴。

三、《绿色建筑评价标准》与 LEED 的对比

LEED 是民间自发的机构——美国绿色建筑委员会编写的采用典型美国式商业运作模式。它的参与者涉及开发商、政府部门、建筑师等不同利益集团。而《绿色建筑评价标准》是由中国住房和城乡建设部组织编写的，通过政府组织、开发商自愿参与的形式进行对绿色建筑的引导。LEED 完全市场化的组织方式使其灵活性和开放度都较高，在市场驱动上具有很大的优势。相比 LEED，《绿色建筑评价标准》在政策干预上具有优势，有利于快速推行。

LEED-NC 的评估对象为新建或重大改建的项目，其中包括商业建筑、工业建筑、公共建筑、4 层及 4 层以上的大型居住建筑；《绿色建筑评价标准》的评估对象分为住宅建筑和公共建筑两类，其中公共建筑包含办公、商场和旅馆三种建筑类型。《绿色建筑评价标准》结合我国绿色建筑市场处于起步阶段的国情，只是针对目前大量的住宅建筑和高能耗的集中公共建筑进行评价，相比 LEED 不同类型建筑的产品家族，《绿色建筑评价标准》的评估对象涵盖较少，且划分不够细致。

两个评价指标的前五大类为相似指标，涉及能源、资源与环境负荷以及室内环境质量方面。不同指标体现在 LEED 通过设计建造（LEED-NC）与运营管理（LEED-NB）之间的互补来体现建筑全生命周期，《绿色建筑评价标准》增加了运营管理大类，在统一体系下体现建筑全寿命周期。LEED 设置了设计与创新大类，《绿色建筑评价标准》在每类指标中以优选项的方式体现了创新。除此之外，LEED 针对美国不同地区的气候、资源上的差别，制定了满足相应指标的项目可获得额外加分的地域优先大类的奖励指标；而《绿色建筑评价标准》则通过一些条目不能参评来体现地域的差异，使其指标大类的划分更加简洁。

LEED 和《绿色建筑评价标准》都通过制定条件来设置绿色建筑的准入门槛。但 LEED 的必要条件一般为 1~3 个；而《绿色建筑评价标准》必要条件较多为 3~8 个。由于我国土地资源和水资源短缺决定了《绿色建筑评价标准》在场地和节水方面的门槛明显高于 LEED。LEED 参考了美国采暖、制冷与空调工程师协会等大量部门的标准，明确给出

了评估界定，使人易于理解和操作。《绿色建筑评价标准》在评分点构成方面条目分散，内容定性居多，缺少必要的技术参数和实践经验。

LEED 采用量化打分法，对每项措施的实施程度和效果进行了打分；而《绿色建筑评价标准》采用不能量化的通过法，不能有效地区别不同措施程度上的差别。LEED 按分数等级将评价结果分为认证级、银级、金级和铂金级 4 个级别；而《绿色建筑评价标准》按满足一般项和优选项的个数将评价结果分为一星、二星和三星 3 个级别。通过 LEED 认证的项目可以获得更高的估值，从而鼓励开发商参与评估。《绿色建筑评价标准》在此方面考虑较少，但在其补充文件《绿色建筑评价技术细则》中，则将经济效益包含在了综合效益之中。

第八章 绿色建筑工程造价管理

绿色建筑全新概念和可持续发展、构建和谐社会等理念的提出，使得建筑项目的造价管理思想受到了很大的影响和冲击。绿色建筑的全面造价管理要站在全社会的角度和层次，降低建筑项目对社会生态环境的负面影响，实现建设项目经济效益、社会效益和环境效益的协调与统一。本章对绿色建筑工程造价管理进行了详细的讲解。

第一节 施工决策阶段造价管理

一、建设工程决策阶段工程造价管理的内容

（一）建设项目决策的含义

1. 建设项目决策的概念

建设项目决策是选择和决定投资行动方案的过程，是对拟建项目的必要性和可行性进行技术经济论证，对不同建设方案进行技术经济比较及做出判断和决定的过程。

正确的投资行为来源于正确的投资决策，决策正确与否，不仅关系到工程造价的高低和投资效益的好坏，也直接影响到建设项目的成败。

2. 项目投资决策的阶段划分

建设项目投资决策是一个由粗到细、由浅到深的过程，主要包括四个阶段：机会研究、预可行性研究、可行性研究、评估和决策阶段。

（1）机会研究

投资机会研究又称投资机会论证。这一阶段的主要任务是提出建设项目投资方向建议，即在一个确定的地区和部门内，根据自然资源、市场需求、国家产业政策和国际贸易情况，通过调查、预测和分析研究，选择建设项目，寻找投资的有利机会。机会研究要解决两个方面的问题：一是社会是否需要；二是有没有可以开展项目的基本条件。

机会研究一般从以下三个方面着手开展工作：第一，以开发利用本地区的某一丰富资源为基础，谋求投资机会；第二，以现有工业的拓展和产品深加工为基础，通过增加现有企业的生产能力与生产工序等途径创造投资机会；第三，以优越的地理位置、便利的交通条件为基础分析各种投资机会。

这一阶段的工作比较粗略，一般是根据条件和背景相类似的工程项目来估算投资额和生产成本，初步分析建设投资效果，提供一个或一个以上可能进行建设的项目投资或投资方案。这个阶段所估算的投资额和生产成本的精确程度控制在 ±30% 左右。大中型项目的机会研究所需时间在 1~3 个月，所需费用占投资总额的 0.2%~1%。如果投资者对这个项目感兴趣，再进行下一步的可行性研究工作。

该阶段的工作成果为项目建议书，项目建议书的内容视项目的不同情况而有繁有简，但一般应包括以下几个方面：

1）建设项目提出的必要性和依据。引进技术和进口设备的，还要说明国内外技术差距概况及进口的理由。

2）产品方案、拟建规模和建设地点的初步设想。

3）资源情况、建设条件、协作关系等的初步分析。

4）投资估算和资金筹措设想。利用外资项目要说明利用外资的可能性，以及偿还贷款能力的大体测算。

5）项目的进度安排。

6）经济效益和社会效益的估计。

工程咨询公司在编制项目建议书时主要的咨询依据有宏观信息资料；项目所在地资料；已有类似项目的有关数据和其他经济数据；有关规定，如银行贷款利率等。

（2）初步可行性研究

在项目建议书被主管计划部门批准后，对于投资规模大，技术工艺又比较复杂的大中型骨干项目，需要先进行初步可行性研究。初步可行性研究也称为预可行性研究，是正式的详细可行性研究前的预备性研究阶段。经过投资机会研究认为可行的建设项目，值得继续研究，但又不能肯定是否值得进行详细可行性研究时，就要做初步可行性研究，进一步判断这个项目是否具有生命力，是否有较高的经济效益。若经过初步可行性研究，认为该项目具有一定的可行性，便可转入详细可行性研究阶段。否则，就终止该项目的前期研究工作。初步可行性研究作为投资项目机会研究与详细可行性研究的中间性或过渡性研究阶段，主要目的有：

1）确定项目是否还要进行详细可行性研究。

2）确定哪些关键问题需要进行辅助性专题研究。

初步可行性研究内容和结构与详细可行性研究基本相同，主要区别是所获得资料的详尽程度和研究深度不同。对建设投资和生产成本的估算精度一般要求控制在 ±20% 左右，研究时间为 4~6 个月，所需费用占投资总额的 0.25%~1.25%。

（3）详细可行性研究

详细可行性研究又称技术经济可行性研究，是可行性研究的主要阶段，是建设项目投资决策的基础。它为项目决策提供技术、经济、社会、商业方面的评价依据，为项目的具体实施提供科学依据。这一阶段的主要目标有：

1）提出项目建设方案。

2）效益分析和最终方案选择。

3）确定项目投资的最终可行性和选择依据标准。

这一阶段的内容比较详尽，所花费的时间和精力都比较大。而且本阶段还为下一步工程设计提供基础资料和决策依据。在此阶段，建设投资和生产成本计算精度控制在 ±10% 以内；大型项目研究工作所花费的时间为 8~12 个月，所需费用占投资总额的 0.2%~1%；中小型项目研究工作所花费的时间为 4~6 个月，所需费用约占投资额的 1%~3%。工程咨询公司编制可行性研究报告的依据主要有：国民经济发展的长远规划、国家经济建设的方针、任务和技术经济政策；项目建议书和委托单位的要求；厂址选择、工程设计、技术经济分析所需的地理、气象、地质、自然和经济、社会等基础资料和数据；有关的技术经济方面的规范、标准、定额等指标；国家或有关部门颁布的有关项目经济评价的基本参数和指标。

（二）建设项目决策阶段工程造价的主要内容

1. 项目建设规模

项目建设规模也称项目生产规模，是指项目设定的正常生产运营年份可能达到的生产能力或者使用效益。

每一个建设项目都存在着一个合理规模的选择问题，规模过小，资源得不到有效配置，单位产品成本高，经济效益低下；规模过大，超过市场产品需求量，则会导致产品积压或降价销售，项目经济效益也会低下。因此，项目规模的合理选择关系着项目的成败，决定着工程造价的合理与否。在确定项目规模时，不仅要考虑项目内部各因素之间的数量匹配、能力协调，还要使所有生产力因素共同形成的经济实体（如项目）在规模上大小适应。

合理经济规模是指在一定技术条件下，项目投入产出比处于较优状态，资源和资金可以得到充分利用，并可获得较优经济效益的规模。每一个建设项目都存在着一个合理规模的选择问题，项目规模合理化的制约因素有市场因素、技术因素、环境因素。

2. 建设地区及建设地点（厂址）

一般情况下，确定某个建设项目的具体地址（或厂址），需要经过建设地区选择和建设地点选择（厂址选择）这样两个不同层次的、相互联系又相互区别的工作阶段。这两个阶段是一种递进关系。其中，建设地区选择是指在几个不同地区之间对拟建项目适宜配置在哪个区域范围的选择，建设地点选择是指对项目具体坐落位置的选择。

（1）建设地区的选择

1）建设地区的选择要充分考虑各种因素的制约，具体要考虑以下因素：

①要符合国家经济发展战略规划、国家工业布局总体规划和地区经济发展规划的要求。

②要根据项目的特点和需要，充分考虑原材料条件、能源条件、水源条件、各地区对项目需求及运输条件等。

③要综合考虑气象、地质、水文等建厂的自然条件。

④要充分考虑劳动力来源、生活环境、协作、施工力量、风俗文化等社会环境因素的影响。

2）在综合考虑上述因素的基础上，建设地区的选择要遵循以下两个基本原则：

①靠近原料、燃料提供地和产品消费地的原则。

②工业项目适当聚集的原则。

（2）建设地点的选择

建设地点的选择是一项极为复杂的技术经济综合性很强的系统工程，它不仅涉及项目建设条件、产品生产要素、生态环境和未来产品销售等重要问题，受社会、政治、经济、国防等多种因素的制约还直接影响项目建设投资、建设速度和施工条件，以及未来企业的经营管理及所在地点的城乡建设规划和发展。因此，必须从国民经济和社会发展的全局出发，运用系统观点和方法分析决策。

3. 技术方案

技术方案选择的内容：生产方法选择、工艺流程方案选择。生产工艺是指生产产品所采用的工艺流程和制作方法。工艺流程是指投入物（原料或半成品）经过有次序的生产加工，成为产出物（产品或加工品）的过程。选择技术方案时应遵循三个基本原则，即先进适用、安全可靠、经济合理。

二、建设项目投资估算

（一）建设项目投资估算的含义

1. 投资估算的概念

投资估算是在项目决策过程中，对拟建项目的建设规模、技术方案、设备方案、工程方案及项目实施进度等进行研究并基本确定的基础上，对建设项目投资数额（包括工程造价和流动资金）进行的估计。

2. 投资估算的作用

（1）投资估算是拟建项目项目建议书、可行性研究报告的重要组成部分，是有关部门审批项目建议书和可行性研究报告的依据之一，并对制订项目规划、控制项目规模起参考作用。

（2）投资估算是项目投资决策的重要依据，对于制订融资方案、进行经济评价和进行方案选优起着重要的作用。当可行性研究报告被批准后，其投资估算额即作为设计任务书中下达的投资限额，即建设项目投资的最高限额，不得随意突破。

（3）投资估算是编制初步设计概算的依据，同时还对初步设计概算起控制作用，是项目投资控制的目标之一。

3. 影响投资估算准确程度的因素

（1）项目本身的复杂程度及对其认知的程度。

（2）对项目构思和描述的详细程度。

（3）工程计价的技术经济指标的完整性和可靠程度。

（4）项目所在地的自然环境描述的翔实性。

（5）项目所在地的经济环境描述的翔实性。

（6）有关建筑材料、设备的价格信息和预测数据的可信度。

（7）估算人员的水平、采用的方法等。

（二）建设项目投资估算的内容和深度

1. 投资估算的内容

（1）专业构成内容

一项完整的建设项目一般都包括建筑工程和设备安装工程等四大类。因此，工程估算内容也分为建筑工程投资估算和设备安装工程投资估算设备购置投资的估算、工程建设其他费用的估算等四大类。

1）建筑工程投资估算

所谓建筑工程投资估算，系指对各种厂房（车间）、仓库、住宅、宿舍、病房、影剧院、商厦、教学楼等建筑物和矿井、铁路、公路、桥涵、港口、码头等构筑物的土木建筑、各种管道、电气照明线路敷设、设备基础、炉窑砌筑、金属结构工程以及水利工程进行新建或扩建时所需费用的计算。

2）安装工程投资估算

所谓安装工程投资估算，是指对需要安装的机器设备进行组装、装配和安装所需全部费用的计算。包括生产、动力、起重、运输、传动和医疗、实验以及体育等设备，与设备相连的工作台、梯子、栏杆以及附属于被安装设备的管线敷设工程和被安装设备的绝缘、保温、刷油等工程。

上述两类工程在基本建设过程中是必须兴工动料的工程，它通过施工活动实现，属于创造物质财富的生产性活动，是基本建设工作的重要组成部分。因此，也是工程估算内容的重要组成部分。

3）设备购置投资的估算

设备购置投资估算，是指对生产、动力、起重、运输、传动、实验、医疗和体育等设备的订购采购工作。设备购置费在工业建设中其投资费用占总投资的40%~55%。但设备投资的估算也是一项极为复杂的技术经济工作并具有与建筑安装工程不可比拟的经济特点，为此，对它的造价估算在此不做详述。

4）工程建设其他费用的估算

该项费用的估算，一般都有规定有现成的指标，依据建设项目的有关条件，主要有土地转让费、与工程建设有关的其他费用、业主费用、总预算费用、建设期贷款利息等，经过计算则可求得。

（2）费用构成内容

投资估算的内容，从费用构成上包括该项目从筹建、设计、施工直至竣工投产所需的全部费用，分为固定资产投资和流动资金两部分。

固定资产投资估算的内容包括建筑安装工程费、设备及工器具购置费、工程建设其他费、基本预备费、涨价预备费、建设期利息、固定资产投资方向调节税等。固定资产投资可分为静态部分和动态部分。涉及价格、汇率、利率、税率等变动因素的部分，如涨价预备费、建设期贷款利息和固定资产投资方向调节税等构成动态部分，其余费用组成静态投资部分。流动资金是指生产经营性项目投产后，用于购买原材料、燃料、支付工资及其他经营费用等所需的周转资金，即为财务中的营运资金。

2. 投资估算文件的组成

投资估算文件的组成：一般由封面、签署页、编制说明、投资估算分析、总投资估算表、单项工程估算表、主要技术经济指标等内容组成。

（1）封面

封面在估算文件单独成册时才需要。

（2）文字（编制说明）

一般包括以下内容：

1）工程概况：建设规模、范围，不包括工程投资估算的内容和费用、编制情况等。

2）编制依据

①国家或地区建设主管部门发布的有关法律、法规、规章、规程、有关造价文件等。

②项目建议书（或建设规划），可行性研究报告（或设计任务书），与建设项目相关的工程地质资料、设计文件、图纸等。

③投资估算指标、概算指标（定额）、预算定额、工程建设其他费用定额（规定）、技术经济指标、类似工程造价、价格指数等。

④当地建设同期的要素市场价格情况及变化趋势，政府有关部门、金融机构等部门发布的价格指数、利率、汇率、税率等有关参数。

⑤当地建筑工程取费标准，如措施费、企业管理费、规费、利润、税金以及与建设有关的其他费用标准等。

⑥现场情况，如地理位置、地质条件、交通、供水、供电条件等。

⑦如采用国外资金，说明汇率情况及贷款利率。

⑧其他经验参考数据，如材料、设备运杂费率、设备安装费率、零星工程及辅材的比率等。

⑨委托人提供的其他技术经济资料。

在编制投资估算时上述资料越具体、越完备，编制的投资估算就越准确、越全面。

3）征地拆迁、供水供电、考察咨询费等的计算。

4）其他需要说明的问题。

3.投资估算的编制原则

投资估算是拟建项目前期可行性研究的一个重要内容，是经济效益评价的基础，是项目决策的重要依据。投资估算质量如何，将决定着拟建项目能否纳入建设计划的前途"命运"。因此，在编制投资估算时应符合下列原则：

（1）实事求是的原则。从实际出发，深入开展调查研究，掌握第一手资料，决不能弄虚作假，保证资料的可靠性。

（2）合理利用资源、效益最高的原则。市场经济环境中，利用有限的资源，尽可能地满足需要。

（3）尽量做到快、准的原则。一般投资估算误差都比较大。通过艰苦细致的工作，加强研究，积累资料，尽量做到又快又准拿出项目的投资估算。

（4）适应高科技发展的原则。从编制投资估算角度出发，在资料收集，信息储存、处理、使用以及编制方法选择和编制过程应逐步实现计算机化、网络化。

三、建设项目经济评价

（一）资金的时间价值

资金的时间价值，是指资金在生产和流通过程中随着时间推移而产生的增值，是指在不考虑通货膨胀和风险性因素的情况下，资金在其周转使用过程中随着时间因素的变化而变化的价值，其实质是资金周转使用后带来的利润或实现的增值。

1.资金的时间价值影响因素

（1）资金的使用时间。在单位资金和利率＞0的情况下，资金使用时间越长，则资金的时间价值越大；资金使用时间越短，则资金的时间价值越小。

（2）资金数量的多少。在单位时间和利率＞0的情况下，资金数量越大，资金的时间价值就越大；资金的数量越小，资金的时间价值就越小。

（3）资金投入和回收的特点。在总投入资金一定的情况下，前期投入的资金越多，资金的时间价值越小；后期投入的资金越多，资金的时间价值越大。在资金回收额一定的情况下，前期回收的资金越多，资金的时间价值越大；后期回收的资金越多，资金的时间价值小。

（4）资金周转的速度。在单位时间、单位资金和利率（利率＞0），资金周转得越快，资金的时间价值越大；资金周转得越慢，资金的时间价值越小。

2.资金等值计算

不同时间发生的等额资金在价值上是不等的，在进行资金价值大小对比时，必须将不同时间的资金折算为同一时间后才能进行大小的比较。把一个时点上发生的资金金额折算成另一个时点上的等值金额，称为资金的等值计算。资金时间价值的计算有两种方法：一是只就本金计算利息的单利法；二是不仅本金要计算利息，利息也能生利，即俗称"利上加利"的复利法。相比较而言，复利法更能确切地反映本金及其增值部分的时间价值。

资金时间价值可以用绝对数（如利息额），也可以用相对数（如利息率）来表示。通常用利息额的多少作为衡量资金时间价值的绝对尺度，用利息率（利率）作为衡量资金时间价值的相对尺度。

（1）利息

狭义的利息指在借贷过程中，债务人支付给债权人超过原借贷金额的部分。广义的利息指一定数额货币经过一定时间后资金的绝对增值，用"I"表示。广义的利息包括信贷利息、经营利润，常常被看成资金的一种机会成本。

（2）利率

利率 - 利息递增的比率，就是在单位时间内所得利息额与原借贷金额之比，通常采用百分数，常用"i"表示。

利率（i%）= 每单位时间增加的利息 / 原金额（本金）× 100%

利率用于表示计算利息的时间单位称为计息周期。计息周期通常用年、月、日表示，也可用半年、季度来计算，用"n"表示。利率的高低由以下因素决定。

（二）财务基础数据测算

财务基础数据测算是指在项目市场、资源、技术条件分析评价的基础上，从项目（或企业）的角度出发，依据现行的法律法规、价格政策、税收政策和其他有关规定，对一系列有关的财务基础数据进行调查、搜集、整理和测算，并编制有关的财务基础数据估算表格的工作。

1.财务基础数据测算的内容

对项目计算期内各年的经济活动情况及全部财务收支结果的估算，具体包括：

（1）项目总投资及其资金来源和筹措

包括项目总投资和项目建设期间各年度投资支出的测算，并在此基础上制定资金筹措和使用计划，指明资金来源和运用方式、进行筹资方案分析论证。

（2）生产成本费用

据评价目的与要求，需要按照不同的分类方法分别测算总成本、可变成本和固定成本、经营成本，可采用制造成本法和完全成本法进行测算。

（3）营业收入与税金及附加

销售收入按当年生产产品的销售量与产品单价计算；而销售税金是指项目生产期内因销售产品（营业或提供劳务）而发生的从销售收入中缴纳的税金，是损益表和现金流量表中的一个独立项目。

（4）销售利润的形成与分配

企业销售利润除了交纳所得税外，在弥补以往亏损和提取公积金以后，才能作为偿还借款的资金来源。

（5）贷款还本付息测算

贷款还本付息测算包括本金和利息数量，以及清偿贷款本息所需的实际时间，反映了项目的清偿能力。

2. 财务基础数据估算表

（1）进行财务效益和费用估算，需要编制下列财务分析辅助报表：

1）建设投资估算表。

2）建设期利息估算表。

3）流动资金估算表。

4）项目总投资使用计划与资金筹措表。

5）营业收入、营业税金及附加和增值税估算表。

6）总成本估算表。

（2）对于采用生产要素法编制的总成本估算表，应编制下列基础报表：

1）外购原材料费估算表。

2）外购燃料和动力费估算表。

3）固定资产折旧费估算表。

4）无形资产和其他资产摊销估算。

5）工资及福利费估算表。

（3）对于采用生产成本加期间费用估算法编制的总成本估算表，根据国家现行的企业财务会计制度的相应要求，另行编制配套的基础报表。

（4）财务基础数据估算表间的关系。

上述估算表可归纳为三大类：

第一类，预测项目建设期间的资金流动状况的报表，如投资使用计划与资金筹措表和固定资产投资估算表。

第二类，预测项目投产后的资金流动状况的报表，如流动资金估算表、总成本估算表、销售收入和税金及附加估算表、损益表等。为编制生产总成本估算表，还附设了材料、能源成本预测，固定资产折旧和无形资产摊销费三张估算表。

第三类，预测项目投产后用规定的资金来源归还固定资产借款本息的情况，即为借款还本付息表，它反映项目建设期和生产期内资金流动情况和项目投资偿还能力与速度。

第一类估算表的编制顺序是先编制投资估算表（建设投资、流动资金），然后再编制资金投入计划与资金筹措表。第二类的总成本估算表所需的附表，只要能满足财务分析对基本数据的要求即可，有的附表也可合并列入总成本估算表中，或做文字说明，而后根据总成本估算表、销售（营业）收入和税金估算表的数据，综合估算出项目利润总额列入损益和利润分配表。第三类估算表是把前两类估算表中的主要数据经过综合分析和计算，按照国家现行规定，编制成项目借款偿还计划表。

（三）财务评价

1.财务评价的概念

财务评价也称财务分析，是在国家现行财税制度和价格体系的前提下，从项目角度出发，计算项目范围内的财务效益和费用，分析项目的盈利能力和清偿能力，评价项目在财务上的可行性。财务评价是建设项目经济评价中的微观层次，它主要从微观投资主体的角度分析项目可以给投资主体带来的效益以及投资风险。

对于经营性项目，财务评价应通过编制财务分析报表，计算财务指标，分析项目的盈利能力、偿债能力和财务生存能力，判断项目的财务可接受性，明确项目对财务主体及投资者的价值贡献，为项目决策提供依据；对于非经营性项目，财务分析应主要分析项目的财务生存能力。

2.财务评价的分类

财务评价可分为融资前分析和融资后分析，一般宜先进行融资前分析，在融资前分析结论满足要求的情况下，初步设定融资方案，再进行融资后分析。

（1）融资前分析排除融资方案变化的影响，从项目投资总获利能力的角度，编制项目投资现金流量表，考察项目方案设计的合理性。在项目建议书阶段，可只进行融资前分析。融资前分析以动态分析为主，以静态分析为辅；以营业收入、建设投资、经营成本和流动资金估算为基础，考察整个计算期内现金流入和现金流出，编制项目投资现金流量表，利用资金时间价值原理进行折现，计算项目投资收益率和净现值等指标。

（2）融资后分析以融资前分析和初步融资方案为基础，考察项目在拟定融资条件下的盈利能力、偿债能力和财务生存能力，判断项目方案在融资条件下的可行性。

3.财务评价的作用

（1）考察项目的财务盈利能力。

（2）帮助投资者做出融资决策。

（3）用于制定适宜的资金规划。

（4）为协调企业利益与国家利益提供依据。

四、建设项目可行性研究

（一）可行性研究的概念

建设项目的可行性研究是在投资决策前，对与拟建项目有关的社会、经济、技术等各方面进行深入细致的调查研究，对各种可能拟订的技术方案和建设方案进行认真的技术经济分析和比较论证，对项目建成后的经济效益进行科学的预测和评价。在此基础上，对拟建项目的技术先进性和适用性、经济合理性和有效性，以及建设必要性和可行性进行全面分析、系统论证、多方案比较和综合评价，由此得出该项目是否应该投资和如何投资等结论性意见，为项目投资决策提供可靠的科学依据。

1. 可行性研究的作用

（1）作为建设项目投资决策的依据。

（2）作为编制设计文件的依据。

（3）作为向银行贷款的依据。

（4）作为建设项目与各协作单位签订合同和有关协议的依据。

（5）作为环保部门、地方政府和规划部门审批项目的依据。

（6）作为施工组织、工程进度安排及竣工验收的依据。

（7）作为项目后评估的依据。

2. 可行性研究工作阶段

可行性研究工作是一个由粗到细的分析过程，主要包括四个阶段：机会研究、初步可行性研究、详细可行性研究、评价和决策阶段。

（1）机会研究

投资机会研究又称投资机会论证。这一阶段的主要任务是提出建设项目投资方向建议，即在一个确定的地区和部门内，根据自然资源、市场需求、国家产业政策和国际贸易情况，通过调查、预测和分析研究，选择建设项目，寻找投资的有利机会。机会研究要解决两个方面的问题：一是社会是否需要；二是有没有可以开展项目的基本条件。

（2）初步可行性研究

在项目建议书被主管计划部门批准后，对于投资规模大、技术工艺又比较复杂的大中型骨干项目，需要先进行初步可行性研究。初步可行性研究也称为预可行性研究，是正式的详细可行性研究前的预备性研究阶段。经过投资机会研究认为可行的建设项目，值得继续研究，但又不能肯定是否值得进行详细可行性研究时，就要做初步可行性研究，进一步判断这个项目是否具有生命力，是否有较高的经济效益。若经过初步可行性研究，认为该项目具有一定的可行性，便可转入详细可行性研究阶段。否则，就终止该项目的前期研究工作。初步可行性研究作为投资项目机会研究与详细可行性研究的中间性或过渡性研究阶段。

（3）详细可行性研究

详细可行性研究又称技术经济可行性研究，是可行性研究的主要阶段，是建设项目投资决策的基础。它为项目决策提供技术、经济、社会、商业方面的评价依据，为项目的具体实施提供科学依据。

（4）评价和决策阶段

评价是由投资决策部门组织和授权有关咨询公司或有关专家，代表项目业主和出资人对建设项目可行性研究报告进行全面的审核和再评价。其主要任务是对拟建项目的可行性研究报告提出评价意见，最终决策该项目投资是否可行，确定最佳投资方案。

（二）可行性研究的编制

1. 编制程序

可行性研究的工作程序可分为以下四个部分。

（1）建设单位提出项目建议书和初步可行性研究报告。

各投资单位根据国家经济发展的长远规划、经济建设的方针任务和技术经济政策，结合资源情况、建设布局等条件，在广泛调查研究、收集资料、踏勘建设地点、初步分析投资效果的基础上，提出需要进行可行性研究的项目建议书和初步可行性研究报告。跨地区、跨行业的建设项目以及对国计民生有重大影响的大型项目，由有关部门和地区联合提出项目建议书和初步可行性研究报告。

（2）项目业主、承办单位委托有资格的单位进行可行性研究。

当项目建议书经国家计划部门、贷款部门审定批准后，该项目即可立项。项目业主或承办单位就可以以签订合同的方式委托有资格的工程咨询公司（或设计单位）着手编制拟建项目可行性研究报告。双方签订的合同中，应规定研究工作的依据、研究范围和内容、前提条件、研究工作质量和进度安排、费用支付办法、协作方式及合同双方的责任和关于违约的处理方法。

（3）设计或咨询单位进行可行性研究工作，编制完整的可行性研究报告。

设计单位与委托单位签订全过程造价咨询合同后，即可开展可行性研究工作。

1）了解有关部门与委托单位对建设项目的意图，并组建工作小组（造价咨询项目部），制订工作计划。

2）调查研究与收集资料。造价咨询项目部在摸清了委托单位对建设项目的意图和要求之后，即应组织收集和查阅与项目有关的自然环境、经济与社会等基础资料和文件资料，并拟定调研提纲，组织人员赴现场进行实地踏勘与抽样调查，收集整理所得的设计基础资料，必要时还必须进行专题调查研究。

3）方案设计和优选。根据项目建议书的要求，结合市场和资源调查，在收集到一定的基础资料和基础数据的基础上，选择建设地点，确定生产工艺，建立几种可供选择的技术方案和建设方案，结合实际条件进行方案论证和比较，从中选出最优方案，研究论证项目在技术上的可行性。在方案设计和优选中，对重大问题或有争论的问题，要会同委托单位讨论确定。

4）经济分析和评价。项目经济分析人员根据调查资料和相关规定，选定与本项目有关的经济评价基础数据和定额指标参数，对选定的最佳建设总体方案进行详细的财务预测、财务效益分析、国民经济评价和社会效益评价。研究论证项目在经济上和社会上的盈利性与合理性，进一步提出资金筹集建议和制订项目实施总进度计划。

5）编写可行性研究报告。项目可行性研究各专业方案，经过技术经济论证和优化后，由各专业组分工编写，经项目负责人衔接协调，综合汇总，提出可行性研究报告初稿。

6）与委托单位交换意见。

（4）业主或决策部门委托一定资质的咨询评估机构对拟建项目本身及可行性研究报告进行技术和经济上的评价论证。

2. 编制依据

（1）项目建议书（预可行性研究报告）及其批复文件。

（2）国家和地方的经济和社会发展规划，行业部门发展规划。

（3）国家有关法律、法规、政策。

（4）对于大中型骨干项目，必须具有国家批准的资源报告、国土开发整治规划、区域规划、江河流域规划、工业基地规划等有关文件。

（5）有关机构发布的工程建设方面的标准、规范、定额。

（6）合资、合作项目各方签订的协议书或意向书。

（7）委托单位的委托合同。

（8）经国家统一颁布的有关项目评价的基本参数和指标。

（9）有关的基础数据。

3. 可行性研究报告编制要求

（1）应能充分反映项目可行性研究工作的成果，内容齐全、结论明确、数据准确、论据充分，满足决策者对方案与项目的要求。

（2）选用主要设备的规格、参数应能满足订货的要求，引进的技术设备资料应能满足合同谈判的要求。

（3）报告中的重大技术、经济方案应有两个以上的方案可选。

（4）确定的主要工程技术数据，应能满足项目初步设计的要求。

（5）融资方案应能满足银行等金融部门信贷决策的需要。

（6）反映在可行性研究中出现的某些方案的重大分歧及未被采纳的理由，以供委托单位与投资者权衡利弊进行决策。

（7）应附有评估、决策（审批）所必需的合同、协议、意向书、政府批件等。

第二节 施工阶段造价管理

一、施工预算的编制

（一）概述

1. 建设工程施工预算的概念和作用

（1）施工预算的概念

施工图预算即单位工程预算书，是在施工图设计完成后、工程开工前，根据已审定的施工图纸，在施工方案或施工组织设计已确定的前提下，按照国家或省、市颁发的现行预算定额、费用标准、材料预算价格等有关规定，逐项计算工程量，套用相应定额，进行工料分析，计算直接费、间接费、计划利润、税金等费用，确定单位工程造价的技术经济文件。施工预算一般以单位工程为编制对象。

（2）施工预算的作用

1）施工预算是确定工程造价的依据。施工图预算可作为建设单位招标的标底，也可以作为建筑施工企业投标时报价的参考。

2）施工预算是实行建筑工程预算包干的依据和签订施工合同的主要内容。通过建设单位与施工单位协商，可在施工图预算的基础上，考虑设计或施工变更后可能发生的额外费用，故在原费用上增加一定系数，作为工程造价一次性包死。

3）施工预算是施工计划部门安排施工作业计划和组织施工的依据。施工预算确定施工中所需的人力、物力的供应量；进行劳动力、运输机械和施工机械的平衡；计算材料、构件的需要量，进行施工备料和及时组织材料；计算实物工程量和安排施工进度，并做出最佳安排。

4）施工预算是施工企业进行工程成本管理的基础。施工预算既反映设计图纸的要求，也考虑在现有条件下可能采取的节约人工、材料和降低成本的各项具体措施。执行施工预算，不仅可以起到控制成本、降低费用的作用，同时也为贯彻经济核算、加强工程成本管理奠定基础。

5）施工预算是施工图预算及进行"两算"对比的依据。因为施工预算中规定完成的每一个分项工程所需要的人工、材料、机械台班使用量，都是按施工定额计算的，所以在完成每一个分项工程时，其超额和节约部分就成为班组计算奖励的依据之一。

2. 建设工程施工预算的内容构成

施工预算的内容，原则上应包括工程量、人工、材料和机械四项指标。一般以单位工程为对象，按分部工程计算。施工预算由编制说明及表格两大部分组成。

（1）编制说明

编制说明是以简练的文字，说明施工预算的编制依据、对施工图纸的审查意见、现场勘查的主要资料、存在的问题及处理办法等，主要包括以下内容：

1）编制依据：施工图纸、施工规范、工程经验与企业规范、工程量清单规范、利润材料价格市场价咨询价信息价差异等。

2）工程概况：工程建设规模、使用性质、结构功能、建设地点及施工期限等。

3）现场勘查的主要资料。

4）施工技术措施：土方施工方法、运输方式、机械化施工部署、垂直运输方案、新技术或代用材料的采用、质量及安全技术等。

5）施工关键部位的技术处理方法，施工中降低成本的措施。

6）遗留项目或暂估项目的说明。

7）工程中存在及尚需解决的其他问题。

（2）表格

为了减少重复计算，便于组织施工，编制施工预算常用表格来计算和整理。土建工程一般主要有以下表格。

1）工程量计算表：可根据投标报价的工程量计算表格来进行计算。

2）施工预算的工料单价分析表：其是施工预算中的基本表格，其编制方法与投标报价中施工图预算工料分析相似，即各项的工程量乘以施工定额重点工料用量。施工预算要求分部、分层、分段进行工料分析，并按分部汇总成表。

3）人工汇总表：将工料分析表中的各工种人工数字，分工种、按分部分列汇总成表。

4）材料汇总表：将工料分析表中的各种材料数字，分现场和外加工厂用料，.按分部分列汇总成表。

5）机械汇总表：将工料分析表中的各种施工机具数字，分名称、分部分列成表。

6）金属构件汇总表：包括金属加工汇总表、金属结构构件加工材料明细表。

7）门窗加工汇总表：包括门窗加工一览表、门窗五金明细表。

8）两算对比表：将投标报价中的施工图预算与施工预算中的人工、材料、机械三项费用进行对比。

（二）施工预算的编制

1.施工预算的编制依据

（1）施工图纸及其说明书。编制施工图预算需要具备全套施工图和有关的标准图案。施工图纸和说明书必须经过建设单位、设计单位和施工单位共同会审，并要有会审记录，未经会审的图纸不宜采用，以免因与实际施工不相符而返工。

（2）施工组织设计或施工方案。经批准的施工组织设计或施工方案所确定的施工方式、施工顺序、技术组织措施和现场平面布置等，可供施工预算集体计算时采用。

（3）当地或专业预算定额或预算基价及相关取费、调价文件规定，施工单位的预期利润和本项工程的市场竞争情况。各省、各自治区、直辖市或地区，一般都编制颁发有《建筑工程施工定额》。若没有编制或原编制的施工定额现已过时废止使用，则可根据国家颁布的《建筑安装工程统一劳动定额》，以及各地区编制的《材料消耗定额》和《机械台班使用定额》编制施工预算。

（4）施工图预算书。由于投标报价（施工图预算）中的许多工程量数据可供编制施工预算时使用，因为依据施工图预算可减少施工预算的编制工程量，提高编制效率。

（5）建筑材料手册和预算手册。根据建筑材料手册和预算手册进行材料长度、面积、体积、重量之间的换算，工程量的计算等。

（6）当地工程造价信息及主要材料的市场价格情况及工程实际勘察与测量资料等。

（7）建设项目的具体要求，如招标文件、工程量清单、主要设备及材料的限制规定。

2. 施工预算的编制方法

施工预算的编制方法分为工程量清单法、工料单价法、实物法三种。

（1）工程量清单法。根据工程量清单计价规范的规定，计算出各分部分项工程量，套用其相应分部分项工程综合单价，再计算措施费、规费、税金等费用，得出工程造价。

（2）工料单价法。根据施工定额的规定，计算出各分项工程量，以分部分项工程量乘以单价后的合计为直接工程费，直接工程费以人工、材料、机械的消耗量及其相应价格确定。直接工程费汇总后另加间接费、利润、税金生成工程造价。

（3）实物法。实物法就是根据施工图纸和说明书，以及施工组织设计，按照施工定额或劳动定额的规定计算工程量，再分析并汇总人工和材料的数量。这是目前编制施工预算大多采用的方法。应用这些数量可向施工班组签发任务书和限额领料单，进行班组核算，并与施工图预算的人工、材料和机械台班数量对比，分析超支或节约的原因，进而改进和加强企业管理。

3. 施工预算的编制程序与步骤

施工预算和施工图预算的编制程序基本相同，不同的是施工预算比施工图预算的项目划分更细，以适合施工方法的需要，有利于安排施工进度计划和编制统计报表。施工预算的编制，可按下述步骤进行：

（1）熟悉基础资料。在编制施工预算前，要认真阅读经会审和交底的全套施工图纸、说明书及有关标准图集，掌握施工定额内容范围，了解经批准的施工组织设计或施工方案，为正确、顺利地编制施工预算奠定基础。

（2）计算工程量。要合理划分分部、分项工程项目，一般可按施工定额项目划分，并按照施工定额手册的项目顺序排列。

（3）套取施工定额，分析和汇总工、料、机消耗量。按所在地区或企业内部自行编制的施工定额进行套用，以分项工程的工程量乘以相应项目的人工、材料和机械台班消耗量定额，得到该项目的人工、材料和机械台班消耗量。将各分部工程（或分层分段）中同类的各种人工、材料和机械台班消耗量再加，得出每一分部工程（或分层分段）的各种人工、材料和机械台班的总消耗量，再进一步将各分部工程的人工、材料和机械总消耗量汇总，并制成表格。

（4）编制措施费、其他项目、规费、税金等费用。

（5）"两算"对比。将施工图预算与施工预算中的分部工程人工、材料、机械台班消耗量或价值列出，并一一对比，算出节约差或超支额，以便反映经济效果，考核施工图预算是否达到降低工程成本之目的。否则，应重新研究施工方法和技术组织措施，修正施工方案，防止亏本。

（6）编写编制说明。

二、工程施工计量

（一）工程计量的重要性

1.计量是控制工程造价的关键环节

工程计量是指根据设计文件及承包合同中关于工程量计算的规定，项目管理机构对承包商申报的已完成工程的工程量进行的核验。合同条件中明确规定工程量表中开列的工程量是该工程的估算工程量，不能作为承包商应予完成的实际和确切的工程量。因为工程量表中的工程量是在编制招标文件时，在图纸和规范的基础上估算的工作量，不能作为结算工程价款的依据，而必须通过项目管理机构对已完成的工程进行计量。经过项目管理机构计量所确定的数量是向承包商支付任何款项的凭证。

2.计量是约束承包商履行合同义务

计量不仅是控制项目投资费用支出的关键环节，同时也是约束承包商履行合同义务、强化承包商合同意识的手段。FIDIC 合同条件规定，业主对承包商的付款，是以工程师批准的付款证书为凭据的，工程师对计量支付有充分的批准权和否决权。对于不合格的工作和工程，工程师可以拒绝计量。同时，工程师通过按时计量，可以及时掌握承包商工作的进展情况和工程进度。当工程师发现工程进度严重偏离计划目标时，可要求承包商及时分析原因、采取措施、加快进度。因此，在施工过程中，项目管理机构可以通过计量支付手段，控制工程按合同进行。

（二）工程计量的程序

1.施工合同（示范文本）约定的程序

按照施工合同（示范文本）规定，工程计量的一般程序是：承包人应按专用条款约定的时间，向工程师提交已完工程量的报告，工程师接到报告后 7 天内按设计图纸核实已完工程量，并在计量前 24 小时通知承包人，承包人为计量提供便利条件并派人参加。承包人收到通知后不参加计量，计量结果有效，作为工程价款支付的依据。工程师收到承包人报告后 7 天未进行计量，从第 8 天起，承包人报告中并列的工程量即视为已被确认，作为工程价款支付的依据。工程师不按约定时间通知承包人，使承包人不能参加计量，计量结果无效。对承包人超出设计图纸范围和因承包人原因造成返工的工程量，工程量不予计量。

2. 建设工程管理规范规定的程序

（1）承包单位按合同约定的时间，统计经造价管理者质量验收合格的工程量，按施工合同的约定填报工程量清单和工程款支付申请表。

（2）造价管理者进行接到报告14天内核实现场计量，按施工合同的约定审核工程量清单和工程款支付申请表，并报总管理者审定。

（3）造价总管理者签署工程款支付证书，并报建设单位。

3. FIDIC施工合同约定的工程计量程序

按照FIDIC施工合同约定，当工程师要求测量工程的任何部分时，应向承包商代表发出合理通知，承包商代表应：

（1）及时亲自或另派合格代表，协助工程师进行测量。

（2）提供工程师要求的任何具体材料。

如果承包商未能到场或派代表到场，工程师（或其代表）所做测量应作为准确测量，予以认可。

除合同另有规定外，凡需根据记录进行测量的任何永久工程，此类记录应由工程师准备。承包商应根据或被提出要求时，到场与工程师对记录进行检查和协商，达成一致后应在记录上签字。如果承包商未到场，应认为该记录准确，予以认可。如果承包商检查后不同意该记录，应向工程师发出通知，说明认为该记录不准确的部分。工程师收到通知后，应审查该记录，进行确认或更改。如果承包商在被要求检查记录14天内，没有发出此类通知，该记录应作为准确记录，予以认可。

（三）工程计量的依据

计量依据一般有施工合同、设计文件、质量合格证书，工程量清单计价规范和技术规范中的"计量支付"条款和设计图纸、测量数据等条例的证书。也就是说，计量时必须以这些资料为依据。

1. 施工合同。施工合同中有关计量的条款是工程计量的重要依据。

2. 设计文件。单价合同以实际完成的工程量进行结算，凡是被工程师计量的工程数量，并不一定是承包商实际施工的数量。计量的几何尺寸要以设计图纸为依据，工程师对承包商超出设计图纸要求增加的工程量和自身原因造成返工的工程量，不予计量。

3. 质量合格证书。对于承包商已完成的工程，并不是全部进行计量，而只是质量达到合同标准的已完成的工程才予以计量。所以工程计量必须与质量管理紧密配合，经过专业工程师检验，工程质量达到合同规定的标准后，由专业工程师签署报验申请表（质量合格证书），只有质量合格的工程才予以计量。所以说质量管理是计量管理的基础，计量又是质量管理的保障，通过计量支付，强化承包商的质量意识。

4. 工程量清单计价规范和技术规范。工程量清单计价规范和技术规范是确定计量方法的依据，因为工程量清单计价规范和技术规范的"计量支付"条款规定了清单中每一项工程的计量方法，同时还规定了按规定的计量方法确定的单价所包括的工作内容和范围。除工程师书面批准外，凡超过图纸所规定的任何宽度、长度、面积或体积均不予计量。

（四）工程计量的方法

根据 FIDIC 合同条件的规定，一般可按照以下方法进行计量：

1. 均摊法。均摊法即对清单中某些项目的合同价款，按合同工期平均计量，如为监理工程师提供宿舍、保养测量设备、维护工地清洁和整洁等。这些项目的共同特点是每月均有发生。

2. 凭据法。凭据法即按照承包商提供的凭据进行计量支付。如建筑工程险保险费、第三方责任险保险费、履约保证等项目，一般按凭据法进行计量支付。

3. 估价法。估价法即按合同文件的规定，根据工程师估算的已完成的工程价值支付。如为工程师提供办公设施和生活设施，当承包商不能一次购进时，则需采用估价法进行计量支付。

4. 断面法。断面法主要用于取土坑或填筑路堤土方的计量。采用这种方法计量，在开工前承包商需测绘出原地形的断面，并需经工程师检查，作为计量的依据。

5. 图纸法。在工程量清单中，许多项目都采取按照设计图纸所示的尺寸进行计量。如混凝土构筑物的体积、钻孔桩的桩长等。

6. 分解计量法。分解计量法即将一个项目，根据工序或部位分解为若干子项，对完成的各子项进行计量支付。这种计量方法主要是为了解决一些包干项目或较大的工程项目的支付时间过长、影响承包商的资金流动等问题。

三、工程变更及其价款的确定

（一）工程变更的含义与内容

建设工程变更是指施工图设计完成后，施工合同签订后，项目施工阶段发生的与招标文件发生变化的技术文件，包含设计变更通知单及技术核定单。

设计变更是指设计单位依据建设单位要求调整，或对原设计内容进行修改、完善、优化。设计变更应以图纸或设计变更通知单的形式发出。

技术核定单是记录施工图设计责任之外，对完成施工承包义务，采取合理的施工措施等技术事宜，提出的具体方案、方法、工艺、措施等，经发包方和有关单位共同核定的凭工程变更通常都会涉及费用和施工进度的变化，变更工程部分往往要重新确定单价，需要调整合同价款；承包人也经常利用变更的契机进行索赔。

工程变更的范围和内容包括：

1. 取消合同中的任何一项工作，但被取消的工作不能转由发包人或其他人实施。

2. 改变合同中的任何一项工作的质量或其他特性。

3. 改变合同工程的基线、标高、位置或尺寸。

4. 改变合同中的任何一项工作的施工时间后改变已批准的施工工艺或顺序。

5. 为完成工程需要追加的额外工作。

（二）工程变更的分类

1. 按提出工程变更的各方当事人来分类

（1）承包商提出的工程变更

承包方签于现场情况的变化或出于施工便利，或受施工设备限制，遇到不能预见的地质条件或地下障碍、资源市场的原因（如材料供应或施工条件不成熟，认为需改用其他材料替代，或需要改变工程项目具体设计等引起的），施工中产生错误，工程地质勘查资料不准确而引起的修改，如基础加深，或为了节约工程成本和加快工程施工进度等，可以要求变更设计。

（2）建设方提出变更

建设方根据工程的实际需要提出的工程变更，修改工艺技术（包括设备的改变）、增减工程内容、改变使用功能、使用的材料品种的改变，提高标准。

（3）监理工程师提出工程变更

监理工程师根据施工现场的地形、地质、水文、材料、运距、施工条件、施工难易程度及临时发生的各种问题各方面的原因，综合考虑认为需要的变更。

（4）工程相邻地段的第三方提出变更

例如当地政府主管部门和群众提出的变更设计，规划、环保及其他政府主管部门等提出的要求。

（5）设计方提出变更

设计单位对原设计有新的考虑或为进一步完善设计等提出变更设计。

2. 按工程变更的性质来分类

（1）重大变更

重大变更包括改变技术标准和设计方案的变动，如结构形式的变更、使用功能的变更、重大防护设施及其他特殊设计的变更。

（2）重要变更

重要变更包括不属于第一类范围的较大变更，如标高、位置和尺寸变动，变动工程性质、质量和类型等。

（3）一般变更

变更原设计图纸中明显的差错、碰、漏，不降低原设计标准下的构件材料代换和现场必须立即决定的局部修改等。

（三）工程变更价款的确定

1.明确工程变更的责任。根据工程变更的内容和原因，明确应由谁承担责任。如施工合同中已明确约定，则按合同执行；如合同中未预料到的工程变更，则应查明责任，判明损失承担者。通常由发包人提出的工程变更，损失由发包人承担；由于客观条件的影响（如施工条件、天气、工资和物价变动等）产生的工程变更，在合同规定范围之内的，按合同规定处理，否则应由双方协商解决。在特殊情况下，变更也可能是由于承包人的违约所导致，损失必须由承包人自己承担。

2.估测损失。在明确损失承担者的情况下，根据实际情况、设计变更文件和其他有关资料，按照施工合同的有关条款，对工程变更的费用和工期做出评估，以确定工程变更项目与原工程项目之间的类似程度和难易程度，确定工程变更项目的工程量，确定工程变更的单价和总价。

3.确定变更价款，确定变更价款的原则是：

（1）合同中已有适用于变更工程的项目时，按合同已有的价格变更合同价款。当变更项目和内容直接适用合同中已有项目时，由于合同中的工程量单价和价格由承包人投标时提供，用于工程变更，容易被发包人、承包人及工程师所接受，从合同意义上讲也是比较公平的。

（2）合同中只有类似于变更工程的项目时，可以参照类似项目的价格变更合同价款。当变更项目和内容类似合同中已有项目时，可以将合同中已有项目的工程量清单的单价和价格拿来简介套用，即依据工程量清单，通过换算后采用；或者是部分套用，即依据工程量清单，取其价格中某一部分使用。

（3）合同中没有适用于或类似于变更合同的项目时，由承包人或发包人提出适当的变更价格，经双方确认后执行。如双方不能达到一致的，可提请工程所在地工程造价管理部门进行咨询或按合同约定的争议解决程序办理。由于确定价格的过程中可能延续时间较长或者双方尚未能达到一致意见时，可以先确定暂行价格以便在适当的月份反映在付款证书之中。当变更工程对其他部分工程产生较大影响时，原单价已不合理或不适用时，则应按上述原则协商或确定新的价格。例如，如变更是基础结构形式发生变化，而对挖土及回填施工的工程量和施工方法产生重大影响，挖土及回填施工的有关单价便可能不合理。实际工作中，可通过实事求是地编制预算来确定变更价款。编制预算时根据施工合同已确定的计价原则、实际使用的设备、采用的施工方法等进行，施工方案的确定应体现科学、合理、安全、经济和可靠的原则，在确保施工安全及质量的前提下，节省投资。

4.签字存档。经合同双方协商同意的工程变更，应为书面材料，并由双方正式委托的代表签字。设计变更的，还必须有设计单位的代表签字，这是进行工程价款结算的依据。

四、工程索赔

1. 索赔的含义

发包人、承包人未能按施工合同约定履行自己的各项义务或发生错误，给另一方造成经济损失的，由受损方按合同约定提出索赔，索赔金额按施工合同约定支付。索赔是当事人在合同实施过程中，根据法律、合同规定及惯例，对不应由自己承担责任的情况造成的损失，向合同的另一方当事人提出给予赔偿或补偿要求的行为。在工程建设的各个阶段，都有可能发生索赔，但在施工阶段索赔发生较多。

2. 索赔的特征

从索赔的基本含义中可以看出索赔具有以下基本特征：

（1）索赔是双向的。不仅承包人可以向发包人索赔，发包人同样也可以向承包人索赔。由于实践中发包人向承包人索赔发生的频率相对较低，而且在索赔处理中，发包人始终处于主动和有利地位，对承包人的违约行为他可以直接从应付工程款中扣抵、扣留保留金或通过履约保函向银行索赔来实现自己的索赔要求。因此在工程实践中大量发生的、处理比较困难的是承包人向发包人的索赔，也是工程师进行合同管理的重点内容之一。

（2）只有实际发生了经济损失或权利损害，一方才能向对方索赔。经济损失是指因对方因素造成合同外的额外支出，如人工费、材料费、机械费、管理费等额外开支；权利损害是指虽然没有经济上的损失，但造成了一方权利上的损害。

（3）索赔是一种未经对方确认的单方行为。它与我们通常所说的工程签证不同。在施工过程中签证是承发包双方就额外费用补偿或工期延长等达成一致的书面证明材料和补充协议，它可以直接作为工程款结算或最终增减工程造价的依据，而索赔则是单方面行为对对方尚未形成约束力，这种索赔要求必须通过双方确认（如双方协商、谈判、调解或仲裁、诉讼）后才能实现。

3. 索赔的作用

索赔与工程承包合同同时存在，它的主要作用有：

（1）保证合同的实施。合同一经签订，合同双方即产生权利和义务关系。这种权益受法律保护，这种义务受法律制约。索赔是合同法律效力的具体体现，并且由合同的性质决定。如果没有索赔和关于索赔的法律规定，则合同形同虚设，对双方都难以形成约束，这样合同的实施就得不到保证，不会有正常的社会经济秩序。

（2）落实和调整合同双方的经济责任关系。有权利，有利益，同时又应承担相应的经济责任。谁未履行责任，构成违约行为，造成对方损失，侵害对方权利，则应承担相应的合同处罚，予以赔偿。离开索赔，合同的责任就不能体现，合同双方的责权利关系就不平衡。

（3）维护合同当事人的正当权益。索赔是一种保护自己，维护自己正当利益，避免损失，增加利润的手段。在现代承包工程中，如果承包商不能进行有效的索赔，不精通索赔业务，往往使损失得不到合理及时的补偿，不能进行正常的生产经营，甚至要倒闭。

（4）促使工程造价更合理。施工索赔的正常开展，把原来打入工程报价的一些不可预见费用，改为按实际发生的损失支付，有助于降低工程报价，使工程造价更合理。

4. 施工索赔的原因

引起索赔的原因是多种多样的，以下是一些主要原因：

（1）业主违约

业主违约常常表现为业主或其委托人未能按合同规定为承包人提供应由其提供的、使承包人得以施工的必要条件，或未能在规定的时间内付款。

（2）合同缺陷

合同缺陷常常表现为合同文件规定不严谨甚至矛盾、合同中的遗漏或错误。这不仅包括商务条款中的缺陷，也包括技术规范和图纸中的缺陷。

（3）施工条件变化

在土木建筑工程施工中，施工现场条件的变化对工期和造价的影响很大。不利的自然条件及障碍，常常导致涉及变更、工期延长或成本大幅度增加。

（4）工程变更

土建工程施工中，工程量的变化是不可避免的，施工时实际完成的工程量超过或小于工程量表中所列的预计工程量。

（5）工期拖延

大型土建工程施工中，由于受天气、水文地质等因素的影响，常常会出现工期拖延。分析拖期原因、明确拖期责任时，合同双方往往产生分歧，使承包商实际支出的计划外施工费用得不到补偿，势必引起索赔要求。

（6）工程师指令

工程师指令通常表现为工程师指令承包商加速施工、进行某项工作、更换某些材料、采取某种措施或停工等。

（7）国家政策及法律、法令变更

国家政策及法律、法令变更，通常是指直接影响到工程造价的某些政策及法律、法令的变更，比如限制进口、外汇管制或税收及其他收费标准的提高。工程所在国的政策及法律、法令是承包商投标时编制报价的重要依据之一。

（8）其他承包商干扰

其他承包商干扰通常是指其他承包商未能按时、按序进行并完成某项工作、各承包商之间配合协调不好等而给本承包商的工作带来的干扰。

（9）其他第三方原因

其他第三方原因通常表现为因与工程有关的其他第三方的问题而引起的对本工程的不利影响。比如，银行付款延误、邮路延误、港口压港等。

五、工程价款结算

工程价款结算指依据施工合同进行工程预付款、工程进度款结算的活动。在履行工程合同过程中，工程价款结算分为预付款结算、进度款结算两个阶段。

1. 工程预付款

（1）工程预付款的概念

工程预付款是建设工程施工合同订立后由发包人按照合同约定，在正式开工前预先支付给承包人的工程款项。它是施工准备和所需主要材料、结构件等流动资金的主要来源，国内又习惯称预付备料款。工程预付款的支付，表明该工程已经实质性启动。预付款习惯上称为预付备料款。预付款还可以包括开办费，供施工人员组织、完成临时设施工程等准备工作之用。例如，有的地方建设行政主管部门明确规定：临时设施费作为预付款，发包人应在开工前全额支付。预付款相当于发包人给承包人的无息贷款。随着我国投资体制的改革，很多新的投资模式如 BT、BOT 不断出现，不是每个工程都存在预付款。全国各地区、各部门对于预付款支付的规定不尽相同。结合不同工程项目的承包方式、工期等实际情况，可以在合同中约定不同比例的预付备料款。

（2）工程预付款的拨付

施工合同约定由发包人供应材料的，按招标文件提供的"发包人供应材料价格表"所示的暂定价，由发包人将材料转给承包人，相应的材料款在结算工程款时陆续抵扣。这部分材料，承包人不应收取备料款。预付备料款的计算公式为：

预付备料款 = 施工合同价或年度建安工程费 × 预付备料款额度（%）

预付备料款的额度由合同约定，招标时应在合同条件中约定工程预付款的百分比，根据工程类型、合同工期、承包方式和供应方式等不同条件而定。《建设工程价款结算暂定办法》规定：包工包料工程的预付款按合同约定拨付，原则上预付比例不低于合同金额的10%，不高于合同金额的30%，对重大工程项目，按年度工程计划逐年预付。执行《计价规范》的工程，实体性消耗和非实体性消耗部分应在合同中分别约定预付款比例。

2. 工程进度结算款

工程进度款结算，也称为中间结算，指承包人在施工过程中，根据实际完成的分部分项工程数量计算各项费用，向发包人办理工程结算。工程进度款结算，是履行施工合同过程中的经常性工作，具体的支付时间、方式和数额等都应在施工合同中做出约定。

（1）工程计量及其程序

计量支付指在施工过程中间结算时，工程师按照合同约定，对核实的工程量填制中间计量表，作为承包人取得发包人付款的凭证；承包人根据施工合同所约定的时间、方式和工程师所做的中间计量表，按照构成合同价款相应项目的单价和取费标准提出付款申请；经工程师审核签字后，由发包人予以支付。

《建设工程价款暂行办法》对工程计量有如下规定:

1)承包人应当按照合同约定的方法和时间,向发包人提供已完工程量的报告。发包人接到报告后 14 天内核实已完工程量,并在核实完 1 天前通知承包人,承包人应提供条件并派人参加核实,承包人收到通知后不参加核实,以发包人核实的工程量作为工程价款支付的依据。发包人不按约定时间通知承包人,致使承包人未能参加核实,核实结果无效。

2)发包人收到承包人报告后 14 天内未核实完工程量,从第 15 天起,承包人报告的工程量即视为被确认,作为工程价款支付的依据,双方合同另有约定的,按合同执行。

3)对承包人超出设计图纸(含设计变更)范围和因承包人原因造成返工的工程量,发包人不予计量。

(2)工程价款的计算

按照施工合同约定的时间、方式和工程师确认的工程量,承包人按构成合同价款相应项目的单价和取费标准计算,要求支付工程进度款。

工程进度款的计算主要涉及两个方面:一是工程量的计算;二是单价的计算方法。施工合同选用工料单价还是综合单价,工程进度款的计算方法不同。在工程量清单计价方式下,能够获得支付的项目必须是工程量清单中的项目,综合单价必须按已标价的工程量清单确定。采用固定综合单价法计价,工程进度款的计算公式为:

$$工程进度款 = \sum (计量工程量 \times 综合单价) \times (1+ 规费费率) \times (1+ 税金率)$$

(3)工程支付的有关规定

承包人提出的付款申请除了对所完成的工程量要求付款以外,还包括变更工程款、索赔款、价格调整等。按照《建设工程价款结算暂行办法》及其他有关规定,发承包双方应该按照以下要求办理工程支付:

1)根据确定的工程计算结果,承包人向发包人提出支付工程进度款申请后的 14 天内,发包人应按数额不低于工程价款的 60%,不高于工程价款的 90% 向承包人支付工程进度款。

2)发包人在向承包人支付工程进度款的同时,按约定发包人应扣回的预付款、供应的材料款、调价合同价款、变更合同价款及其他约定的追加合同价款,与工程进度款同期结算。需要说明的是,发包人应扣回的供应的材料款,应按照施工合同规定留下承包人的材料保管费,并在合同价款总额计算之后扣除,即税后扣除。

3)发包人超过支付的约定时间不支付工程进度款,承包人应及时向承包人发出要求付款的通知,发包人收到承包人通知后仍不按要求付款,可与承包人协商签订延期付款协议,经承包人同意后可延期支付,协议应明确延期支付的时间和从工程计量结果确认后第 15 天起计算应付款的利息(利率按同期银行贷款利率计)。

第三节 竣工、验收阶段造价管理

一、竣工验收评价概述

1.竣工验收概念

建设项目竣工验收是指由发包人、承包人和项目验收委员会，以项目批准的设计任务书和设计文件以及国家或部门颁发的施工验收规范和质量检验标准为依据，按照一定的程序和手续，在项目建成并试生产合格后（工业生产性项目），工程项目的总体进行检验和认证、综合评价和鉴定活动。

竣工验收是全面考核建设工作，检查是否符合设计要求和工程质量的重要环节，对促进建设项目及时投产，发挥投资效果，总结建设经验有重要作用。凡新建、扩建、改建的基本建设项目和技术改造项目，按批准的文件所规定的内容建成，符合验收标准的，必须及时组织验收，办理固定资产移交手续。

2.竣工验收的条件

建设项目竣工验收应当具备下列条件。

（1）建设工程设计和合同约定的各项内容。

（2）有完整的技术档案和施工管理资料。

（3）有工程使用的主要建筑材料、建筑构配件和设备的进场试验报告。

（4）有勘察、设计、施工、工程监理等单位分别签署的质量合格文件。

（5）有施工单位签署的工程保修书。

建设单位收到建设项目竣工报告后，应当组织设计、勘察、施工、工程监管等有关单位进行竣工验收。建设工程经验收合格的，方可交付使用。

3.竣工验收的依据

建设项目竣工验收的依据，除了必须符合国家规定的竣工标准（或地方政府主管机关规定的具体标准）之外，在进行竣工验收和办理工程移交手续时，还应该以下列文件作为主要依据。

（1）国家、省、自治区、直辖市和行业行政主管部门颁发的法律、法规、现行的施工技术验收标准及技术规范、质量标准等有关规定。

（2）审批部门批准的可行性研究报告、初步设计、实施方案、施工图纸和设备技术说明书。

（3）施工图设计文件及设计变更洽商记录。

（4）国家颁发的各种标准和现行的施工验收规范。

（5）工程承包合同文件。

（6）技术设备说明书。

（7）建筑安装工程统计规定及主管部门关于工程竣工的规定。

从国外引进新技术或成套设备的项目以及中外合资建设项目，还应按照签订的合同和国外提供的设计文件等资料，进行验收。

4.竣工验收的程序

（1）承包人申请交工验收

承包人在完成了合同工程或按合同约定可部分移交工程的，可申请交工验收。交工验收一般为单项工程，但在某些特殊情况下也可以是单位工程的施工内容，如基础工程、发电站单机机组完成后的移交等。

承包人按照合同规定的施工范围和质量标准完成施工任务后，应自行组织有关人员进行质量检查评定。自检合格后，向现场监理机构提交"工程竣工报验单"，要求组织工程预验收。

（2）监理单位现场初步验收

监理工程师在收到"工程竣工报告单"后，应由总监理工程师组成验收组，对竣工的工程项目的竣工资料和各专业工程的质量进行初验，合格后监理工程师签署"工程竣工报验单"。

（3）单项工程验收

单项工程验收又称交工验收，由建设单位负责组织，监理单位、勘察设计单位、承包单位、工程质量监督部门参加。验收合格后，建设单位和承包单位共同签署"交工验收证书"。验收合格的单项工程，在全部工程验收时，原则上不再办理验收手续。

（4）全部工程的竣工验收

全部施工过程完成后的竣工验收，由国家主管部门组织，又称为动用验收，可分为验收准备、竣工预验收和正式验收三个环节。

经过各单项工程的验收符合设计的要求，并具备竣工图表、竣工决算、工程总结等必要文件资料，由建设项目主管部门或建设单位向负责验收的单位提出竣工验收申请报告，按现行验收组织规定，接受由银行、物资、环保、劳动、统计、消防及其他有关部门组成验收委员会或验收组的验收，办理固定资产移交手续。

正式验收的工作内容如下：

1）建设单位、勘察单位、设计单位分别汇报工程合同履行情况以及在工程建设各环节执行法律、法规与工程建设强制性标准的情况。

2）听取承包人汇报建设项目的施工情况、自验情况和竣工情况。

3）听取监理单位汇报建设项目监理内容和监理情况以及对项目竣工的意见。

4）组织竣工验收小组全体人员进行现场检查，了解项目现状、查验项目质量，及时发现存在和遗留的问题。

5）审查竣工项目移交生产使用的各种档案资料。

6）审查项目质量，对主要工程部位的施工质量进行复验、鉴定，对工程设计的先进性、合理性和经济性进行复验和鉴定，按设计要求和建筑安装工程施工的验收规范和质量标准进行质量评定验收。在确认工程符合竣工标准和合同条款规定后，签发竣工验收合格证书。

7）审查试车规程，检查投产试车情况，核定收尾工程项目，对遗留问题提出处理意见。

8）签署施工竣工验收鉴定书，对整个项目做出总的验收鉴定。竣工验收鉴定书是表示建设项目已经竣工，并交付使用的重要文件，是全部固定资产交付使用和建设项目正式动用的依据。

二、竣工结算

1.竣工结算的概念

工程竣工结算是指施工企业按照合同规定的内容全部完成所承包的工程，经验收质量合格，并符合合同要求之后，向发包单位进行的最终工程价款结算。

2.工程竣工结算的要求

（1）工程竣工验收报告经甲方认可后 28 天内，乙方向甲方递交竣工结算报告及完整的结算资料，甲乙双方按照协议书约定的合同价款及专用条款约定的合同价款调整内容，进行工程竣工结算。

（2）甲方收到乙方递交的竣工结算报告及结算资料后 28 天内进行核实，给予确认或者提出修改意见。

（3）甲方收到竣工结算报告及结算资料后 28 天内无正当理由不支付工程竣工结算价款，从第 29 天起按乙方同期向银行贷款利率支付拖欠工程价款的利息，并承担违约责任。

（4）甲方收到竣工结算报告及结算资料后 28 天内不支付工程竣工结算价款，乙方可催告甲方支付结算价款。

（5）工程竣工验收报告经甲方认可后 28 天内，乙方未能向甲方递交竣工结算报告及完整的结算资料，造成工程竣工结算不能正常进行或工程竣工结算价款不能及时支付，甲方要求交付工程的，乙方应当交付；甲方不要求交付工程的，乙方承担保管责任。

（6）甲乙双方对工程竣工结算价款发生争议时，按解决争议的约定处理。

3.办理工程价款竣工结算的一般公式

竣工结算工程价款 = 预算（或概算）或合同价款 + 施工过程中预算或合同价款调整数额 - 已预付及结算工程价款

三、竣工决算

1.竣工决算的概念及作用

（1）竣工决算的概念

竣工决算是建设工程经济效益的全面反映，是以实物量和货币指标为计量单位，综合反映竣工项目从筹建开始到项目竣工交付使用为止的全部建设费用、建设成果和财务情况的总结性文件，是竣工验收报告的重要组成部分。

（2）竣工决算的作用

工程项目竣工后，应及时编制竣工决算，其作用主要表现在以下几个方面。

一是综合、全面反映竣工项目建设成果及财务情况的总结性文件。二是核定各类新增资产价值、办理其交付使用的依据。三是能正确反映建设工程的实际造价和投资结果。四是有利于进行设计概算、施工图预算和竣工决算的对比，考核实际投资效果。

2.竣工决算的内容

竣工决算是建设项目从筹建到竣工交付使用为止所发生的全部建设费用。为了全面反映建设工程的经济效益，竣工决算由竣工财务决算说明书、竣工财务决算报表、竣工工程平面示意图、工程造价比较分析四部分组成。前两个部分又称为工程项目竣工财务决算，是竣工决算的核心部分。

竣工财务决算说明书，有时也称为竣工决算报告情况说明书。在说明书中主要反映竣工工程的建设成果，是竣工财务决算的组成部分，主要包括以下内容：

（1）建设项目概况。对工程总的评价，一般从进度、质量、安全和造价、施工方面进行分析说明。

（2）资金来源及运用的财务分析。包括工程价款结算、会计账务处理、财产物资情况及债权债务的清偿情况。

（3）建设收入、资金结余及结余资金的分配处理情况。

（4）主要技术经济指标的分析、计算情况。包括概算执行情况分析，根据实际投资完成额与概算进行对比分析；新增生产能力的效益分析，说明支付使用财产占总投资额的比例、占支付使用财产的比例，不增加固定资产造价占总投资的比例，分析有机构成和成果。

（5）施工项目管理及决算中存在的问题，并提出建议。

（6）需要说明的其他事项。

3.竣工决算的编制步骤

（1）收集、分析、整理有关依据资料。从建设工程开始就按照编制依据的要求，收集、整理、清点有关建设项目的资料，包括所有的技术资料、工料结算的经济文件、施工图纸、施工记录和各种变更与签证资料、财产物资的盘点核实资料、债权的收回及债务的清偿资料。

（2）清理各项财务和结余物资。

（3）核实工程变动情况。

（4）编制建设工程竣工决算说明。

（5）填写竣工决算报表。

（6）做好造价对比分析。

（7）整理、装订好竣工工程平面示意图。

（8）上报主管部门审查、批准、存档。

4.新增固定资产价值的确定

（1）新增固定资产的概念

指通过投资活动所形成的新的固定资产价值，包括已经建成投入生产或交付使用的工程价值和达到固定资产标准的设备、工具、器具的价值及有关应摊入的费用。它是以价值形式表示的固定资产投资成果的综合性指标，可以综合反映不同时期、不同部门、不同地区的固定资产投资成果。

（2）新增固定资产价值的构成

1）已经投入生产或者交付使用的建筑安装工程价值，主要包括建筑工程费、安装工程费。

2）达到固定资产使用标准的设备、工具及器具的购置费用。

3）预备费，主要包括基本预备费和涨价预备费。

4）增加固定资产价值的其他费用，主要包括建设单位管理费、研究试验费、设计勘察费、工程监理费、联合试运转费、引进技术和进口设备的其他费用等。

5）新增固定资产建设期间的融资费用，主要包括建设期利息和其他相关融资费。

（3）新增固定资产价值的计算

新增固定资产价值的计算是以独立发挥生产能力的单项工程为对象的，单项工程竣工验收合格，正式移交生产或使用，即应计算新增固定资产价值。一次交付生产或使用的工程，应一次计算新增固定资产价值；分期分批交付生产或使用的工程，应分期分批计算新增固定资产价值。

（4）新增固定资产的计算条件

新增固定资产的计算必须具备以下三个条件。

1）设计文件或计划方案中规定的形成生产能力所需的主体工程和相应的辅助工程均已建成，形成产品生产作业线，具备生产设计规定的条件。

2）经过负荷试运转，并由有关部门验收鉴定合格，证明已具备正常生产条件，并正式移交生产部门。

3）设计规定配套建设的三废治理和环境保护工程同时建成并移交使用。

四、保修阶段费用处理

（一）缺陷责任期的概念和期限

1.缺陷责任期与保修期的概念区别

（1）缺陷责任期。缺陷责任期是指承包人对已交付使用的合同工程承担合同约定的缺陷修复责任的期限，其实质就是指预留质保金（保证金）的一个期限，具体可由发承包双方在合同中约定。

（2）保修期。保修期是发承包双方在工程质量保修书中约定的期限。保修期自实际竣工日期起计算。保修的期限应当按照保证建筑物合理寿命期内正常使用，维护使用者合法权益的原则确定。按照《建设工程质量管理条例》的规定，保修期限如下：

1）地基基础工程和主体结构工程，为设计文件规定的该工程的合理使用年限。

2）屋面防水工程，有防水要求的卫生间，房间和外墙面的防渗漏为 5 年。

3）供热与供冷系统为 2 个采暖期和供热期。

4）电气管线，给排水管道，设备安装和装修工程为 2 年。

2. 缺陷责任期的期限

缺陷责任期一般为 6 个月、12 个月或 24 个月，具体可由发承包双方在合同中约定。缺陷责任期从工程通过竣（交）工验收之日起计。由于承包人原因导致工程无法按规定期限进行竣（交）工验收的，缺陷责任期从实际通过竣（交）工验收的，在承包人提交竣（交）工验收报告 90 天后，工程自动进入缺陷责任期。

3. 缺陷责任期内的维修及费用承担

（1）保修责任。缺陷责任期内，属于保修范围，内容的项目，承包人应当在接到保修通知之日起 7 天内派人保修。发生紧急抢修事故的，承包人在接到事故通知后，应当立即到达事故现场抢修。对于涉及结构安全的质量问题，应当按照《房屋建筑工程质量保修办法》的规定，立即向当地建设行政主管部门报告，采取安全防范措施；由原设计单位或者有相应资质等级的设计单位提出报修方案，承包人实施保修。质量保修完成后，由发包人组织验收。

（2）费用承担。由他人及不可抗力原因造成的缺陷，发包人负责维修，承包人不承担费用，且发包人不得从保证金中扣除费用。如发包人委托承包人维修的，发包人应该支付相应的维修费用。

发承包双方就缺陷责任有争议时，可以请有资质的单位进行鉴定，责任方承担鉴定费用并承担维修费用。

缺陷责任期内，由承包人原因造成的缺陷，承包人应负责维修，并承担鉴定及维修费用。如承包人不维修也不承担费用，发包人可按合同约定扣除保留金，并由承包人承担违约责任。承包人维修并承担相应费用后，不免除对工程的一般损失赔偿责任。缺陷责任期的起算日期必须以工程的实际竣工日期为准，与之相对应的工程照管义务期的计算时间是以业主签发的工程接收证书起。对于有一个以上交工日期的工程，缺陷责任期应分别从各自不同的交工日期算起。

由于承包人原因造成某项缺陷或损坏使某项工程或工程设备不能按原定目标使用而需要再次检查、检验和修复的，发包人有权要求承包人延长缺陷责任期，但缺陷责任期最长不超过 2 年。

（二）质量保证金的使用及返还

1. 质量保证金的含义

建设工程质量保证金（以下简称"保证金"）是指发包人与承包人在建设工程承包合同中约定，从应付的工程款中预留，用以保证承包人在缺陷责任期（质量保修期）内对建设工程出现的缺陷进行维修的资金。缺陷是指建设工程质量不符合工程建设强制标准、设计文件，以及承包合同的约定。

2. 质量保证金预留及管理

（1）质量保证金的预留。发包人应按照合同约定的质量保证金比例从结算款中扣留质量保证金。全部或者部分使用政府投资的建设项目，按工程价款结算总额5%左右的比例预留保证金，社会投资项目采用预留保证金方式的，预留保证金的比例可以参照执行。发包人与承包人应该在合同中约定保证金的预留方式及预留比例，建设工程竣工结算后，发包人应按照合同约定及时向承包人支付工程结算价款并预留保证金。

（2）质量保证金的管理。缺陷责任期内，实行国库集中支付的政府投资项目，保证金的管理应按国库集中支付的有关规定执行。其他政府投资项目，保证金可以预留在财政部门或发包方。缺陷责任期内，如发包方被撤销，保证金随交付使用资产一并移交使用单位，由使用单位代行发包人职责。社会投资项目采用预留保证金方式的，发承包双方可以约定将保证金交由金融机构托管；采用工程质量保证担保、工程质量保险等其他方式的，发包人不得再预留保证金，并按照有关规定执行。

（3）质量保证金的使用。承包人未按照合同约定履行属于自身责任的工程缺陷修复义务的，发包人有权从质量保证金中扣留用于缺陷修复的各项支出。若经查验，工程缺陷属于发包人原因造成的，应由发包人承担查验和缺陷修复的费用。

3. 质量保证金的返还

在合同约定的缺陷责任期终止后的14天内，发包人应将剩余的质量保证金返还给承包人。剩余质量保证金的返还，并不能免除承包人按照合同约定应承担的质量保修责任和应履行的质量保修义务。

五、建设工程项目后评估阶段工程造价的控制与管理

1. 项目后评估的概念

项目后评估一般是指项目投资完成之后所进行的评估。它通过对项目实施过程、结果及其影响进行调查研究和全面系统回顾，与项目决策时确定的目标以及技术、经济、环境、社会指标进行对比，找出差别和变化，分析原因，总结经验，吸取教训，得到启示，提出对策建议，通过信息反馈，改善投资管理和决策，达到提高投资效益的目的。

项目后评估是投资项目周期的一个重要阶段，是项目管理的重要内容。项目后评估主要服务于投资决策，是出资人对投资活动进行监管的重要手段。项目后评估也可以为改善

企业经营管理提供帮助。

2. 项目后评估的内容

项目后评估的基本内容包括以下五个方面。

（1）项目目标后评估

项目目标后评估的目的是评定项目立项时原定目的和目标的实现程度。项目目标后评估要对照原定目标中的主要指标，检查项目实际完成指标的情况和变化，分析实际指标发生改变的原因，以判断目标的实现程度。项目目标后评估的另一项任务是要对项目原定决策目标的正确性、合理性和实践性进行分析评估，对项目实施过程中可能会发生的重大变化（如政策性变化或市场变化等），重新进行分析和评估。

（2）项目实施过程后评估

项目实施过程后评估应对照比较和分析项目、立项评估或可行性研究时所预计的情况和实际执行的过程，找出差别，分析原因。项目实施过程后评估一般要分析以下几个方面：项目的立项、准备和评估；项目的内容和建设规模；项目的进度和实施情况；项目的配套设施和服务条件；项目的管理和运行机制；项目的财务执行情况。

（3）项目效益后评估

项目效益后评估以项目投产后实际取得的效益为基础，重新测算项目的各项经济数据，并与项目前期评估时预测的相关指标进行对比，以评估和分析其偏差及其原因。项目效益后评估的主要内容与项目前评估无大的差别，主要分析指标还是内部收益率、净现值和贷款偿还期等项目盈利能力和清偿能力的指标，只不过项目效益后评估对已发生的财务现金流量和经济流量采用实际值，并按统计学原理加以处理，而且对后评估时点以后的现金流量需要做出新的预测。

（4）环境影响后评估

环境影响后评估是一种补充性、验证性的环境影响评价活动。

（5）项目持续性后评估

项目持续性是指在项目的建设资金投入完成之后，项目的既定目标是否还能继续，项目是否还可以持续地发展下去，接受投资的项目业主是否愿意并可能依靠自己的力量继续去实现既定目标，项目是否具有可重复性，即是否可在未来以同样的方式建设同类项目。持续性后评估一般可作为项目影响评估的一部分，但是亚洲开发银行等组织把项目的可持续性视为其援助项目成败的关键之一，因此要求援助项目在评估中进行单独的持续性分析和评估。

3. 项目后评估的程序

项目后评估主要是为决策服务的，决策需求有时是宏观的，涉及国家、地区、行业发展的战略；有时是微观的，仅为某个项目组织、管理机构积累经验，因此，项目后评估也就分为宏观决策型后评估和微观决策型后评估。

（1）面向宏观决策的后评估程序

1）制订后评估计划

国家的后评估和银行、金融组织的后评估，更注重投资活动的整体效果、作用和影响，应从较长远的角度和更高的层次上来考虑后评估计划的工作制定。后评估计划制订得越早越好，应把它作为项目生命周期的一个必不可少的阶段，以法律或规章的形式确定下来。项目后评估计划内容包括项目的选定、后评估人员的配备、组织机构、时间进度、内容、范围、评估方法、预算安排等。

2）后评估项目的选定

为在更高层次上总结出带有方向性的经验教训，不少国家和国际组织采用了"打捆"的方式，即将一个行业或一个地区的几个相关的项目一起列入后评估计划，同时进行评估。一般来讲，选择后评估项目有以下几条标准：项目实施出现重大问题的、非常规的、发生重大变化的、急迫需要了解项目作用和影响的，可为即将实施的国家预算、宏观战略和规划原则提供信息的，为投资规划确定未来发展方向有代表性的，对开展行业部门或地区后评估研究有重要意义的项目。

3）后评估范围的确定

项目后评估范围和深度根据需要应有所侧重和选择。通常是在委托合同中确定评估任务的目的、内容、深度、时间和费用。一般有以下内容：项目后评估的目的和范围，包括对合同执行者明确的调查范围；提出评估过程中所采用的方法；提出所评项目的主要对比指标；确定完成评估的经费和进度。

4）项目评估咨询专家的选择

项目后评估通常分为自我评估阶段和独立评估阶段。在独立评估阶段，需委托一个独立的评估咨询机构或由银行内部相对独立的后评估专门机构来实施。由此机构任命后评估负责人，该负责人聘请和组织项目评估专家组去实施后评估，评估专家可以是评估咨询机构内部的人员，他们较熟悉评估方法和程序，费用较低；也可以是熟悉评估项目专业的行家，他们客观公正，同时弥补了评估机构内部人手不足的问题。

5）项目后评估的执行

项目后评估的执行包括以下几方面工作。

①资料信息的收集。资料信息包括项目资料（如项目自我评估、定工、竣工验收、决算审计、概算调整、开工、初步设计、评估和可行性研究等报告及批复文件等）、项目所在地区的资料（如国家和地区的统计资料、物价信息等）、评估方法的有关规定和准则（如联合国开发署、亚洲开发银行、国家计委、国家开发银行等机构已颁布的手册和规范等）。

②后评估现场调查。现场调查可了解项目的基本情况，其目标实现程度，产生的直接和间接影响等。现场调查应事先做好充分准备，明确调查任务，制定调查提纲。

③分析和结论。在收集资料和现场调查后全面认真地分析，就可得出一些结论性答案，如项目成功度、投入产出比、成败原因、经验教训、项目可持续性等。

（2）面向微观决策的后评估程序

此类后评估往往注重某个项目和项目团队，涉及的环境较少，评估的程序比较简化，内容简单，形式多样。一般而言，可以包含如下几个步骤。

1）自我评估

自我评估由项目组织内部进行，通常以项目总结会的形式开展，通过对项目的整体总结、归纳、统计、分析，找出项目实施过程、结果等方面与计划的偏差，并给予分析。自我评估的结果是形成项目总结报告。自我评估注重项目和项目成果本身，侧重找出项目在实施过程中的变化，以及变化对项目各方面的影响，分析变化原因，以总结项目团队在工作中的经验教训。

2）成立项目后评估小组

这种专门的评估小组一般由项目组之外的人员组成，他们可以来自项目所属的业务部门、上级管理部门、独立的评估咨询机构或是外聘专家。评估小组要站在管理的角度来进一步地评估项目的管理业绩和产生的效益。

3）信息的收集

项目后评估小组依据项目总结报告审查项目管理部、财务部、业务部等部门记载和递交的项目记录和报告，查阅有关项目各时段的文档资料，访问项目干系人，尤其是向客户或用户了解项目产品的质量、问题和影响，对这些信息进行综合分析。

4）实施评估

微观决策服务的后评估内容可能会比较具体，如涉及项目的各方面管理行为的评估、项目进度管理评估、项目成本管理评估、项目人力资源管理评估、客户管理评估、项目的质量管理评估、项目责任人业绩评估、项目的效益和前景评估等。每一方面的评估都可以细分为一些问题和条件，定制成几种便于操作的评分表，以便进行量化评估。

结　语

当前经济高速发展，人们越来越重视生活品质，对生活方面的要求也更高了，因此，对于建筑工程施工过程中的工程质量问题应当更加重视。利用降低建筑成本的方法有效推进建筑工程的发展，在一定程度上可以确保建筑工程整体快速发展。不仅如此，如果能够在建筑工程管理过程中，引入当前新型管理方法，也能促进建筑工程发展。建筑工程本身作为民生重要行业，应当引入一些绿色管理理念与方法，推动工程施工的进展。

当前，随着节能环保理念的盛行，绿色节能建筑逐渐在建筑行业内推广，但由于大众普遍认为绿色节能建筑的造价较高，所以其难以在建筑行业中进行大面积推广。在绿色节能建筑项目中，为了确保工程的合理开展，有必要加强项目造价管理工作，充分发挥造价管理效用，实现对各个阶段、各项环节的造价控制，如此方能有效节约工程建设资源、材料，减少建筑能耗，合理控制建筑工程造价，节约建筑企业成本，促进绿色节能建筑项目全面发展。

绿色建筑施工是在施工时尽量减少资源的浪费，体现建筑绿色环保特性和提高建筑施工的效率，在很大程度上减少人力、物力的耗费，减少可能产生的损失，从而提高施工效果和施工质量。绿色施工已经成为近年来国家和社会经济发展中的关键词，任何企业都需要注意提升自身的环保性能，以此来适应新形势的变化。建筑企业只有在建筑工程管理中做好绿色施工，才可以实现生态保护的目标，促进企业建筑工程管理水平的提升，对其可持续性发展有着很大的现实意义。

参考文献

[1] 颜建国编.绿色建筑新技术：中海集团论文集 [M].北京：中国建筑工业出版社，2021.

[2] 刘丛红，杨鸿玮作.目标导向的绿色建筑方案设计导则 [M].天津:天津大学出版社，2021.

[3] 重庆市绿色建筑与建筑产业化协会绿色建筑专业委员会主编.2020年重庆市建筑绿色化发展年度报告 [M].北京：科学出版社，2021.

[4] 任庆英等主编.绿色建筑设计导则 [M].北京：中国建筑工业出版社，2021.

[5] 孟建民编.建筑工程设计常见问题汇编：绿色建筑分册 [M].北京：中国建筑工业出版社，2021.

[6] 刘宏伟.绿色低碳建筑市场特征与发展机制研究 [M].北京：科学出版社，2021.

[7] 住房和城乡建设部标准定额研究所编著.绿色建筑后评估标准体系构建 [M].北京：中国建筑工业出版社，2021.

[8] 刘翼.2019—2020绿色建筑选用产品导向目录 [M].北京：中国建材工业出版社，2021.

[9] 同济大学建筑设计研究院（集团）有限公司，上海建筑设计研究院有限公司主编.住宅建筑绿色设计标准 [M].上海：同济大学出版社，2021.

[10] 刘大君.高等职业教育土木建筑大类专业系列新形态教材 绿色建筑智能化技术 [M].北京：清华大学出版社，2021.

[11] 刘加平，董靓，孙世钧编著.绿色建筑概论：第2版 [M].北京：中国建筑工业出版社，2020.

[12] 重庆市绿色建筑与建筑产业化协会绿色建筑专业委员会作.重庆市绿色建筑评价标准技术细则 [M].北京：科学出版社，2020.

[13] 住房和城乡建设部科技与产业化发展中心主编.绿色建筑大数据管理平台应用精品示范工程案例集 [M].北京：中国建筑工业出版社，2020.

[14] 东南大学建筑设计研究院有限公司作；戴丽责编.民用建筑绿色设计流程与专业协同优化指南 [M].南京：东南大学出版社，2020.

[15] 郭颜凤，池启贵著.绿色建筑技术与工程应用 [M].西安：西北工业大学出版社，2020.

[16] 生态环境部宣传教育中心主编.绿色发展新理念 绿色建筑 [M].北京：人民日报出版社，2020.

[17] 杨承愻，陈浩主编 . 绿色建筑施工与管理 [M]. 北京：中国建材工业出版社，2020.

[18] 张东明 . 绿色建筑施工技术与管理研究 [M]. 哈尔滨：哈尔滨地图出版社，2020.

[19] 黄艳雁，肖衡林，邹贻权编 .2021 全国建筑院系建筑数字技术教学与研究学术研讨会论文集 [M]. 武汉：华中科学技术大学出版社，2021.

[20] 谭良斌，刘加平编 . 绿色建筑设计概论 [M]. 北京：科学出版社，2021.

[21] 董晓琳 . 现代绿色建筑设计基础与技术应用 [M]. 长春：吉林美术出版社，2020.

[22] 史瑞英 . 新时期绿色建筑设计研究 [M]. 咸阳：西北农林科学技术大学出版社，2020.

[23] 基于 BIM 技术的绿色建筑设计应用研究 [M]. 哈尔滨：哈尔滨工业大学出版社，2020.

[24] 姜立婷 . 绿色建筑与节能环保发展推广研究 [M]. 哈尔滨：哈尔滨工业大学出版社，2020.

[25] 贾小盼 . 绿色建筑工程与智能技术应用 [M]. 长春：吉林科学技术出版社，2020.

[26] 河南省绿色建筑评价标准 [M]. 郑州：郑州大学出版社，2020.

[27] 李珂，钱嘉宏主编 . 北京市绿色建筑和装配式建筑适宜技术指南 [M]. 北京：中国建材工业出版社，2020.

[28] 基于可持续发展的绿色建筑设计与节能技术研究 [M]. 成都：电子科技大学出版社，2020.

[29] 赵民编 . 绿色建筑设计技术要点 [M]. 北京：中国建筑工业出版社，2021.

[30] 杨建荣，张颖，张改景 . 绿色建筑性能后评估 [M]. 北京：中国建筑工业出版社，2021.

[31] 杜涛 . 绿色建筑技术与施工管理研究 [M]. 西安：西北工业大学出版社，2021.